北大心理课

许文雄◎编著

台海出版社

图书在版编目（CIP）数据

北大心理课 / 许文雄编著. —北京：台海出版社，
2018.5

ISBN 978 - 7 - 5168 - 1848 - 0

Ⅰ.①北… Ⅱ.①许… Ⅲ.①心理学 Ⅳ.①B84

中国版本图书馆 CIP 数据核字（2018）第 081558 号

北大心理课

编　　著：许文雄

责任编辑：俞滟荣　曹任云　　　　责任印制：蔡　旭

出版发行：台海出版社

地　　址：北京市东城区景山东街 20 号　邮政编码：100009

电　　话：010—64041652（发行，邮购）

传　　真：010—84045799（总编室）

网　　址：www. taimeng. org. cn/thcbs/default. htm

E - mail：thcbs@126. com

经　　销：全国各地新华书店

印　　刷：香河利华文化发展有限公司

本书如有破损、缺页、装订错误，请与本社联系调换

开　　本：710mm×1000mm　　　　1/16

字　　数：265 千字　　　　　印　　张：20

版　　次：2018 年 8 月第 1 版　　印　　次：2018 年 8 月第 1 次印刷

书　　号：ISBN 978 - 7 - 5168 - 1848 - 0

定　　价：49.80 元

北大，一所享誉世界的百年名校。在北大众多的学科里，心理学有着悠久的历史。北大很早就开设了心理课程，从事多方面的研究，拥有著名的心理学院系，而随着 1917 年新文化运动的开展，心理学在北大得到广泛传播。在校长蔡元培的支持下，中国第一个心理学实验室在北大创立了。此后数年，无数著名教授先后在北大讲授和研究心理学，如陈大齐、孙国华等，硕果累累。

心理，我们并不陌生，因为我们每个人都曾遭遇过或正在遭遇心理问题的困扰。提到心理学，不少人都会很自然地想到"心理出现了问题""忧郁症"……当然也有一些人认为，心理学是一门复杂的学科，与我们的生活并没有直接的关联，学了对我们也没有什么实质性的帮助。其实，这是一种误解。人生就是不断地解决问题，而心理学就是一门帮助我们解决问题的课程。

生活中，我们时时都会面临着这样或那样的问题，一些问题，我们能够很轻松地解决，一些问题会相对难一些，还有一些问题是我们束手无策的。但只要掌握了心理学，这些问题也就没有那么难了，甚至会很轻松地就被我们解决了。不管日常工作和生活，还是人际交往，都离不开心理学。

曾听一个朋友讲述过一件真实的事情，他有一个朋友，三十几岁了不但一事无成，还整天闷闷不乐，脾气也很大。后来，他自学了北大心理学本科段的所有课程，自己做起了小本生意，并将自己学到的心理学知识应

1

用进去。没想到的是，他的生意越做越大，越做越好，人也不再像之前那样愁眉苦脸的，而是整天都面带笑容。不到两年，就创办了自己的公司。

这个朋友的朋友为什么能够最终取得成功呢？原因只有一个，就是因为他掌握了心理学，并将其运用在了生活和工作中。

本书共分为 10 章，采用通俗易懂的语言，结合具体事例，同时介绍了一些非常实用的方法，并在开篇引用名人名言。无论是生活、工作还是人际交往、情绪等，内容涉及方方面面。这些方法无须你细细揣测，完全可以拿来就用，相信这本书一定能够为你解决生活中的很多问题。

目录
CONTENTS

第1章　有什么样的思维，就有什么样的人生

1. 多视角思维有助于创新 /2

2. 思维定式是创新的镣铐 /4

3. 吝啬会让你一无所有 /6

4. 奢望每个人都喜欢你，就是自寻烦恼 /7

5. 不盲目从众 /9

6. 换个角度看待他人的刁难 /11

7. 学会管好自己 /13

8. 不要让贪婪荒芜了你的心灵 /14

9. 唯有改变才是永恒 /15

10. 上帝为你关了一道门，定会为你打开一扇窗 /17

11. 用为自己做事情的心态帮他人做事 /19

12. 与其抱怨，不如振奋起来去行动 /21

13. 将期望转换为现实 /23

14. 做自己擅长的事 /25

15. 适合自己的才是最好的 /27

16. 不满是向上的车轮 /28

第2章　做情绪的主人

1. 了解情绪变化的规律 /32

2. 情绪是可以相互传染的 /34

3. 放下坏情绪 /35

4. 千万别猜忌他人 /37

5. 打开你久闭的心门 /39

6. 生活因为冒险才精彩 /40

1

7. 坚决不做坏情绪的奴隶 /43

8. 忘记烦恼，让自己专注地做事 /44

9. 面对刁难保持冷静 /46

10. 告别冷漠 /48

11. 不让他人的负面情绪影响你 /49

12. 别让忌妒挤占自己的人生路 /50

13. 学会克制自己 /52

14. 做事情不是由心情的好坏来决定的 /54

15. 学会调节自己的情绪 /55

16. 拥有良好的情绪，让你的快乐升级 /57

第3章　学会认识自己

1. 怎样进行自我了解 /60

2. 自立是一笔财富 /62

3. 试着给自己留点时间 /64

4. 想想自己究竟想要什么 /65

5. 任何时候，都不要指望他人推着你走 /67

6. 生活永远都不止一种选择 /69

7. 任何时候都不要输给自己 /71

8. 想到就立即行动 /72

9. 人生的每一种滋味都值得珍惜 /74

10. 别太在意收获 /76

11. 懂得自我反省 /78

12. 牢记他人的恩泽 /80

13. 在逆境中学会成长 /81

14. 在自卑中找到前行的力量 /83

15. 正视自己的缺点 /85

16. 心理是人生的主人 /87

第4章　试着打好手里的每一张牌

1. 怎样面对生活中的新问题 /90

2. 拿到牌就要设法打好 /92

3. 不正视现实，怎么战胜现实 /94

4. 生活应该懂得放弃 /96

5. 绝对的公平是不存在的 /98

6. 优秀是逼出来的 /100

7. 应激反应需适度 /101

8. 承诺他人不要超出自己的能力 /103

9. 找找自己的人生坐标 /104

10. 珍惜已经拥有的 /105

11. 认真做每一件事情 /107

12. 借力获得他人的力量 /109

13. 会做事才会做人 /110

14. 多一点宽容 /112

15. 不为明天的事烦恼 /113

第 5 章　带着信心前行

1. 相信自己，他人才会相信你 /116

2. 成功的秘籍：自信 /117

3. 相信自己的产品物超所值 /119

4. 信心决定成败 /121

5. 生活只相信实力 /123

6. 相信奇迹，才会创造奇迹 /125

7. 让自信为你提升气场 /126

8. 缺陷也是一种恩惠 /128

9. 走不通的路，永远都不存在 /130

10. 成功需要不断地尝试 /131

11. 坚持再试一次 /133

12. 他人不看好你，你才有机会证明自己 /134

13. 跨过人生的困难 /136

14. 细节决定成败 /138

15. 相信自己的学习方法，别逼着自己去改变 /139

16. 学会让自己变得更加自信 /141

第 6 章　读懂他人的心理，让自己成为受欢迎的人

1. 读懂对方的表情 /144

2. 想要交到真朋友就要付出真心 /146

3. 找到与对方的共同点 /148

4. 别抱着功利心交朋友 /149

5. 读懂对方的肢体语言 /151

6. 保持适当的距离 /153

7. 最远的距离只有 6 步 /155

8. 通过他的朋友来了解他 /157

9. 增强自己的亲和力 /158

10. 提意见要注意场合 /160

11. 学会说"不"，让自己更真实 /162

12. 做一个会听的听众 /164

13. 容忍他人比你强 /166

14. 正确面对功劳 /168

15. 别干涉他人的隐私 /169

16. 正确看待他人的批评 /171

第7章 倾听心灵的声音，让自己成为想要成为的人

1. 坚持不放弃是失败的死敌 /174

2. 明确目标的价值 /176

3. 通过不断积累来完成人生目标 /178

4. 知足者常乐 /180

5. 学会为自己活着 /182

6. 怎样使用自己的资产 /184

7. 专注是成功的标志 /185

8. 用才华改变命运 /187

9. 像鱼一样思考，方可钓到鱼 /189

10. 变卑微为高贵 /191

11. 学会聆听内心的声音 /192

12. 想让自己优秀些，就选择正向的环境 /194

13. 困境是超越的契机 /196

14. 从逆境中站起来，笑到最后 /197

15. 走自己的路 /199

16. 活着，便是莫大的幸福 /201

第8章 挖掘自己的潜在能力

1. 逐步分解大目标，循序渐进地实现成功 /204

2. 集中注意力做好当下的事情 /205

3. 不是你没发现能力，而是它没被挖掘 /208

4. 试着将自己的力量充分发挥出来 /210

5. 不低估自己 /212

6. 人生没有悔和怕 /213

7. 允许人生出现偶尔的红灯 /216

8. 成功不可复制 /217

9. 学会做自己的伯乐 /219

10. 别让悲观遮挡了自己的阳光 /222

11. 有梦想就坚持 /224

12. 成功也是有方法的 /225

13. 成功的秘籍：勤奋 /227

14. 将危机变成转机 /229

15. 改变自己的心态 /231

16. 学会激发自己的创造力 /232

第 9 章　做一个内心平静而有爱的人

1. 心静，路自然直 /236

2. 快乐来自内心 /237

3. 不愤世，也不嫉俗 /240

4. 懂得分享 /242

5. 学会宽恕他人，善待自己 /244

6. 爱对方就要积极关心对方 /245

7. 相遇不是为了生气的 /248

8. 试着给自己换种心情 /250

9. 赐予心灵一服良药 /252

10. 失望是因为期望太高 /253

11. 让幽默为你打开希望之门 /255

12. 学会自我心理调节 /257

13. 你的幸福指数由看事物的方式决定 /259

14. 专注于"一棵树"的力量 /261

15. 幸福的人生，就是让自己喜爱的人爱你 /263

16. 如何有效地获得幸福 /265

第 10 章　让自己成为生活的智者

1. 屈辱也是动力 /270

2. 用希望滋润心灵 /272

3. 用好习惯获得大学问 /274

4. 为爱好而不断努力 /276

5. 有选择地保留记忆 /278

6. 不计较原来的自己 /280

7. 学会做命运的主人 /282

8. 当面批评，背后赞美 /284

9. 学会沉淀自己 /286

10. 看淡名利 /288

11. 有梦想就能找到答案 /289

12. 受伤才有免疫力 /292

13. 学会放弃 /294

14. 善解人意是成功的关键 /296

15. 简单的生活就是一种幸福 /298

16. 正确处理社交问题 /300

17. 变复杂为简单 /302

第 1 章

有什么样的思维，就有什么样的人生

我们的所作所为都是在思维的支配下完成的，因此思维方式决定了事情的成败，也决定了我们人生的高度以及人生的方向。只有方向对了，并坚持不懈地努力，我们才能收获完美的人生；相反，方向错了，不管你再怎么努力，也是白费功夫，因为注定了要失败。因此，我们应该学会去伪存真，善于归纳，由表及里，杜绝停留在事物的表面上；学会独立思考并善于发问，不人云亦云；学会多角度思考，让自己拥有创造性的思维，不让自己的思维受到任何局限。只有这样，我们的人生才会更加完美。

1. 多视角思维有助于创新

是否具有创造力决定你是一流人才还是三流人才。

——北大心理学理念

一个人只有采用不同的视角看待问题，才能在生活中游刃有余。北大心理学认为，只有多视角的思维模式才能帮助你用不同的视角看待问题。是否能解决问题或找到商机，靠的都是多视角的思维模式。

北大心理学认为，想要打破传统的思维模式，培养自己多视角思维的方式，就要努力做到以下两点：当遇到问题时，不要只从一处着眼，而是多转换角度思考，只有这样才能突破自己、创造未来；在做事情时，既要从整体上着眼，也要从细节处考虑，还要看到事物之间的发展和联系。

有一家生产木梳的公司因扩大经营规模，高薪招聘营销主管。广告一出，报名者云集。

面对众多应聘者，招聘工作的负责人说，"相马不如赛马"。为了能选拔出高素质的营销人员，他们出了一道实践性的试题：想办法将木梳卖给和尚。

大多数应聘者感到困惑不解，甚至愤怒：出家人剃度为僧，买木梳做什么？这不是神经错乱，故意刁难人吗？没多久，应聘者接连拂袖而去，几乎散尽。最后只剩下 3 个应聘者：A、B、C。

负责人对剩下的 3 个应聘者说："给你们 10 天的时间，10 天后请回来汇报。"

10 日期到，负责人问 A："卖出多少？"

答："一把。"负责人问："怎么卖的？"

A 讲述了历经的辛苦，以及受到和尚的责骂和追打的委屈。好在下山途中遇到一个未削发的小和尚，一边晒着太阳一边使劲挠着又脏又厚的头发，他便灵机一动，赶忙递上了木梳，小和尚用后满心欢喜，于是买了一把。

负责人又问B："卖出多少？"

B答："10把。"

"怎么卖的？"

B说他去了一座名山古寺。由于山高风大，进香者的头发都被吹乱了。他找到了寺院的住持说："蓬头垢面是对佛的不敬，应在每座庙的香案前放把木梳，供善男信女梳理鬓发。"住持采纳了B的建议。那座山共有10座庙，于是买下10把木梳。

负责人又问C："卖出多少？"

C答："1000把。"

负责人惊问："怎么卖的？"

C说，他到一个颇具盛名、香火极旺的深山宝刹，朝圣者如云，施主络绎不绝。

他对住持说："凡来进香朝拜者，多有一颗虔诚的心，宝刹应有所回赠，以做纪念，保佑其平安吉祥，鼓励其多做善事。我有一批木梳，你的书法超群，可先刻上'积善梳'3个字，便可做赠品。"住持大喜，立即买下1000把木梳，并请C小住几天，共同出席了首次赠送"积善梳"的仪式。得到"积善梳"的施主和香客非常高兴，一传十、十传百，朝圣者更多，香火也更旺。这还不算，住持希望C再多卖一些不同档次的木梳，以便分层次地赠给各种类型的施主与香客。

思维视角决定了人们的行为，不同的行为产生了不同的结果。C打破了常规思维方式，所以他卖出了1000把梳子。当一件事，人们都觉得不可能时，其实它是有可能的，只是人往往容易被自己固有的思维模式束缚。

北大心理学认为，多视角的思维方式往往能给人们的工作和生活带来乐趣和希望，因为这样的思维模式能够让你在不经意间打开一片新天地。北大心理学还认为多角度的思维模式有助于创新，因为所有的事物都有着它的多面性，换个视角去思考，就能发现一些新方法，看到另一片天地。

2. 思维定式是创新的镣铐

突破自我，突破思维定式，突破昨天，方可取得成功。

——北大心理学理念

北大心理学家认为，所谓的思维定式就是人在思考问题的时候，习惯按照过去的某种经验，不考虑新的具体环境，产生的一种固有的思维模式。其实，在我们的生活中，大多数人都有这样的习惯，总是无意中给自己的思维戴上镣铐。处理一些普通的事情时，能够快速而准确地解决问题，但是遇到复杂一些的问题，就容易产生局限性了。

据说跳蚤可以跳到高于自己身体100多倍的高度，除了它们，别的动物都做不到。有人对此做了这样一个实验：将跳蚤放到一个玻璃瓶里，没有盖盖，跳蚤仍然可以很好地跳跃。后来，实验家将盖子盖上，刚开始，跳蚤还在努力地向上跳，但每次都会被盖子挡住，让它们只能跳瓶子盖那么高。渐渐地，跳蚤变"聪明"了，开始每次就跳瓶子盖那么高。一段时间后，实验家将盖子去掉了，但是装在瓶子里的那些跳蚤还是只能跳瓶子盖那么高，再也跳不高了。

我们在做一件事情时，刚开始总是对自己雄心勃勃，可一旦受挫，就会一点点地降低自己的斗志，直至不再有斗志，变得安于现状，甚至怀疑自己以前的能力，即使再给自己一个机会，也不一定会认为自己能成功。每个人都应该放宽自己的思想，时刻把握每一次机会，失败不算什么，但却能磨炼我们自己，坚决不做瓶子中的跳蚤。等到年老再来哀叹自己年轻时不敢言、不敢语，后悔自己的所为，为时已晚。而目前，很多的年轻人正在犹豫自己的选择，包括人性、事业、将来的计划。

其实，瓶盖已经不能约束这些跳蚤了，但是跳蚤已经习惯了这样的生活方式，没有意识到环境的变化，因此被束缚了。只要它们能够稍微用点力，就能跳出瓶子了。

北大心理学认为，这个世界上再困难的事情都没有想象的那么糟糕，只要转换一下思维的角度，多几种方式，就一定会有办法的。那么怎样才能培养这种思维方式呢？这就要求我们要经常动脑思考，不断地训练自己的思维。很多时候，事物本身的答案很简单，但我们往往束缚了自己的思维，找不到正确的答案。北大心理学提醒我们，越难解答的问题越往往有着简单的方法。不要忽略这些，倾向于习惯性的答案。改变是十分不容易的，正因为这样，那些能改变世界的人才是伟大的人。

只有不断创新、不断超越才能改变世界，苹果电脑公司的创始人史蒂夫·乔布斯就是一个拥有创新思维的人。他说："我认为苹果的出路不在于蛮干，而在于创新，这是苹果过去辉煌以及未来再现辉煌的必经途径。"苹果公司之所以能创造 iPhone 等享誉全球的系列产品，就是因为其不拘泥于思维定式，而不断创新，改变生活方式、改变世界。创新已经成为这个时代的精神，这个时代需要新思维、新观念、新方式。不管是个人、企业，还是国家的发展都离不开它。想要成为创新人才，就要敢于摆脱思维定式。

创新往往能够让我们将那些看起来不可能完成的事情完美解决。北大心理学认为，我们在解决问题时，一般都是将已有的知识和经验与所遇到的问题联系起来，若是之前处理过的问题按照常规的思维方式，就能轻松地解决，还可以省去摸索阶段，省去时间，提高效率。但是由此而形成的思维定式却不利于思考、创新，容易形成机械不变的思考习惯，还可能让思考步入误区，产生负面影响。

3. 吝啬会让你一无所有

吝啬就像噬心虫一样，会慢慢地吞噬你的心灵，让你变得一无所有。

——北大心理学理念

提到吝啬，或许我们每个人都会想到在濒临死亡时，还将神父送来的镀金的十字架紧握在手里的葛朗台。虽然这只是小说中的情景，但这样的人在我们的生活中其实是存在的。

陈晓伟大学毕业后就来到了父亲的公司上班，或许是考虑到他所学的专业，刚一进公司，父亲就让他做起了销售经理。虽然，高大帅气的陈晓伟看上去像个花花公子，没想到的是工作能力还蛮不错，只是有一个很不好的缺点，对员工特别吝啬。到公司不到半月，就增加了十多条新制度，坚决不允许利用公司的一切办公用具做私事，平时用纸都得二次利用等一系列吝啬的制度出来了。背后同事们都叫他"铁公鸡"。一段时间之后，不少员工表示受不了，便辞职了。也正是因为他的吝啬，与其相处了3年多的女友也离他而去，因为每次出去玩或吃饭都是女友出钱，女友的母亲生病住院了急需用钱，尽管女友承诺一定会还，他还是以各种理由拒绝了。

北大心理学告诉我们，吝啬的人往往都自私、冷漠，对周围的事情也不关心。他们很少参与社会活动，也不愿意帮助他人，更不愿意借钱借物给他人，常常事不关己高高挂起。北大心理学家研究发现，具有吝啬心理的人往往都缺乏仁爱之心、同情之心和社会责任感。这类人通常不但自己活得很累，就连身边的人也不愿与之亲近。吝啬的最终结果往往会让你变得一无所有，因为在你吝啬的同时就已经有一些东西开始逐渐远离你了。

北大心理学告诉我们，想要克服吝啬，首先就要从精神上认识到，幸福的源泉不只是财富，还包括亲情和友情等。还要培养自己崇高的信仰，养成乐善好施的品格，让自己成为一个具有责任心的人。

4. 奢望每个人都喜欢你，就是自寻烦恼

好多年来，我曾有过一个"良好"的愿望：我对每个人都好，也希望每个人都对我好。只望有誉，不能有毁。最近我恍然大悟，那是根本不可能的。

——季羡林

生活中不少人都被这样一个问题困扰着：我努力做到对每个人都好，可是为什么总有人不喜欢我，甚至还有人讨厌我呢？其实，这个世界上根本就不存在每个人都喜欢的人。正如两年前流行的一句话："你又不是人民币，怎么可能每个人都喜欢你？"

这天，刘艳芬刚走进办公室就满脸的不高兴，将包狠狠地扔到桌子上，接着使劲地摁下电脑开关，不到30秒，又从刘艳芬这儿爆发出了用力砸鼠标的声音。被惊扰的同事们看了看刘艳芬，见她那副怒气冲冲的样子都不敢说什么，便继续工作。但同事们的心情都被破坏了，虽然是在继续工作，但缺少了先前的激情。也有一些同事抱怨着："神经病，跑公司来发什么火，影响大家工作。"和刘艳芬关系不错的吴琼更是坐卧不安，心里边想的全是，刘艳芬到底遇到什么事情了？心里的焦急并不比刘艳芬少，想过去问问刘艳芬到底发生了什么事情，但又苦于此时是上班时间。

想来想去，吴琼还是决定在QQ上问一下。这一问才知道是侯莉惹刘艳芬生气了。原来，刘艳芬有一篇自己一时拿捏不准的稿子，想让同样在杂志社工作的侯莉帮忙看看，没想到侯莉说自己没时间便匆匆挂了电话，

这让平时不管侯莉找自己帮忙做什么事情都不拒绝的刘艳芬感到很生气，刘艳芬一直抱怨自己对侯莉那么好，自己这么一点小事找她帮忙她却那种态度，她认为侯莉根本就没有拿自己当朋友，想想平时找她帮忙时，她那推辞的样子，刘艳芬更加生气了。

听完这些后，吴琼也觉得侯莉做得有些过分，忍不住安慰起刘艳芬来："或许她真的有重要的事情要做，你误解她了。""她每次都这样，说我误解她，怎么可能？我真是白对她好了……"……两人就这样在 QQ 上没完没了地聊。

一上午很快就被她们聊完了，刘艳芳心中的愤怒不但丝毫未减，还让吴琼跟着心情不好了。

"怎么了，你们两人？"吃饭时，同事周小姐这样问道。刘艳芬很是气愤地将事情经过说了一遍。

"自寻烦恼，能怪谁？不要忘了这个世界上什么人都有，你对她好，她不反过来咬你就不错了，还指望她对你好，真是没事找事。这个世界上有谁是人人都喜欢的？"听完刘艳芬的诉说，周小姐毫不客气地说道。

听完周小姐的话，吴琼和刘艳芬低着头不好意思地笑了笑，似乎明白了什么。

北大心理学告诉我们，在这个世界上，一个人不管多么伟大与高尚，都会在生活中遇到一些不喜欢甚至讨厌他的人。有人不喜欢你，那是再正常不过的事情。我们自己也有不喜欢的人，又何必奢望每个人都喜欢自己呢？那样只会自寻烦恼。

北大心理学也告诉我们，你不能让所有人都对你满意，并不是因为你做得不好，而是因为这个世界上根本就不存在完美无缺的人。即便你真的做到了所谓的"完美无缺"，也仍然做不到让所有的人都对你满意，因为你的优秀会让其他人产生抵触的情绪。

5. 不盲目从众

没有个性的人是为他人活着的，我们拒绝做那样的人。

——北大心理学理念

在生活中，几乎每一个人都有从众的心理。从众心理也是一种常见的心理现象。有时它能带来积极的影响，有时会产生十分不良的后果。

北大心理学家曾做过这样一个实验：在某高校举办一次特殊的活动，请化学家向大家展示他最近发明的某种挥发性液体。

当化学家走向讲堂后，他对同学们说："最近，我研究出了一种强烈挥发性的液体，现在我要看看这种液体用多长时间能从讲台挥发到全教室，请大家只要闻到一点味道就立即举起手，我好计算时间。"

说完，他就打开了密封的瓶塞，让透明的液体挥发……后排的同学、前排的同学、中间的同学都先后举起了手。不到 3 分钟，全体同学都举起了手。

其实这位化学家拿的是一瓶蒸馏水。

这就是典型的从众效应，在场学生受到化学家的言语暗示，其他同学的行为暗示，似乎真的闻到了液体的味道，便举起了手。这不是撒谎，而是从众，看到他人举手，也跟着举手，其实并没有所谓的气味挥发。

一个人做好事，你也跟着学习做好事，无疑是有利的；但如果一个人做坏事，你不分事实真相也跟着做，这就十分有害了。并且，这也会被人利用，例如有些人抢着买东西，但是他们并不是为了买东西，而是"托儿"，利用从众效应激化人们的行为。

个体成员为什么会有跟从群体的倾向呢？北大心理学家认为，这是因为个人与群体有分歧时，个人会受到一种压力，促使他们可能违背个人心理，趋向于群体。

独立性与从众性是相对立的，北大学者曾进行过从众心理实验，结果显示，在测试的人群中只有 1/4～1/3 的被试者保持了独立性。

大家都知道美国人是十分注重培养孩子的独立思考能力的，他们往往会给孩子提供很多独立思考的机会，让孩子自己去感受什么是对、什么是错；什么该做、什么不该做，孩子长大后，往往都有很好的创造性。

一次，电视节目主持人在一个节目上问一个七八岁的女孩："你长大后想做什么？"

女孩很自信地说："总统。"全场哗然。

主持人做了一个有些滑稽的吃惊状，然后问："嗯，那你说说看，美国为什么至今还没有女总统？"

女孩想都不想就说："因为男士们不投她的票。"全场一片笑声。

主持人："你肯定是这样的吗？"

女孩不屑地说："当然肯定。"

主持人意味深长地笑笑，对全场观众说："请投她票的男士举手。"伴随着笑声，有不少男士举手。

主持人得意地说："你看，不少男士都投你的票呀。"

女孩不为所动，淡淡地说："还不到 1/3 呢。"

主持人做出不相信又不高兴的样子，对观众说道："请在场的男士将手举起来。"就在一片哄堂大笑中，男士们将手举了起来。

主持人故作严肃地说："请不投她的票的男士放下手，投的请仍然举着手。"主持人这一招很厉害：要大男人们在众目睽睽之下将已经举起来的手放下，确实不是一件简单的事情。但仍旧有一些将手放下了，但"投"她票的男士多了不少。

主持人得意扬扬地说："怎么样？'总统女士'，这下投你票的男士也超过 2/3 啦。"沸腾的场面突然静了下来，人们想要看这个女孩还能说什么。

　　女孩露出了一丝与童稚不太相称的轻蔑笑意："他们不诚实，他们在心里并不愿投我的票。"许多人目瞪口呆，然后是一片掌声、惊叹声……

　　这个女孩具有很强的独立思考能力，她认为那些2/3投她票的人并不真实。北大心理学认为，一个人越早培养自己的独立思考能力，就越容易拥有良好的创造性。北大心理学也认为独立思考比获得知识本身更为重要，一个拥有独立思考的人，不但是智慧的，而且是富有的，他们的生活是富有意义的、充满乐趣的。所以，从现在开始，我们应该给自己更多独立思考的机会，不要盲目从众。

6. 换个角度看待他人的刁难

没有人会故意刁难你，换个角度你就会发现。

——北大心理学理念

　　面对他人的刁难，我们很难保持冷静。北大心理学认为，最主要的原因就是我们不懂得换个角度去看待他人的刁难。很多时候，只要我们换个角度就能正确应对他人的刁难。

　　王晓燕大学毕业后，来到一家杂志社面试编辑记者职位，没想到的是，笔试完了之后，面试官一开始就让她介绍家庭情况。自我介绍的时候，就已经说了自己是单亲家庭，看来面试官是在故意刁难自己。王晓燕想了想，尽管面试官考是在刁难自己，但哪个单位会不摸清应聘者的背景就录用的？这样一想，王晓燕便微笑着认真地回答了起来。

　　越到后边，面试官的问题越让人觉得是刁难了，什么兴趣爱好、座右铭、缺点等，没完没了。但王晓燕都站在对方的角度去思考了一遍，认真地回答了面试官的问题。没想到的是，就在王晓燕以为面试官已经问完所

11

有问题时，面试官却突然转过身问道："我们为什么要录用你呢？"听完这个问题，王晓燕突然变得很气愤了。但她转即又想，都已经回答他那么多问题了，看看他到底有多刁难我，还是站在对方的角度上去回答吧，他问这个问题的目的不就是这样吗？这样想着，王晓燕便笑着说："我很符合贵公司的招聘条件，凭我目前掌握的技能以及高度的责任感和良好的适应能力、学习能力，完全能够胜任这份工作。我非常希望能够为贵公司服务，若贵公司给我这个机会，我一定竭尽全力为公司服务。"

听完王晓燕的回答，面试官满意地笑了。但还是接着问了几个问题，王晓燕也依旧努力控制着自己，让自己站在对方的角度去回答这些刁难的问题。

面试终于结束了，面试官笑着说："恭喜你顺利通过面试，3 天内可以随时来公司上班。非常感谢你的配合，有些问题是有些刁难，但为了公司，只能这么做，谢谢你的理解。"王晓燕笑了笑，说"没关系"。

刚走出公司大门，王晓燕就放松地舒了口气。

面试官的问题确实够刁难的，但王晓燕都站在对方的角度去思考，去回答对方的问题，从而给面试官留下了良好的印象，让自己在面试中取得成功。北大心理学告诉我们，面试中，当面试官刁难你时，不妨将面试官的刁难看成一种对自我能力的试探，或者将面试官的刁难归于面试官的心情很差、为某件事情而伤心等，进而让自己找回自信与理智，渡过危机。

生活中，我们随时都会被人刁难。北大心理学认为，当我们被他人刁难时，不妨这么想："他人是因为羡慕和忌妒才故意刁难我的，并不是我做得不好。如果我气急败坏，失去理智，正好中了他人的下怀。我应该装作不知道，更加努力地做自己。"只有这样，我们才能让自己变得更强大，真正地成为赢家。

7. 学会管好自己

做人最大的难题，莫过于管好自己。

——北大心理学理念

人世间最顽强的敌人并不是他人，而是你自己，最难战胜的也是你自己，做人最大的难题就是管好自己。一个连自己都管不好的人，在做人方面一定不会多么成功。试想，谁喜欢一个连自己都管不好的人？一些事情，你自己都没有做到，又怎么奢望他人能做到呢……

吴晓青是一家百货公司的经理，最近总是有不少顾客前来投诉，不知道究竟是什么原因导致客户对公司不满，吴晓青也一直在调查此事，只是暂时还没有找到真正的原因。这天，吴晓青到办公室不到半个小时，就见一些顾客成群结队地涌向了柜台，并在柜台前排起了队。眼见这样，吴晓青想，面对这样的情况，只有双耳失聪的人才能保持和善的态度与微笑，正常人绝对没有足够的自制力来胜任。想到这里，她便赶紧向另外一个屋子走去，因为她想到了那个负责打印的双耳失聪的女子。

10分钟后，柜台后出现了一位年轻的女士，她的背后还站着一位拿着本和笔的年轻女士。见两位女士出来了，顾客们一个个争着诉说他们遭遇到的困难，以及这家公司做得不对的地方。有的人非常愤怒而且不讲道理，有的人甚至讲出一些难听的话。但那位站在柜台后边的女士一一地接待了这些人，没有表现出任何不耐烦的神情。她的脸上始终带着微笑，指导着他们前往合适的部门，态度优雅而镇静。

站在她后边的那位女士则简要地在纸上写下了顾客们抱怨的内容，将一些尖酸愤怒的话省略了，然后将纸条交给前面的女士。

原来站在前边的一直保持着微笑的那位女士，正是经理找来的那个双耳失聪的女子，而后边的女士则充当了她的助理。

面对他人的责难或过激行为，很少有人能够保持足够的理智。北大心理学告诉我们，无论做什么事情，自制都是至关重要的。自我节制、自我约束是一种十分必要的自制力，它能有效地控制人们的性格和欲望，一旦失控，则可能随心所欲，其结局必将一败涂地，难以收拾。

北大心理学也提醒我们，这个世界上最可怕的人是你自己，当你管住了自己，那你离成功就不远了。

8. 不要让贪婪荒芜了你的心灵

贪婪就像一把利剑，往往会刺伤了我们自己。

——北大心理学理念

在生活中，如果你没有被骗的经历，那你一定听说过他人受骗的经历。通过观察，你一定会发现受害者大多是因贪图小便宜而吃大亏，或因为有利可图而失去理智。其实，骗子往往都是利用人们的"贪"心来达到自己的目的的。

黄晓燕和刘希是同事，也是无话不说的好朋友，黄晓燕很看重金钱，每次出去玩或者吃饭都是刘希出钱。对此，黄晓燕总是淡淡地说："我们是朋友，谁掏钱都一样，她出也是应该的。"

一次，黄晓燕生病住院了，可她的项目刚做一半，刘希就白天忙着自己的工作，晚上再熬夜帮黄晓燕做项目。后来这个项目为公司创造了不少利润，但老总只知道黄晓燕一个人在做这个项目，所以给了黄晓燕不少奖金。黄晓燕得了奖金自然高兴，一些同事半开玩笑地说："你的项目也有刘希一半的功劳，奖金应该给她分一些呀！"黄晓燕听了有些不高兴地说："那是她作为一个朋友应该做的，怎么能向我要奖金呢？奖金本身就不多。"同事撇撇嘴离开了。后来这话传到了刘希的耳里，刘希很生气地说："我本是帮她，根本就没想过要奖金，在金钱上我也从来没和她计较过，没想到她是一个如此贪婪的人。"此后，刘希不再像以往一样和黄晓燕保持着良好的朋友关系。两人的关系越来越远，到最后几乎成了陌生人。

北大心理学认为贪婪是一种病态的心理，贪婪的人根本就没有满足的时候，得到的越多，想要的会更多。贪婪心理的产生往往都是因为自私或攀比导致的；也有一些人则是因为曾经家庭贫寒，吃过苦，一旦手中有了权力，就会不断索取不义之财来作为补偿；还有一些人是因为受世俗及不良风气的影响而产生的拜金心理。

北大心理学家告诉我们，想要摆脱盲目心理，首先就要注意自己是否对某些东西有超过能力的欲求，如果自己总是为得不到的东西所困扰，自然不会快乐。北大心理学家也要求我们记住：获得前都要先付出，有所得就必先有所失。

9. 唯有改变才是永恒

如果不能改变自己，你就改变世界；如果不能改变世界，你就改变自己。

——北大心理学理念

不管是工作，还是学习和生活，我们都会有一些属于自己的习惯。然而这些习惯并不都对我们有益，部分习惯是有害的，还有一些习惯则是受他人影响。习惯往往在不知不觉中成了我们生活的一部分，然而我们却从不关心、从不过问，更别说去改变它了。

为什么不愿意改变呢？北大心理学家认为，之所以不去改变，是因为自己已经习惯了，害怕改变后的变化，害怕招来不必要的麻烦和压力。可是即使你不愿意改变，事实上，世界的一切都在变化。比如我们会发现爱人怎么和结婚以前不一样了呢？是的，世界就是这样，在永不停息地变化着，如果你忽略了这些，那么，你肯定跟不上时代的节奏和步伐，它只会越来越快地向前走去。

大家都相信真理，但真理并不是一成不变的，可能会被新的研究推翻。今日的方法，明天不一定行得通。唯一不变的事情，就是"改变"。

阿尔弗雷德·伯纳德·诺贝尔是瑞典化学家、工程师、发明家、军工装备制造商和炸药的发明者。诺贝尔一生的发明非常多，仅获得的专利就多达355种，其中炸药就有129种。他不但有着丰富的想象力，而且有着不屈不挠的毅力。他合成过橡胶、人造丝，做过改进唱片、电话、电池、电灯零部件等方面的实验，还试图合成宝石。他那勇于探索的精神为后人留下了深刻的印象。

诺贝尔这个名字，全世界几乎无人不晓，他所设立的诺贝尔奖更是具有世界上任何其他大奖都无法比拟的影响，甚至比诺贝尔本人的所有发明和产业都要巨大得多。

素有"炸药大王"之称的诺贝尔，一生中所积累的财富也是非常巨大的，即使在今天来看，也堪称巨富。诺贝尔将自己的一生都献给了科学事业，终身未婚，但他有其他亲属，诺贝尔完全可以将自己的财富留给亲属。然而诺贝尔并没有这么做，在考虑自己的财产安排时，他更多地想到的是怎样利用这笔财富去推动人类的文明和进步。

虽然诺贝尔发明的炸药在工业和建筑等行业中发挥了很大的作用，但炸药也可以被用于战争，成为伤人的有力武器，炸药的威力越强大，因此而造成的伤亡也就越多。任何事物都具有两面性，其好坏全在怎样运用，这本是无可奈何之事。然而，诺贝尔对此却怀着深深的不安。因此，他希望将自己的财富献给整个人类的和平、幸福和进步事业！

为了实现自己的这一伟大心愿，在自己生前的最后10年里，他先后3

次立下过十分相似的遗嘱，最终设立了如下 5 项大奖：

1. 在物理方面做出最重要发现或发明的人；

2. 在化学方面做出最重要发现的人；

3. 在生理或医学领域做出最重要发现的人；

4. 在文学方面曾创作出有理想主义倾向的最杰出作品的人；

5. 曾为促进国家之间的友好、为废除或裁减常务军队以及为举行与促进和平会议做出最大或最好工作的人。

诺贝尔还在遗嘱中明确规定："在颁发这些奖金时，对于受奖候选人的国籍丝毫不予考虑，不管他是哪个国家的人，只要他值得，就应授予奖金。"这就使得诺贝尔奖跨越了国界的限制，成为有史以来世界上影响最大的奖项。

诺贝尔的遗嘱刚刚公布时，批评和谴责声不断。可见，当时的大部分人是十分不习惯于改变的，也没有料及诺贝尔奖在后世的深远影响。

北大心理学认为，人们都有这样的思维，那就是能不改变就不改变，直到不得不改变。

也许是那些人不够自信，一个自信的人是乐于改变的。人们害怕改变，因为改变可能会造成心理的压力。可如果事情都一成不变，世界又怎么会进步呢？一切都证明，那些勇于让世界改变的人，让世界变得更美好、更进步、更有魅力。他们总是走在历史的前沿，带动着历史的车轮，给我们带来物质文明和精神文明，没有他们，我们将会落后很多很多年。

10. 上帝为你关了一道门，定会为你打开一扇窗

当失败降临的时候，也是我们最应该感到庆幸的时候，因为我们结束了一条不可能走到尽头的路，从而回到了正确的轨道上来。

——沈兼士

人生好比一条一直往前走的路，但在这条路上，不但会有曲折，还会有不少岔路。有时，我们会一不小心偏离大路走进岔路，并在岔路中徘徊不前，这时就需要一个人、一件事、一次挫折或失败来告诉我们此路不通，让我们重新回到正确的道路上来。有时，我们面对失败和挫折会很沮丧，尤其是已经有成功的先例摆在我们面前时，我们往往会更加愤怒，慨叹上天为什么会如此不公。但事实是，每个人都有属于自己的不同道路，一条适合多人的道路并不一定适合所有人，因此，有时上天给我们失败往往是想给我们不同于他人的成功。在北大的历史上，就曾有这样一位被告知"此路不通"而改走他途并最终收获成功的人。

北大中文系教授，也称北大"怪才"教授的刘文典是民国时期的文化狂人，对中国古典文化的研究非常透彻，尤其是对《庄子》的研究，真可谓独树一帜，他被称为有史以来读懂《庄子》的第一人。

刘文典，安徽合肥人，早年在民主革命思想的影响下赴日本留学。1911年辛亥革命爆发，正青年的他满腔激情，终于在1912年得以回国。回国后，他在上海于右任、邵力子等主办的《民立报》担任编辑，宣传民主革命思想。1913年再度赴日，1914年加入中华革命党，并任孙中山秘书。不幸的是，因为自身性格等原因，刘文典在革命的道路上走得并不顺畅，虽然资历深厚，却总是受人排挤，英雄无用武之地。

屡屡碰壁后，刘文典对政治终于失去了兴趣，决定归隐，从此不再参政，转而一心放到研究中国古代文化上来。但出乎意料的是，在政治领域屡战屡败的刘文典，竟然在文化领域里成功地开拓出了一条新的道路。

自1916年后，刘文典先后任教于北京大学等高等学府，从事古籍校勘及古代文学研究和教学工作。他讲授的课程，从先秦到两汉，从唐、宋、元、明、清到近现代，从希腊、印度、德国到日本，古今中外，无所不包。高深的学识和桀骜的性格，让他顿时成为北大一景，他在学术上的地位和对我国教育事业的贡献，值得后人永远铭记。

上帝关上了我们的一道门，就会为我们打开一扇窗，窗外的景物往往会更加美丽，但不少人往往错过了观赏窗外风景的机会。北大心理学提醒我们，当我们身处困境、四处碰壁时，应该停下来想一想，看看自己是否还要坚持往前撞，是否有更好的路在等着我们，在另一条路上，是否可以遇见更加灿烂的风景。

11. 用为自己做事情的心态帮他人做事

用为自己做事情的心态去帮助他人做事，将会体会到真正的快乐。

——北大心理学理念

"我对×××那么好，他却……""我为×××做了那么多，他丝毫也不懂得感激"……类似这样的话，在生活中，我们几乎随时都可以听见，或许正在阅读本书的你也曾这样说过。北大心理学认为，这样想的人往往都体会不到真正的快乐，因为他们总是将自己做过的事情记在心里，并期待着回报。一个人做的事情不可胜数，要想记住又何尝是一件简单的事情，而且还要时时想着回报，一旦回报不及时就会有一种失落感，并且这种失落感是延续性的，可见这样的人活得多累。

北大心理学家认为这个世界的大部分人都习惯直线思考，不懂得换个角度去想问题。很多时候，我们之所以活得累，得不到快乐，就是因为我们不懂得换个角度去想问题，计较得太多了，心里总是装着一些放不下的事情。其实，在这个世界上，你所做的每一件事情都是为了你自己，任何人都是这样。因此，北大心理学建议我们在帮助他人做事情的时候，要有为自己做事的心态。

林枫是一个典型的热心肠，不管谁有困难，他都会主动站出来奉献自己的一份力。在学校，他尊敬老师，爱护、帮助同学，班上那些遇到过困难的同学，他几乎每个都帮过，而且有好多同学不止一次地被他帮助过。在校外看到一些人需要帮助，他也总是很主动地予以帮助。在家里，林枫不但是一个很孝顺的孩子，还懂得时时处处照顾自己的弟弟妹妹。因此，在大人的眼里，林枫是一个很懂事的孩子。

一次，被林枫帮助过很多次的杨涛以林枫在背后说自己坏话为由大骂林枫。不清楚事情原委的林枫好心劝导对方，让对方先弄清楚事情真相。可对方根本就听不进去，还说林枫在为自己狡辩。林枫见无效，便任由他骂着。杨涛见林枫一直不回骂，心想肯定是林枫在背后说了更难听的话，他现在心虚了，便走上去，狠狠地揍了林枫两拳，林枫还是没有还手。

第二天，杨涛生病了。但杨涛的父母都出差了，爷爷奶奶也在乡下老家，没有人照顾。林枫知道后什么也没说，主动请假去照顾杨涛了。

见到林枫还像往常一样帮自己，照顾自己，一点记恨都没有，杨涛想着自己昨天的所作所为，感到很愧疚。想了很久很久，他低着头对林枫说道："林枫，昨天的事，对不起，今天我生病了你能来照顾我，我很感动。你看你都为我做了那么多……""快别说了，做那些事情的同时我也收获了很多。"林枫打断了杨涛的话，"其实，帮助他人做事情往往能体会到真正的快乐，同时也增长了自己的实践能力，更能感受到生活的意义。正因为这样，我才用为自己做事情的心态去帮助他人做事。"

如果我们每个人都像林枫一样，用为自己做事情的心态去帮助他人做事，那生活中就不会有那么多的烦恼了。北大心理学认为，"为他人就是为自己"与"为自己就是为他人"，这两种想法是相互依存的。但是我们早就习惯了只想着自己，在是非利益面前，很少有人会想着他人。因此我们应该向文中的林枫学习，做一件事情，只想着自己从中获得的成长，不觊觎来自他人的回报。

仔细想想，你所做的每一件事情，真的是为了他人吗？其实并不是，他人只是其中的一个受益者，别忘了你也是受益者。真正的获益者并不是他人，而是你自己。因为尽管他人也会从中获益，但那些都是暂时的，他们会想方法回报你，即便不能回报，也会心存感激（这个世界上不懂得回报的人只是微乎其微），同时你在做这些事情的时候也会收获一些快乐与幸福。因此，我们应该用为自己做事情的心态去帮助他人，让自己收获更多的快乐。

12. 与其抱怨，不如振奋起来去行动

伟大的心胸，应该表现出这样的气质——用笑脸来迎接悲惨的厄运，用百倍的勇气来应付一切的不幸。

——鲁迅

北大心理学家曾做过这样一项实验：

心理学家将一辆汽车放在中产阶级聚居的社区，一个星期内，汽车完好无损。后来，一个小孩用锤子将汽车的玻璃敲了一个洞，很快就有人在另一边敲了一个洞，接着前窗也被敲破了，就这样，车上的洞越来越多了……第二天晚上，车子就不见了。

北大心理学家认为，破窗事件和我们所说的"落井下石"非常相似，处于危机中的事物，往往很容易引起他人的攻击。因此，不少人看到一些已经破坏的东西或他人遭遇失败后，都会踩上一脚，以此来获得心理平衡。这显然违背了绝大多数落难者的期待，当一个人陷入苦难时，他们往往希望亲友们能够真正地和自己同甘共苦，然而事实往往事与愿违。

宋晓磊大学毕业后和很多人一样找不到合适的工作，最后去了一家公司当起了业务员，拿着非常低的底薪和一点都不稳定的提成，而且每天的工作十分辛苦。但他还是每天都很认真地干着。

当第一个月的工资发下来的时候，宋晓磊开始抱怨了。这还不说，没

多久，一些亲戚也开始笑话他了，总是背后说："名牌大学毕业，现在不也那样，每个月的工资低得可怜，还不如那些没有上过学的人。"每每听到亲戚们这些话，宋晓磊的内心就如针扎一样疼，他暗暗发誓一定要好好工作，做出一番成绩，让亲友们另眼相看。

不料，两个月过去了，宋晓磊的工资还是丝毫不见上涨，只是自己一天比一天辛苦了。

这天，宋晓磊和一个朋友在咖啡厅里聊天，无意中说到了工资的事，宋晓磊说："老板太抠门了，给我的薪水低得可怜。"朋友并没有问数字，而是说："现在的老板都这样，我的薪水也很低。老板都抠，不抠就不叫老板了。"没想到，这些话被旁边的两个叔叔听见了。其中一个看了看宋晓磊，说："哎！现在的年轻人就是这样，只知道抱怨工资低，却不想想自己为公司创造了多少财富。也不想想自己拿到的工资与自己给公司创造的价值是不是相称？其实，用那些刚从学校出来的员工，前3个月公司都是赔钱的，他们不但不领情还在背后抱怨，说你这也不是，那也不是。""是啊，现在的年轻人就是这样，根本就不知道自己几斤几两。"坐在他对面的那个人附和着。

这些话全被宋晓磊听到了，他仔细一想，的确是这么回事。自己刚去公司，什么都不熟悉，公司要派人带着自己做……有这抱怨的时间还不如振奋起来，用行动去收获让自己满意的结果。

此后宋晓磊再也没有抱怨过，既不抱怨他人，也不抱怨自己，更多的时候只是感觉自己这个月业绩太少，对不起公司给的工资，于是他更加努力地工作。一年半后，他因为突出的业绩被提升为公司主管业绩的副总经理，工资待遇提高了很多，但他时常考虑的还是："我为公司创造了多少价值？"

英国诗人弥尔顿曾说过："心灵是自己的殿堂，它可以成为地狱中的天堂，也可以成为天堂中的地狱。"现实的确是这样，我们试想一下，如果宋晓磊一味地抱怨下去会是什么样的结果？不会在短短的一年半时间就荣升为部门副总经理是必然的。很可能因为一直拿着低工资给公司创造不了任何价值，被公司开除了，任何公司都不会养一个不创造价值只知道抱怨的人。

北大心理学认为，如果一个人心中充满了抱怨，不但会伤害他人，还会毁掉自己的一切，在芸芸众生中迷失自我。如果你想抱怨，生活中的一切都会成为你抱怨的对象。因此，若你深陷困境、孤立无援时，反倒被冷眼嘲讽、诬蔑陷害，那么你要将伤痛、怨天尤人、厌世等放在一边。首先要做的就是让自己站起来，挺直腰杆，用自己的成就让那些往你身上泼污水和向你砸石头的人灰溜溜地逃走。

13. 将期望转换为现实

期望和现实往往是有差距的，但一个智慧的人懂得如何将期望转换为现实。

——北大心理学理念

北大心理学家给了我们这样一个建议：若我们对一个事物想象得过于完美，那回到现实中时，则会不堪一击，最后会十分失望。相反，如果我们既看到它的优点，又看到它的缺点，就不会有那么大的落差。

一个心理学家曾做了这样一个实验，他将前来应聘话务员的女性分成两组，让她们观看描述话务工作的影片，但内容有所不同。

第一组被试者看的影片如实并全面地介绍了话务工作的特点，其中既有优点也有缺点。因此，对于话务工作的消极面，这些被试者也有了充分的了解，对话务工作的期望值也比较低，只有部分人接受了这份工作。

而第二组的被试者看到的影片，则是一味地宣传话务工作的优点、吸引人之处，因此看过影片后，这组被试者全都接受了这份工作。

但一个月后，第一组接受工作的被试者大多安心于工作；而第二组的被试者由于只接受了正面宣传，对话务工作的困难估计不足，不少人打退堂鼓，为自己的选择而后悔，想辞去工作。

任何事物都有正反两方面，若只夸大优点，对缺点视而不见，那将会对人的选择产生误导。当实践后，发现一切和自己想象的相去甚远时，便会产生与期望相反的作用了。

北大一位心理学老师曾这样说过："传统的学校和家庭教给孩子的是一些非常光明、美好而崇高的东西，然而现实生活却是庸俗的、琐碎的、鸡毛蒜皮的。"以事实为基础，不害怕面对现实，也不害怕它的阴暗面，要学会客观地看待生活中的光明面和阴暗面。即使我们有着美好的愿望，也不能脱离实际。不要将生活想象得太完美，其实它既有苦也有乐，只有明白这个道理，才不至于过分失望。

据说有一个男人因为追求完美而一辈子独身，因为他一直在寻找一个完美的女人。

当他80岁的时候，有人问他："你始终在寻找，跑遍了全国各地，难道就找不到一个完美的女人吗？"

他摇了摇头说："不，有一次我碰到了一个完美的女人。"

"那为什么你们没有结婚呢？"

他一脸悲伤地说："她正在寻找一个完美的男人，而我并不是她要找的完美的男人。"

人在有所追求时，一定不要期望过高，绝对的完美是根本就不存在的。忙碌的生活中，我们会遇到很多人，也会错过很多人。北大心理学家曾说："人一生的目的只有两个，一个是得到自己想要的；另一个则是享受你所拥有的。能做到第二件事情的人非常少，但快乐往往都藏在第二件事情里面。"

凡事都得讲究一个度，对待生活的态度也要适度，只有这样才是明智的，也只有这样，它才会成为一件奇妙的事情，让你收获快乐、幸福、成功。然而，这个适度并不是很好掌握的，若你的期望值过低，会导致你失去动力；过高，则会成为不切实际的空想。北大心理学家告诉我们：这就需要我们对自我有一个清楚的认知，即正确地认识自己，将有助于你把期望化为现实。

人们在期望时，要积极向上，因为这将促使事物向好的方向发展，消极的期望会让人向坏的方向发展。因此，人们在传递期望时，要传递积极的期望。

14. 做自己擅长的事

做自己擅长的事情，往往能更好地发挥自己的潜力并实现自己的价值；做自己擅长的事，往往会得心应手，事半功倍。

——北大心理学理念

但凡成功者，心中都有一把丈量自己的尺子，知道自己该做什么、不该做什么。一个人应该积极地发现自己的优势，做自己擅长的事情，只有这样才能最大限度地挖掘出自己的潜能，让自己的特长得到充分的发挥并积极地将其强化，而不是针对自己的弱项。因为弱项是不会让你取得成功的，真正能让你取得成功的往往都是你的强项。

乌龟是爬行冠军，可乌龟不但不是奔跑冠军，甚至根本就不会奔跑。有人认为这是乌龟的弱点，乌龟知道后很不服气。小乌龟的父母和老师也都跟着气愤，最终它们决定让小乌龟去练习奔跑。

小乌龟耗费了大半生的时间，还是只能缓慢地爬行。它不仅非常疑惑，而且十分痛苦。

袋鼠说："乌龟是为爬行而生的，不是为奔跑而生的。"

小乌龟天生就是爬行健将，不是奔跑高手，因此，不必强迫它去学习奔跑。如果它去学习奔跑，不管怎样努力都是平凡和普通的，根本就不会有任何成就感，反而会感到痛苦和压抑。

人也一样，要发挥自己的所长，不要强迫自己去做根本不擅长的事情。也不要只针对一个人的弱项，要从强项着眼；不要总看一个人的缺点，要看优点；不要总关注一个人什么事情做得最差，要看哪件事情做得最强。北大心理学认为，一个人只有发现了自己的优势，才能让自己变得更好。缺点固然是需要改正的，但它并不能让你杰出，因为一个人的精力和时间是十分有限的，一个人也不可能在同一时间进行多个不同的工作。有的人之所以能够取得比较高的成就，就是因为他们这一生只做了一件自己擅长的事情而已。

北大心理学提醒我们：在做自己擅长的事情时，不要自满，要保持一个空杯心态。世界是变化的，自满会让你退步。

一位教授在上课的时候拿出一个广口瓶放在讲桌上。同学们望着那个瓶子，有些莫名其妙。突然，教授取出了一些石子，默不作声地将这些石子一颗颗地放进瓶子里，直到石子高出瓶子，再也放不下了，教授才停下来。

"瓶子满了吗？"教授微笑着问道。

"满了。"所有学生这样答道。

"看仔细了，思考一下，再回答。"教授有些严肃地说。

同学们想都不想就不耐烦地回答道："满了。"

教授没有再说什么，而是取出了一些沙子，将沙子倒了一半到广口瓶里，拿起瓶子晃了晃，又将剩下的沙子倒了进去，再拿起瓶子晃了晃，沙子全都滚进了石子的缝隙里。

"现在满了吗？"教授问道。

"满了。"学生们还是异口同声地高声答道。

教授没有说什么，转身拿起了自己喝水的杯子，将杯子里的水全部倒进了广口瓶，没想到水根本没有溢出来。

看着这一切，不少同学低下了头。

水没有沙子重要，沙子没有石子重要，石子是你最重要的东西。因此在生活中，你应该先放入石子，然后再放入沙子，最后再放入水。如果放反了，那么最终的石子可能就放不进去了。

15. 适合自己的才是最好的

最好的不一定适合自己，适合自己的才是最好的。

——北大心理学理念

生活中，我们每个人都希望自己能够得到最好的东西，也都希望自己得到的东西是最好的，往往会对自己认为的最好的东西心生仰慕。殊不知，那些最好的东西不一定适合自己，只知道一个劲儿地追求自己以为最好的东西，甚至因此放弃原本适合自己的东西。

李小伟大学毕业后去了一家策划顾问公司工作，主要工作是负责企业的评估和危机的处理。3年过去了，李小伟一直没有换过工作，工作内容也从未发生变化。当然在很多案子上面，他都有着自己独特的处理方式，曾经给很多濒临破产的企业开出了起死回生的"药方"。

渐渐地，李小伟有了跳槽单干的想法。他认为既然自己能够指导别人取得成功，那么自己也一定能够打造出一个属于自己的成功企业。于是，他辞去了顾问的工作，改行去创业，当起了老总。

尽管他比之前忙碌了很多，也感觉比之前累了很多，但结果还是和自己想的大相径庭，以前那些灵验的"药方"放在自己的企业就不灵了，不但进展得非常不顺利，而且收入较之前少了很多。

《伊索寓言》里面有这样一个故事：

一只公鸡跑到一堆沙土上，在上面刨个不停，它忙忙碌碌地想要给自己找点吃的。找了好半天，什么也没有找到，但公鸡丝毫也没有懈怠，依旧刨个不停，最后翻出了一颗硕大的珍珠。看着这颗珍珠，公鸡自言自语地说："虽然这个宝物光彩夺目，但对我根本没有用处，还不如找一颗麦粒来填饱肚子。看看院子里的其他牲畜，它们也都喜欢吃麦粒，要这珍珠干什么呢？我用不着佩戴这个宝物，也不想用它来打扮自己，就让人们去把它当作宝贝吧！"说罢，公鸡将珍珠丢到一边，继续去翻找麦粒。

抬起头看看周围，能像公鸡一样放弃不适合自己的珍珠继续寻找麦粒的人实在是少之又少。有的人因为向往和羡慕他人的生活和工作，甚至有意无意地去模仿别人，总是认为他人拥有的都是最好的，最后不但没有得到所谓的最好的，反而失去了自我，连自己最初的目标都给丢失了。

歌德曾说："你最适合站在哪里，就应该站在哪里。"生活中，我们只有找到适合自己的学习方法、适合自己的生活方式、适合自己的爱人、适合自己的职业、适合自己的养生之道，才能够沐浴在幸福的阳光下。

北大心理学提醒我们：世界上根本就不存在着两片完全相同的树叶，人生的选择也是多种多样的，不管作出什么样的选择，都要像选择鞋子一样，找到最适合自己的那双，只有这样，自己的生活才能过得舒适。

16. 不满是向上的车轮

现实根本就是有缺憾的，必然是不完全的，必然有着许多不满意之处，甚至必然有着许多令人痛心疾首的事，我们既不能逃避现实，也不能逃避这种种，就只有设法来对付这种种；一个人或少数人来对付不够，就只有设法发动集体的力量来对付。

——北大心理课引用名言

鲁迅曾说过："不满是向上的车轮。"这句话的意思是，一个想要成功的人就不能安于现状，只有对现状不满，才能激发人向上的动力，进而改变现状，创造更美好的未来。从这种意义上来讲，人类进步的源泉就是不满。北大著名导师季羡林先生就是一个很好的例子。

季羡林大学毕业，受聘成为山东一所中学的老师，在那个重视教育的年代，季先生的待遇可谓十分优厚，但季先生并没有因此而感到满足，而是认为自己还有再深造的可能，因此不顾挽留毅然辞职，留学德国。

在德国留学期间，由于对印度文化的热爱，季先生选择了梵文作为专业，师从"梵文讲座"主持人、著名梵文学者瓦尔德施米特教授，成为他唯一的听课者。在跟随瓦尔德施米特教授学习期间，季先生的梵文有了很大的进步，渐渐地，成为一位享誉世界的梵文学者。尽管有了如此的声誉和地位，季先生还是不满足，在因战事不能回国的空隙间先后学习了巴利文、斯拉夫文、火罗文等语言，到1945年回国时，季先生已经成为一名掌握了12种语言的大家。

在国内，季先生被推上了极其崇高的位置。尤其是"文革"后，教育越来越受重视，这时，作为中国教育界的泰斗，各种荣誉自然是向季先生纷至沓来。然而，季先生却选择了躲避，因为他要的不是这些，继续学习才是他想要的。

像季先生这样的学问大家竟然还对自己的学识感到不满足，可能我们很多人都无法理解。但他就是这样一个人，从1981年到1998年这17年间，季先生弃外界的喧嚣于不顾，专心埋首书斋，终于写成了一部史料巨著——《糖史》，先生这种活到老学到老的人生态度，永远值得我们学习。

不满是人进步的动力，是社会发展的源泉。从古至今，无数影响人类的发明创造、科技革新，无一不是来自于人们对现状的不满。不仅如此，对现状的不满还关乎着一个国家、一个民族的存亡，所谓"生于忧患，死于安乐"就是这个道理。

北大心理学告诉我们，这个世界上根本就不存在一成不变的事情，因此我们要时刻警惕自己被安逸的现状所麻痹，要时刻保持着对自己内心不满的发掘，只有这样才能够保证自己不被纷纭变幻的环境抛下。

北大心理学也提醒我们，多一些对现实的不满，时常用更高的要求鞭策自己，只有这样，我们的生活才会出现一些意想不到的转机。

第 2 章

做情绪的主人

　　每个人都有自己的情绪，情绪多种多样，面对不同的事情，我们往往会表现出不同的情绪状态。但是这个世界上的事情并不是我们想怎么就怎么、说怎么就怎么的，有很多事情都是我们无法认可、无法接受的。面对这些事情，我们往往都会产生一些不好的负面情绪，可是这样不但对事情本身一点好处都没有，反而弄得自己不高兴、不快乐，想想又是何苦呢？这种时候，我们不妨让自己心存敬意，坦然接受，这样一来，迎接我们的很可能就是另外一种心情。其实，情绪往往都由我们自己掌控，想要让自己获得更多的快乐，就要学会控制自己的情绪，做情绪的主人。

1. 了解情绪变化的规律

弱者让情绪控制行为，强者让行为控制情绪。

——张岱年

情绪是一个非常奇怪的东西，我们看不见它，却总会受到它的影响。情绪失控的那一刻，我们完全丧失了驾驭自己的能力。那些在平时不可能说的话，竟然脱口而出，不可能动手的事情，竟然轻易了动手，将一些本来有希望解决的事情搞得一团糟。

张小姐是一名刚刚参加工作的应届毕业生，她看上去很文静，是一个很容易相处的女孩，再加上人长得漂亮，所以颇受同事们的欢迎。但渐渐地，大家开始对她敬而远之了。

这天，大家都在安静地办公。突然，传来了一阵猛烈的敲击声，认真工作的同事们都被吓了一跳。定睛一看，才发现是张小姐正烦躁不安地移动着手中的鼠标。见同事们都被自己打扰了，张小姐更加不客气地大吼道："我的鼠标太难用了，公司也不知道给换换，都用这么久了。"同事们你看看我，我看看你，看着张小姐发怒的样子，都不敢出言劝阻。

有几个同事小声地嘀咕着："自己不工作，别影响别人呀。"不想，这些嘀咕声被张小姐听到了，愤怒中的张小姐站了起来，大声嚷道："谁拦着你，不让你工作了？别以为我是好欺负的。""怎么了？"刚刚走进办公室的经理打断了张小姐的话，"要吵下班再吵。"

一场可能发生的争吵就这样被经理给阻止了。

这之后，大家渐渐地发现，只要事情稍有不满，张小姐就会大发脾气。经常摔鼠标、键盘，在电话里和客户沟通不愉快，准会将话筒重重地砸下去。大家发现，张小姐不像表面上看上去那样好亲近，总是自以为是，只要他人和她稍稍争辩，她定会怒火中烧，让交流无法进行下去。

在职场上，一个过于情绪化的人往往会被贴上"不成熟"的标签，在一定程度上会阻碍自己事业的发展。任何事情都不会随着我们的思想意识而变化，每个人都会有喜怒哀乐，但如果我们不能掌控自己的情绪、正确地看待和对待事情，就只能一错再错，让自己处在烦恼中无法自拔。

想要控制自己的情绪，就要先了解情绪变化的规律。这个世界上，没有人能够 24 小时都精力充沛，情绪变化也不仅仅是外界因素的影响。北大心理学家经过研究发现，大多数人精力最为旺盛的时候是早餐后 1 个多小时，在午后则明显下降。这就告诉我们，一件坏事并不是在什么时候都能让我们烦心的，常常都会在精力最差的时候影响我们。

北大心理学研究也发现，当我们遇到不满、伤心、愤怒的事情时，一些不愉快的信息就会传入大脑。这时，我们应该立即转移注意力，让自己去想一些高兴的事情，向大脑传输愉快的信息。

2. 情绪是可以相互传染的

人的情绪往往是相互传染的，就像石子扔到水里一样，平静的水面会溅起波纹，并且一圈圈地不断扩散。在心理学上，这种现象被称为"波纹效应"。

——北大心理学理念

获奖、升职、加薪等，都是能让人高兴的事情。看到你高兴，你的朋友也会跟着高兴。当然也会有一些人，得知你的这些好消息后用一种冷漠回避的眼神看你，这个时候，你的喜悦感也会跟着减半，自己的快乐被他人的不愉快取代了。

大学毕业后刚刚参加工作的刘华踌躇满志，很希望通过自己的努力得到上司的赏识。坐在自己前边的肖亮是公司的老员工，人看上去也挺随和的，一来二去，两人渐渐地熟了起来。刘华有什么问题都会虚心地向肖亮请教。但是肖亮每次都会懒洋洋地说："想那么多干吗？老板又不会给你什么好处。当初我也一样，一心想着靠自己的努力博得老板的赏识，可是结果还不是这样？"面对肖亮这样的回答，刘华很意外，也很吃惊。刚开始，他还主动劝肖亮不要这样想，任何时候付出和回报都是对等的，不付出就不可能有什么收获。但肖亮总是有自己的理由来反驳刘华的这些大道理，说自己之前和刘华的想法一模一样，认为只要自己努力工作了，让老板看到自己的成绩了，老板就会给自己加薪、看重自己，结果往往是自己累死累活，老板装作没看见，虽然也有加薪，但加的那点很难和付出成正比。几乎每次都是刘华被说得哑口无言，认为肖亮说得颇有道理。

或许肖亮的这番抱怨完全是自己的心里话，根本就没有别的意思。可是刘华听了后，每次都是冲劲和热情倍减。

尽管这样，事后刘华还是尽量说服自己，坚持自己的信念，要求自己努力而勤恳地工作。可当他刚刚开始工作时，肖亮说的那番话又开始在他的脑海里旋转，想着想着就开始动摇了。渐渐地，刘华也认为自己的工作没有前途，开始自暴自弃了。

从上文的事例中，我们不难看出情绪是可以相互传染的，尤其是坏的情绪。正所谓，学好难，学坏容易。北大心理学家曾做过这样一个实验，让一个乐观、开朗的人和一个愁眉苦脸的人待在同一个房间里，半个小时之后，那个乐观的人也开始变得长吁短叹起来。

北大心理学也认为，人的情绪之所以会相互传染，是因为人在了解自己的过程中，很容易受到外界信息的干扰，从而出现自我认识的偏差。因此，当他人将高兴的事情分享给我们时，我们接收到了积极的信息，变得轻松愉快；当对方的心情很糟糕，并向我们倾诉或发泄时，我们接收到负面的信息，心情就很容易变得不好。

3. 放下坏情绪

情绪化是人生的毒药。一个心智成熟的人能够很好地控制自己的情绪，甚至成为情绪的主人。

——北大心理学理念

生活中，我们每个人都会有坏情绪，因为人总是敏感的。生活中也总会出现一些让我们产生坏情绪的事情，坏情绪往往会对我们产生一些不利的影响，有时甚至影响到他人。因此，我们应该学会放下坏情绪。

李小美最近因为迷上了一部电视剧，平时每天晚上 10 点准时睡觉的她，现在要等到差不多 12 点才能入睡，第二天却总是不能按时起床，已经连续迟到好几次了。这天，第四次迟到的李小美告诉自己"今晚一定按时睡，电视剧改天在网上看，明天一定不迟到"。可是到了晚上，一想着精彩的电视剧，还是忍不住看了起来。

她一边看一边告诉自己："明天绝对不能再迟到了，一定要闹铃一响就起床。"

第二天早上，李小美被闹钟吵醒，却睡意正浓，只能很不耐烦地关掉闹钟继续睡。刚刚进入半睡眠状态，闹钟又响了，李小美很不耐烦地再次关掉了闹钟。闹钟再次响了，李小美很是气愤地拿过闹钟，就在李小美想要彻底毁了这个闹钟的时候才发现距离平时起床已经晚了整整20分钟。于是，她扔掉闹钟迅速爬了起来，被子也不叠，急急忙忙地抹了两把脸，慌慌张张地出去了。公交不用挤了，虽然打了车，但还是一路堵车，到公司依然迟到了。正在这个时候，领导迎面走来，看李小美的眼神，让李小美的情绪变得更加低落了，回到座位上，只顾着埋怨老板看自己的眼神，无心工作。同事向李小美打招呼，也觉得是嘲讽，她不是用眼光"扫射"他们，就是摔东西或大声责骂同事。

"自己天天迟到，你骂谁呢？亏我好心跟你打招呼……"被骂的同事很气愤地说道。

"谁要你打招呼了，明显的嘲讽……"

……

两人越吵越厉害，不管同事们怎么劝说都无济于事。后来还是部门领导出面熄了这把火。虽然大家都重新进入了工作状态，但先前的氛围再也找不回来了，几乎每个人都像刚受了什么委屈似的。

坏情绪往往会给我们带来不利的影响，这种坏情绪一旦散播开来，就会影响到身边的其他人。北大心理学认为，一个人如果过于敏感，就很容易因为一些微不足道的原因而产生明显的情绪波动。情绪化的人不能控制自己的情绪，遇事不是大喜就是大悲。在这样的情绪支配下，往往都是极度以自我为中心，很少顾及他人的感受。

北大心理学也认为，成熟的人往往是一个能够驾驭自己的情绪、学会用平和的心态去应对事务和困扰的人。北大心理学研究发现，你情绪不佳、与他人闹矛盾，或发现方向不对时，都是习惯使然，往往不易主动改变思路。此时，你最需要做的事情就是转个弯，调解一下自己的情绪，抑或将自己前进的方向改变一下。

4. 千万别猜忌他人

只希望你和我好，互不猜忌，也互不称誉，安如平日，你和我说话像对自己说话一样，我和你说话也像对自己说话一样。

——王小波

在生活中，不少人都会怀疑他人在背后说自己的坏话；看到他人在小声议论时，便怀疑是在议论自己；当有人赞扬你时，你也怀疑他们的赞扬不真诚……或许我们每个人都曾有过这样的时候，也或许现在依然有着这样的习惯。北大心理学告诉我们这是一个很不好的习惯，在猜忌的同时，我们往往会加剧自己内心的负担。当事情的真相摆在我们面前时，有时还会让我们无地自容。

王风是公司销售部新来的员工，经理让业绩比较突出的王伟带他熟悉业务。这天，王风和王伟一起去拜访客户，王风却将一份有关产品介绍的重要资料忘在了家里，面对客户的屡次发问，王风只凭着记忆说了一些相关情况，最终还是王伟给他打了圆场。回到公司后，王风刚坐下，就看到王伟进了经理办公室，便想："他肯定是去向经理说我将资料落在家里，自己抢功去了。"他越想越气愤，突然王伟出来了，他条件反射似的站起来大声说道："我不就一时大意吗，你至于这点小事就打小报告吗？"王伟有些莫名其妙，很惊讶地说："我没有呀？"王伟刚说完，听到王风大声嚷嚷后，经理出来了，经理对王风说："你小子大声嚷嚷什么？真是以小人之心度君子之腹！王伟不但没说你坏话，还说你小子挺能干，一时疏忽忘了带资料，却能将产品的核心技术凭记忆向客户讲清楚，可见够用心的。"听了经理的一番话，王风顿时感到无地自容。

北大心理学认为，猜疑是无端而毫无根据地联想所造成的，产生猜疑的最主要原因就是不信任，而后设定了一个假想的命题，再通过自己的想象将命题合理化，自己却作茧自缚。一个经常猜疑他人的人，只会让自己逐渐失去可信度，身边的朋友也会因此对你保持一颗警惕之心。因为你的猜疑透露给他人的是不信任，既然不信任他人，又怎奢望他人信任你呢？又有谁愿意和一个不信任自己的人做朋友呢？

一些北大的心理学家认为，猜疑心重的人都可能有过挫折的经历，因此产生了一种自我防卫的意识。就像遭受过友情背叛的人，总是会怀疑和提防现在的朋友。

为了克服猜忌，我们要增进与他人的了解，因为不了解就会产生不信任。只有相互了解，一些矛盾和分歧才容易被解决掉。同时也要建立自信，一个人连自己都不相信自己，还怎么让他人来相信你呢？不要在乎他人的言行，否则只会自寻烦恼。

5. 打开你久闭的心门

自闭的人就等于是将自己与这个世界隔绝了起来，这样的人失去了欣赏世界的机会，所以感受不到这个世界的美，也就根本不会快乐！

——北大心理学理念

或许我们都有过这样的经历：在某段时间发现自己对周围的人或事物失去了兴趣？在某段时间害怕出门，但又渴望与人交流？……北大心理学告诉我们，这些都是自闭症的表现。

杨晓欢从小就不喜欢主动交朋友，尽管在后来的生活中逐渐意识到人际关系的重要性，也意识到自己的人际关系需要得到改善，但依旧不会主动去交朋友。

大概是严重意识到自己需要换个环境来改善自己的人际关系了吧，所以上大学时，她不顾家人的反对，选择了一个离家乡很远的陌生城市。不承想，在这个陌生的城市生活了 4 年，除了有几个玩得还算可以的同学之外，再也找不到别的朋友了。杨晓欢也强烈地感觉到，除了这个城市，自己对哪个城市都不熟悉，仿佛只有这个城市相对适合让自己留下来工作了。

最终杨晓欢留在了这个城市，好在自己学习成绩一直不错，学习能力也比较强，所以不算很难地在这个城市找到了一份属于自己的工作，杨晓欢也决定一定要在搞好工作的同时，搞好自己的人际关系。

可自从有了工作后，杨晓欢就在这个城市过上了除了工作就待在家里看电视或小说的日子。渐渐地，她感觉到自己的人际关系有些紧张，工作了好长一段时间，还没有几个能说上话的同事。为了改善自己的人际关系，她想到了换工作。到新单位待不了多久，又感到需要换个新环境来改善自己的人际关系了……就这样不停地换着。领导也总是认为她没有团队精神，她很痛苦，也觉得自己很失败，同事刘娟说其实大家都很想接近她，只是她好像对大家有排斥心理一样，不但不参加集体活动，也不会主动与人沟通聊天。

没有谁愿意和一个看起来就觉得好像对自己有排斥心理的人交朋友。其实，不要说和这样的人交朋友了，就是主动说话都很难，因为你已经给了对方一种被排斥的感觉。

北大心理学专家经研究发现，自闭症患者通常语言和智力发展缓慢，并且习惯与社会脱离，除了必要的工作和购物之外，喜欢将自己关在家里，在自己的世界里生活，每天都按照固定的时间与习惯行事，否则就会烦躁不安，面对外界却是无法适应，不是反应过激就是毫无反应。

北大心理学告诉我们，想要冲破自闭的牢笼，首先就要相信他人，一个人如果丧失了对他人的信任，那自然很难与他人进行良好的交流与沟通；也不要将烦恼积压在心里，要懂得倾诉与表达，让自己想哭就哭，想笑就笑。

6. 生活因为冒险才精彩

生活往往都是因为冒险才精彩的，一些事情不经历冒险是很难取得成功的。

——北大心理学理念

我们总是习惯性地在一些困难面前选择逃避，不管什么时候遇到一些难做的事情，我们总是能逃避就逃避，能让他人帮自己去做就尽可能地交给他人去做……从来都不懂得让自己去冒冒险。北大心理学认为，一个人只有敢于冒险、喜欢挑战自己，取得成功的可能性才会大一些，因为这期间的过程往往会让他们无意中成长很多，这个过程也往往是最能磨炼人的。

柳志浩出身在一个农民家庭，爷爷奶奶很早病逝了。妈妈一直体弱多病，干不了重活。就在他 7 岁那年，父亲也在一场车祸中不幸伤亡。这让本来就很困难的家庭雪上加霜，好在柳志浩是个懂事的孩子。放学后，总是帮着妈妈干活，一些重活都固执地不让妈妈干，尽管自己干起来很困难，也还是要抢过去，坚持着自己干。不但从来都不叫苦叫累，反而对这些事情充满了新鲜和好奇。在他心里，生活是因为这一次次的冒险行动而逐渐变得精彩的，同时也锻炼了自己的能力，让自己的生存能力变得更强，而自己也有义务像爸爸一样照顾妈妈。

由于家里的经济实在不宽裕，柳志浩上完小学就不顾妈妈的反对离开了校园。辍学后的他，一边照顾妈妈，一边开始了自己艰难的创业历程。他一直都想成为一个商人，但是没有资金。所以刚刚失学的他，在村子的一家塑胶厂当起了搬运工，整天出卖自己的苦力。在一次工伤事故中，他的手指被压断了一个。后来，领导同情他，让他去生产车间当起了一名学徒。他很珍惜这份工作，为了做好这份工作，他每天都早出晚归，起早贪黑。

后来，不知道什么原因，厂子倒闭了，柳志浩的妈妈用积攒起来的钱和友人一起开了一家杂货店，柳志浩便协助妈妈打理店务。从小就胸怀大志，决心要自己创业的柳志浩十分注意观察社会，寻找时机。

这天，柳志浩听一个同学说，有一个之前做外贸生意的老板有一批外贸产品急需转让。因为老板现在被债主逼得很紧，而且转让费低到超乎想象，可惜自己没钱，要不早就转过来了。这让柳志浩很是心动，在同学的帮助下，他和那个老板谈了谈。柳志浩发现这果然是一个赚钱的机会，这些外贸产品在这个地方是很少有销售的，绝对稳赚不赔。于是，柳志浩毫不犹豫地将所有的外贸产品都转了过来。眼光卓识的柳志浩此举十分成功，从中赢利不少。

两年后，柳志浩利用这两年自己业余时间做小生意赚的钱开了一家专门销售外贸商品的杂货店，并且一边努力地经营着自己的店，一边学习着一些营销知识，也总是大胆地尝试一些新的营销模式。现在，柳志浩的杂货店已经成为一家外贸公司，拥有员工数百人，每年的纯收入达千万以上。

冒险可以让我们的生活更加精彩。有时，冒险还能促使我们走向成功。文中的柳志浩如果没有那种冒险精神，又怎么可能取得那样的成就呢？北大心理学提醒我们，生活中，我们每天都面临着冒险，除非我们一直停在一个点上不动。不管我们是横穿马路，还是工作中，抑或游泳……危险都是时刻存在的。自有文字以来，冒险就和我们人类紧紧联系在一起。诸如天灾、人祸，随时都可能降临。人类也经历了一次次的各种灾难，尽管这样还是无法阻止人类一次又一次勇敢地面对可能重现的危险。正因为冒险，我们的生活才更加精彩。因此，在困难面前，我们应该冒险前进，让自己的生活因为冒险而变得更精彩。

7. 坚决不做坏情绪的奴隶

生活中的很多事情是我们无法扭转的，与其因为这些事情让自己产生坏情绪，还不如心平气和地面对。

——北大心理学理念

人都是情绪化的动物，我们应该学会掌控自己的情绪，坚决不做情绪的奴隶。北大心理学认为，一个人如果做了情绪的奴隶是一件特别糟糕的事情，因为他总是被情绪所左右，不管做什么事情，情绪都起着主导作用，这样的人是很难取得成功的。因此，我们应该坚决不做情绪的奴隶，只有这样，我们才会逐渐走向成功，收获一些意外的惊喜。

这天早上，李晟要出席一个很重要的会议，他一心想早点赶到公司，将准备好的材料再熟悉一遍。但天不遂人愿，尽管李晟已经比平时早了半个小时，还是遇上了堵车，而且比哪次都严重，到最后，车只能一点一点地往前挪动了。李晟心里很着急，但他很快就拿出了一本书，认真地看了起来。几分钟后，李晟的心情舒畅了很多。

不知不觉到了公司，仿佛路上根本就没有堵车一样。李晟走到办公室时，还是迟到了，会议已经开始了。李晟拿着前一天整理好的资料，轻轻地走进了会议室，轻轻地坐在了后排，见一些人将目光投向了他，便微笑着点头示意。坐下来后，他并没有看手里的资料，而是认真地听起了会议。

不一会儿，就轮到李晟发言了，他站了起来，不慌不忙地走到最前面，先是郑重地向大家道了歉，再认真地向大家介绍手里的资料。很快，大家就被他的激情感染了。会议还没结束，几家合作单位就签下了合作协议。虽然李晟迟到了让他们心里不痛快，但他们听着李晟的一番言论，觉得不合作，吃亏的是自己。

会议结束后，不少人这样问李晟："你知道今天的会议很可能决定着你未来的发展，但你迟到了，一点都不担心吗？"李晟笑了笑说："其实，不担心是假的。但担心有什么用？一着急反而将坏情绪带给了自己，这样一来，只能将整个事情弄得更糟。我何不尽力将这个事情做得更好一些呢？"

不要因为外界的一点改变就影响自己的情绪，让自己成为坏情绪的奴隶。有些事情是你无法扭转的，但它往往可能会给你带来机会，给你一些意外的惊喜。

8. 忘记烦恼，让自己专注地做事

人生最好的境界是丰富的安静。安静，是因为摆脱了外界虚名浮誉的诱惑；丰富，是因为拥有了内在精神世界的宝藏。

——周国平

生活中总会有这样或那样的烦恼，面对这些烦恼，我们往往无法控制自己烦乱的情绪。当然，这些情绪往往都会给我们带来一些不利的影响，如果我们没法控制自己，那就不妨让自己专注地去做事情，以期让自己静下来。

生活在大城市的人，每天除了忙碌的工作还被浮躁充斥着，再加上经常面对这样或那样的诱惑，李小燕经常感到心烦意乱、茫然不安，想要找点事情来打发时间却又苦于找不到事情做。想找朋友玩玩，不承想，一个个都在电话里说自己忙。无奈之下，只好任其心烦意乱、茫然不安。

这天，李小燕闲着没事干看起了漫画。没想到，自己很快就被一幅幅漫画吸引住了，突然萌生了一个很大胆的想法——学画漫画。说干就干，李小燕照着漫画书画了起来。当然，一个心情浮躁的人是根本就不适合画画的。刚开始画的时候，李小燕不管怎么画，画出来后都觉得别扭，画纸也被李小燕浪费了很多，尽管屡屡受挫，李小燕还是满怀信心地对自己说："再试试吧，我就要看看自己到底能不能画好。"渐渐地，李小燕似乎画上瘾了。总是一张又一张地画着，不管自己画得多么别扭，也都觉得画得有自己的特色，因为自己总能从中找到让自己大笑的部分。

更让人惊讶的是，通过画画，李小燕的内心很平静。和之前相比，心烦意乱、茫然不安的时候明显减少了很多。朋友提及时，她总是笑笑说："当我全心全意地画画时，我感觉我的大脑在休息，不像平时一样胡思乱想，感觉自己的心进入了一种平和宁静的状态，就像坐禅入定一样自在。"

当我们将所有的心思都集中在一件事情上时，我们往往会忘了周围的一切，甚至忘了自己，那些所谓的心烦意乱、茫然不安，自然会在这个时候被赶尽杀绝。人往往容易在无事可做、无聊的时候、烦躁不安，所以，在这样的时候，我们应该尽量选择一件自己喜欢的事情去做，让自己全身心地投入进去。

北大心理学发现，专注地做一件事情，往往能够让我们忘记烦恼，获得平静。当你无聊时，让自己看看书，当一个人全身心地投入到书中的时候，他就很容易获得内心的平静了。当然，忙碌也是一个不错的办法，不妨让自己做做家务或写字、画画，让自己从心烦意乱的状态中脱离出来，很快你就会找到舒适感。只要自己的心能够静下来，再让人烦恼的嘈杂也会渐渐隐去，剩下一片宁静的空间。

北大心理学家认为，做事情好比射击，若你不能让自己静下来，就无法打中靶心。所以，当你感到心烦意乱、事事不顺的时候，不妨让自己静下心来。

9. 面对刁难保持冷静

　　成熟的人并不是不会受到他人的蔑视，而是他们懂得将他人的蔑视转为自己前进的动力，进而变蔑视为肯定。

——北大心理学理念

　　在生活中，我们难免会遇到他人的刁难。面对他人的刁难，不少人的情绪就会处于极度对抗之中，也会相对失去理智，口不择言，其结果往往是将事情弄得更糟。

　　北大心理学认为，失去理智就是忽略了其他事物，将一件事情的优先级别最高化了。其实我们在面对刁难时，往往都有着更重要的事情可做。若我们将精力从重要的事情转到无关紧要的愤怒上，就得不偿失了。

　　但是在生活中，有多少人能面对他人的刁难无动于衷呢？大多数人都会像炸药一样，一点即着，一说即炸。北大心理学告诉我们，面对他人的刁难，我们最应该做的，也是最重要的就是调整自己的情绪，冷静对待，试着包容他人的一切，以静制动，让他人伤不了你。

　　李明哲原本是一家公司的销售经理，由于个人原因，辞职在家待了一段时间，应聘到了现在这个规模是前公司3倍的公司，本身就决定到大公司从底层干起的他果然选择了一线销售。不承想，部门主管或许是知道李明哲的过去吧，总是有意无意地刁难李明哲。

　　李明哲装作根本就不知道，总是努力地工作。由于自己的努力再加上之前的经验，李明哲第一个月就拉到了一个大客户，第二个月和两个大客户签约了，同时还和不少小客户签约了。这让领导很是重视，同事们也很是羡慕。可是，由于其中一个客户是之前一直和部门主管联系的，这让主管认为是李明哲抢了自己的客户，于是开始变本加厉，更加刁难李明哲。不但将一些难搞定的客户交给李明哲，而且将自己搞不定的客户也交给李明哲，让李明哲几乎没有时间和自己的客户联系。

尽管李明哲早就知道是上司在故意刁难自己，但他还是没有反驳，而是笑着答应了。从此，李明哲将更多的休息时间也用在了工作上，将白天用来整理文件的时间挪到了晚上；为了避免和客户的时间发生冲突，和一些比较熟的客户约定时间时，总是尽可能地由自己的时间决定。这样一来，李明哲不但没有失去自己的客户，还多了一些客户资源，业绩也跟着直线上涨。

但这样做并不能阻止主管对他的刁难，在面对主管的刁难时他依旧不反驳，努力地做着工作。半年后，那个主管被调走了，李明哲理所当然地接任了这一职位。

面对他人的刁难，如果我们不能保持冷静，只能进一步激化矛盾。试想，如果文中的李明哲在面对主管的刁难时不能保持冷静，而是尽可能地和主管对着干，那最终的结果会怎样呢？很可能是被主管随便找个理由给开除了，根本就不可能有后来的升职。

面对他人的刁难，如果我们只是一味地抱怨，或者逞一时之快，那就只能被排挤。北大心理学告诉我们，面对他人的刁难，只有找回理智，更加努力地不断提升自己，才能成为最后的赢家。

10. 告别冷漠

丰子恺曾说过这样一句话："全为实利打算，换言之，就是只要全家。极其极端，做人全无感情，全无义气，全无趣味，而人就变成枯燥、死板、冷酷、无情的一种动物。这就不是生活，而仅是一种生存了。"我们不要为了生存而活着，那样就真成了苟活。

——北大心理学理念

在生活中，或许我们每个人都有这样的感受：明明自己很努力了，周围的人对自己的能力也比较认可，老师或领导也比较赏识你，但大家对你的评价就是很一般。你有没有仔细想过，到底是什么原因导致了这样的结果？很可能就是因为你的冷漠，当身边的人需要帮助时，你总是袖手旁观，给他人留下冷漠的印象。

王晓芬不但人长得漂亮，工作也很出色，到公司不到半年，就打破公司成立以来的最高业绩纪录。看到她的业绩，同事们都大为震惊，不少同事都发誓要好好向王晓芬学习，也因为出色的业绩，王晓芬备受领导赏识。但是，王晓芬又是一个比较冷漠的人。同事们向她请教，她都找这样或那样的借口和理由瞎忽悠过去，同事们有什么事情需要帮助时，她也总是视而不见，即便同事们请她帮忙，也是一大堆的理由和借口。渐渐地，同事们都开始和她保持距离了。一些客户，也因为她的冷漠而终止了合作。

一段时间之后，王晓芬开始意识到，他人对自己的评价很一般，甚至远远不如那些业绩不如自己的人好。

古道热肠似乎随着现代文明来临而逐渐远离了我们的生活，我们的双眼逐渐被浮华和名利所迷惑，我们的心开始变得麻木冷漠，不再体恤关爱他人。北大心理学家认为每个人的成长和经历都不同，一些人因为有过失败的经验，因此有了害怕失败和自卑的心理，"冷漠"也就产生了，从而将不与人接触当作一种自我防卫机制。北大心理学家认为热情是人际交往中的核心品质，一个人只有将自己的热情给了他人，才能得到他人的好感。任何我行我素，都不能让你收获友谊。

11. 不让他人的负面情绪影响你

希腊哲学家爱皮克蒂特斯说："计算一下你有多少天不曾生气。从前，我每天生气，有时每隔一天生气一次；后来每隔三四天生气一次；如果你一连 30 天没有生气，就应该向上帝献祭表示感谢。"减少生气的次数便是修养的结果。

——梁实秋

有人将坏情绪比作病毒，传染速度极快，而且像病毒一样摧毁着人的健康。一个意志力比较弱的人，一旦被传染，就会逐渐变得消极平庸起来。北大心理学认为，那些成功的人往往都是情绪上具有稳定性的人，他们不但能够很好地控制自己的不良情绪，而且对他人的负面情绪具有免疫能力。

北大心理学认为，一个心理成熟而健康的人，通常都对"自我"有着清晰而持续的概念，往往都能够比较客观地认识自我。这样的人不会或很少受外界的干扰，从而保持着自我的信念，管理并控制着自己的情绪。

这天，王兴和刘祥在街上闲逛，逛着逛着，有点渴了，王兴在一个报亭买了两瓶水，并很礼貌地跟摊主说了一声"谢谢"。没想到，摊主就像没听见一样，面无表情。

刘祥有些气愤，刚离开那个报亭就忍不住问："那个摊主的态度那么差，你不生气吗？"王兴却哈哈大笑起来。刘祥有些不解地看着王兴。"我每天上下班都要路过这里，所以每天都在这里买报纸，他都这样，没有什么啊！"刘祥很是惊讶地问："他这样的态度，为什么你每次还要对他说谢谢呢？"王兴笑了笑说："让他人来影响自己的心情，不是自找难受吗？"

听完王兴的话，刘祥像是明白了什么似的，点了点头。

"不要拿他人的错误来惩罚自己"，这句话我们每个人都熟悉，但真正做到却很难，生活中能做到的人也不多。很多时候，我们都在用他人的错误惩罚着自己，却一点都不自知。文中的刘祥因为摊主的不礼貌而让自己心情不好，其实真是自找的，完全是在用他人的错误来惩罚自己。

如果你的心情经常被他人的负面情绪影响，就要学会提升自己的情绪免疫力了。北大心理学提醒我们应该多和那些积极乐观的朋友在一起，尽量远离那些坏情绪的"携带者"。因为一个对坏情绪免疫能力再强的人，也不能保证长期在一起不受一点影响。同时，北大心理学还提醒我们，为了防止"情绪"污染，尽量不要将坏情绪传播给身边的人。遇到烦恼、挫折时，要善于开解自己，做好疏导工作，尽量让氛围往积极的方向转化。

12. 别让忌妒挤占自己的人生路

越是没有任何成就的人越是忌妒那些有成就的人，而越是忌妒，他们就越不可能取得任何成就。

——北大心理学理念

忌妒几乎是每个人都有过的心理，当我们发现他人在某方面比自己优秀时，我们就会产生忌妒心理。北大心理学告诉我们，忌妒本身就是人的一种本能，是一种企图缩小和消除差距，进而去实现原有关系的平衡、维持自身生存和发展的一种心理防御反应，因此出现忌妒时，我们没有必要大惊小怪，也不必自责。

北大心理学提醒我们，应该学会控制忌妒，不要因为忌妒的心理而产生忌妒的行为，也不能任由忌妒心理不断蔓延，进而影响我们的正常心智。

晋泰始年间，有个叫刘伯玉的人，他的老婆段氏是一个忌妒心非常重的人。刘伯玉上街，路遇美女，多看两眼，被段氏知道了，也会大闹一番，就差没挖出眼珠了。这样的次数一多，刘伯玉就条件反射，看到美女不是去看，而是躲得远远的。

"我总能在书里看美女吧。"一天，刘伯玉突发奇想。这样想着，刘伯玉便决定要看看一直被人称赞的《洛神赋》。这一看，果然是和他人称赞的无二。

这天，刘伯玉又在家看《洛神赋》，看到"瓌姿艳逸，仪静体闲。柔情绰态，媚于语言"时，忍不住大声赞叹洛神的美丽。但不巧的是，正好被段氏听到了，段氏一听立即妒上心头，恨恨地对刘伯玉说："你凭什么认为水神好看，我难看？我死了，不就成了水神了吗？"结果，当天晚上，段氏就梳好妆，打扮得像新娘子一样，投河自尽了。

由此可见，忌妒是一种多么恶劣的情绪，一个心怀忌妒的妇人，竟然可以在不管忌妒的人是否存在就做出如此鲁莽的事情，也难怪有人将忌妒之妇归为万恶之首了。

北大心理学告诉我们，生活中根本就不存在完美的人，因此不管我们做得多好，依然会遇到比我们更好的人；当更好的人出现时，忌妒的情绪就会悄悄在我们心中萌芽，这时我们一定要学会控制情绪，不要让忌妒影响我们的行为，只有告别忌妒，我们才能回到自己应该走的路上来。而一个总是忌妒他人的人，就等于放弃自己的路不走，非要挤到他人的道路上去，这样的结局是只能让自己的路越走越窄。

13. 学会克制自己

强者让行为控制情绪，弱者让情绪控制行为。

——北大心理课引用名言

每个人在不同的时间内遇到不同的事都会产生不同的情绪，但是都在喜、怒、哀、乐四者之间不断转换。喜乐自然是每个人都希望保持的，哀怒就不那么受欢迎了。但不管是哀怒还是喜乐，一个真正成熟的人都不会让坏情绪影响到自己的行为，因为他们懂得克制自己的情绪。北大心理学也一直认为，人需要克制自己的情绪，尤其是那些不良的情绪。

当然，克制也是一种修养、一种境界、一种为人处世的哲学。任何一个想要立志做一番事业的人，都会不可避免地经历一些困难和失败，同时也会面临不少人的诋毁和误解。如果他不能很好地控制自己的情绪，总是让自己的行为被情绪所控制，投入到事业上的精力自然就会减少很多，其结果也就可想而知了。但凡那些有突出成就的人，对自己的情绪往往都有着很强的掌控能力。

克制也是一种意志、一种历练，还是一种节制的美、忍耐的美。克制能力强的人，也往往是生活的强者和自己命运的主宰者。他们因克制而保有和锤炼顽强的意志，不断抵御和放弃各种诱人的欲望；因克制而能做到处世沉稳、泰然自若、刚直不阿、淡泊名利；也因克制能有效化解意想不到和纷至沓来的纷扰和纠葛、挑战和考验，从而以优雅的姿态蹚过岁月之河，用从容的步履走过人生之路。正是克制让我们收获人生的每一个季节。

汉高祖刘邦在位时，曾和匈奴发生了一场战争，结果失败了，落了个白登之围的屈辱，只能与匈奴和亲。刘邦去世后，汉惠帝刘盈即位，大权掌握在吕后手里，匈奴人更加嚣张。一天，匈奴遣使给吕后送来一封信，信中写道："孤偾之君，生于沮泽之中，长于平野牛马之域，数至边境，愿游中国。陛下独立，孤偾独居。两主不乐，无以自虞，愿以所有，易其所无。"一向性格刚烈的吕后哪能受得了这般公然侮辱，于是立刻召集陈平、樊哙、季布等人，商议要杀了使者，然后发兵进攻匈奴。

但是那时，汉朝元气还没有恢复，根本就不是匈奴的对手。季布对吕后说："夷狄譬如禽兽，得其善言不足喜，恶言不足怒也。"吕后自然明白季布是在劝自己不要因一时的愤怒而作出错误的决断。吕后是一个深明政治、军事的人，她提议要与匈奴作战，不过是出于一时的愤怒，此时情绪已然平复，自然打消了与匈奴作战的念头。

于是吕后回信一封，据说信的内容是这样的：单于不忘我们这个小地方，赐下信件，我们举国上下，莫不诚惶诚恐！单于雄伟，正在盛年，老妾本应亲身前往侍奉。可惜年逾七十，色衰神弱、发齿尽脱、行步蹒跚，见单于岂不羞惭。谨献上后宫美女 30 名、锦帛 10 万匹、御用精米 80 万斛、精酿宫酒百石，敬请大单于笑纳。

一个高高在上掌握着生杀大权的人，在受到屈辱后还能控制住自己的情绪，说明吕后是一个不一般的人，这也是她能够在刘邦死后掌管大汉天下的重要原因。

情绪往往是现实的一种反映，如果情绪控制了我们的行为，就等于我们向现实妥协了，而一个总是向现实妥协的人，是根本不可能战胜现实取得成功的。因此，北大心理学提醒我们，学会克制自己，当你能够随意控制自己的情绪时，你不但胜利了，而且成了一个难以战胜的人。

14. 做事情不是由心情的好坏来决定的

态度决定成败，无论情况好坏，都要抱着乐观积极的心态，别让沮丧取代热情，生命可以价值极高，也可以一无是处，就看你怎么选择。人的价值由自己选择决定。

——卞之琳

大多数人都喜欢在自己心情不好的时候选择什么也不做，或不去做某件事情，期望等自己心情好点之后再去做。总是按着自己的心情给世界着色，却不知道这样改变了事情的原貌，甚至扭曲了事实，造成无法弥补的遗憾。

陈丽娟一直英语很不好，由于英语太差导致高考落榜，高考落榜后，在一家公司打工，每天都做着超负荷的工作，渐渐地，陈丽娟开始怀念学校的生活了，也逐渐意识到，在这个社会没有一定的文化就只能干苦活、脏活、累活，自己想要的生活根本就不是这样的。于是，她生出了要学英语，参加成考上大学的念头。可是，忙碌的工作很少能让她抽出时间。当她忙完工作有时间时，一想着要学习就又头疼了。"等等吧，等自己不这么忙了，心情好点时再学吧。"这样一安慰自己，陈丽娟还真就此停下来了。

周末公司放假了，本应是学习的绝好时期，但陈丽娟就是因为这样或那样的事情很难拿起书，早上因为上了 5 天的班了，很累，要睡个懒觉，这一睡就十一二点，好不容易起床了，洗漱完，肚子饿了，吃完饭，又发现衣服需要洗了……好不容易拿起书，又感觉到饿了，该吃饭了。"吃完饭再看吧。"这样安慰着自己，就放下了书。吃完饭刚拿起书，又想到今天是周末，好久没看电视了，该看看了，于是看了看电视。学习英语就这样一拖再拖，那个所谓的"自己不这么忙，心情好点"的时间总是没有到来。

眨眼间，她已经工作 4 年多了，已经结婚生小孩，真的没有时间再去学习英语实现自己的梦想了。每次回想起当年的梦想，陈丽娟都悔恨不已。

所谓的好心情与坏心情只是我们为自己找的一个借口，当然，这样的借口几乎我们每个人都找过，这似乎就是人的一项本能反应。北大心理学认为，当一个人面临困难或复杂的事情时，就会不自觉地选择逃避，而逃避的借口往往都是心情或状态欠佳，坚持等自己心情好了再做事情。而这样做的后果，通常是我们被平时的琐事不停地打扰，反而没有时间去做紧要或重要的事情了。在此，北大心理学提醒我们，只有调节并管理好自己的情绪，才能掌控生活，让事情顺利地进行。

15. 学会调节自己的情绪

一个不会调节自己情绪的人，只能让情绪耽误了自己要做的事情；而一个懂得调节自己情绪的人，往往都会让事情很顺利地进行。

——北大心理学理念

每个人都有着自己的"情绪周期"，尤其是那些身在职场的人，总会莫名其妙地情绪低落。这个时候，如果我们不调节自己的情绪，就会因为情绪而耽误了自己正在做的事情。但如果我们能够调节好自己的情绪，让自己很快恢复并进入工作状态中，我们的工作也就不会因为情绪而受到影响。

小莉带着不错的心情走进了办公室，当她看到自己的桌子上又堆了一大堆要整理的文件时，心情就陡然变得压抑起来了。虽然自己每天的工作都是整理文件，但还从来没有整理过像这两天这么多的文件。小莉摇了摇头，很无奈地坐下来开始工作了。整理文件看似简单，做起来却麻烦无比，再想想自己昨天因整理文件而受累的样子，渐渐地有些厌烦了，但还是得坚持，小莉越做越心烦。

也不知过了多久，小莉起身去洗手间。到了洗手间，突然被镜子中的自己吓了一跳，镜中的自己正怒气冲冲，和平时那个爱笑的自己完全判若两人。"难怪我会认为工作心烦，原来是我用这样的精神面貌去工作。"想到这里，小莉对自己做了个鬼脸，接着做了几次深呼吸，同时尽量让自己多想一些开心的事情，烦躁的心情很快就消失了。她告诫自己，尽量保持平和的心态，带着愉悦感去工作。

大家都知道，当我们情绪不好的时候，我们是无法正常去做事情的。当情绪不好，而又有很多事情要做的时候，我们应该像文中的小莉一样调节自己的情绪。关于怎么调节自己的情绪，北大心理学家给出了以下几种适用的方法：

1. 不必急于工作，采取类似"汽车预热"的方式来调整一下。如，和同事交流看法，或先翻阅自己感兴趣的图片、新闻等。

2. 当你感到压力或心情不好时，做几次深呼吸，让有害气体排出体外，给自己一个好心情。

3. 让自己暂停一分钟，虽然一分钟很短暂，但在调节情绪时是宝贵的。吵得激烈或骂得咬牙切齿时，让自己停一分钟。

4. 如果时间允许就换一种环境，做一些快乐的事情，体会不同的感受，将消极的情绪轻易地抛到脑后。

北大心理学还提醒我们，不要将生活中的情绪或心情带到工作中去，也不要将工作中的情绪和心情带到生活中去。只有这样，我们才会不带着负面情绪工作和生活。

16. 拥有良好的情绪，让你的快乐升级

一个具有良好情绪的人，能在困难面前永不放弃，坚韧而勇敢，最终被这种良好的情绪引上成功之巅，让自己成为一个卓有成效的人。

——北大心理学理念

我们每个人都知道，一个人在情绪良好的时候办事效率往往比较高。当我们情绪低落的时候，我们往往不愿意去做事情，即便做了也不尽如人意，甚至让自己遭遇失败。正如北大一位心理学教授所说，良好的情绪是成功者必备的要素之一。

法国著名的雕塑艺术家奥古斯特·罗丹小的时候家境贫寒，5 岁就被送进了附近的耶稣会学校。虽然上学的第一天，他很高兴，但他的快乐很快就被古老校舍的灰暗阴森以及老师的冷酷严厉一扫而光了。好在罗丹一直很喜欢画画，尽管不指望他成为画家的父亲一次次地打他，逼着他将画纸和姨妈送的画笔扔进火里，他还是喜欢画画。在学校里，因为成绩不好，老师也禁止他画画。后来还是在大姐的帮助下，罗丹才进入了一所免费的美术学校画画。一名叫勒考克的老师因为自己厌恶美术学院死板僵化的教学方式，而经常劝学生不要去追求那种缺乏生命力的艺术，罗丹却很珍惜眼前的学习机会，画技也大有长进。一段时间后，勒考克发现罗丹的素描已经有了相当的功底，便鼓励他进油画班学习。因为买不起颜料，罗丹只好放弃学习油画。但勒考克觉得罗丹是一个很有前途的学生，便动员罗丹到雕塑室进行训练。来到雕塑室，罗丹一下子就被这个新鲜的世界吸引了。一晃 3 年过去了。罗丹请求勒考克推荐他考美术学。报考了 3 年，每次的结果都是落选，罗丹非常失望。但他的一个朋友却告诉他，他不被录取是因为他是勒考克的得意门生，录取了他就等于赞成了勒考克的艺术

主张。

尽管此时的罗丹已经痛不欲生，但他还是强忍着深深的挫败感和委屈进了修道院工作。修道院的院长却支持罗丹成为一名艺术家。一年后，罗丹离开了修道院，勒考克也将自己视若生命的工作室交给了罗丹。或许正是因为这样，让罗丹没有退路，才让他成了一名著名的雕塑家。

如果罗丹面对父亲的责骂、经济的拮据、生活的艰辛以及美术学院的排斥就选择了退缩、消沉甚至放弃，那世界上就永远失去了一位伟大的雕塑家。因此，面对同一件事情，良好的情绪往往会促使自己最终的成功。

北大心理学告诉我们，只有在困难和挑战面前控制住自己的情绪，让自己处于一个良好的情绪状态，才有争胜的欲望和必胜的信念，也只有这样，才能勇于接受挑战并取得成功和快乐，成就一番大事业。

第 3 章

学会认识自己

"我是谁？"对于这个问题，很多人都不能给出一个明确的答案。其实，我们每个人最不了解的不是别人，而是我们自己，我们也不能很好地认识自己。很多时候，我们连自己想要什么、想做什么，这样的问题都弄不清楚。想要了解他人，就要先了解自己，但是怎样才能了解自己呢？很多人都被这个问题困扰过，根本就不知道自己该从哪些方面来认识自己。其实，在心理学中有很大一部分都是对自我的认知。比如，我需要什么、想要什么、我暂时能做什么、不能做什么等。我们应该从这些方面去多多认识自己、接纳自己。

1. 怎样进行自我了解

人生就是一个不断认识自己的过程。

——北大心理学理念

北大心理学认为，认知就是个体认识客观世界的信息加工活动。认知和年龄是成正比的，随着年龄的增长而增长，这个过程中，个性心理与性别心理就会显现。生活中，不少人经常会自问"我是谁?"当我们在回答这个问题的时候，我们就会从中找到真正的自己，当我们找到了答案时，心里就会有一些喜悦和安宁。其实，很多时候并不是他人的问题，真正出现问题的往往是我们自己，只是我们不自知罢了。

赵三是做药材生意的，后来因为一个人实在忙不过来，就招了一个下手。但赵三是一个做事比较谨慎的人，不管什么东西，也不管什么事情都要确定好几次，即便这样还不放心。招了这个下手后，更是如此。

他每天早上起来都要看看账本还在不? 药材是否都在? 要送出去的药材是否都准备好了? ……晚上也如此，自己每天赚的钱更是要认真检查好几次，生怕少一分，或出现一毛钱的假钱。对这个下手，也盯得十分紧，生怕他私藏一分钱。

渐渐地，这个下手找到了对付赵三的方法。在晚上吃饭的时候，拿出来自己买好的上等酒，将赵三灌了个酩酊大醉。在赵三熟睡的时候拿出剃头刀，将赵三的头发悄悄地剃了去，又找到钥匙，打开保险柜，拿着所有的钱走了。

第二天，赵三醒来，满屋子瞅了瞅，发现自己的下手不见了，心想可能是去卫生间了吧，便叫了几声，见没人答应，便去卫生间看看。没想到，刚到卫生间就看到了镜子里一个光着头的和尚，赵三吓了一跳，发现原来那个人和自己长得几乎一模一样。他伸手摸了摸自己的头，没了头发。"这是我吗？我怎么会变成这样呢？"赵三被眼前的情景吓倒了。

赵三又摸了摸藏在自己口袋里的钥匙。"唔，钥匙没了？"赵三赶紧用备用的钥匙打开了保险柜。"钱也没了？"赵三气急败坏，差点哭了出来。

生活中有很多人都不能很好地进行自我认知，总是太过于关注他人，往往会找不到自己。有的人竟然会因为自己的外貌发生了一些改变，就难以确定到底是不是自己，这是一件非常糟糕的事情。人们往往都会自己熟视无睹，不了解自己，这样怎么能够认识其他事物呢？失去自己，就将失去自由。

北大心理学家曾做了这样一项实验。在实验中，实验者将高薪雇来的学生当作被试者，并且将这些学生关在有隔音装置的小房间里，让他们戴上半透明的保护镜以尽量减少视觉刺激。又让他们戴上木棉手套，并在其袖口处套了一个长长的圆筒。为了限制各种触觉刺激，又在其头部垫上了一个气泡胶枕。除了进餐和排泄的时间外，要求学生 24 小时都躺在床上。所有感觉都被剥夺了的状态就这样被营造了出来。

尽管报酬很高，但还是很少有人能够在这项试验中坚持 3 天以上。刚开始的几个小时好歹还能撑着，5 个小时后，就有学生吹起了口哨或自言自语，有点烦躁不安了。在这种状态下，即使实验结束后让他们去做一些简单的事情，他们也会频频出错，精神也集中不起来了。

实验持续数日后，人会产生一些幻觉。到第 4 天时，学生会出现双手发抖、不能笔直走路、应答速度迟缓，以及对疼痛无感等症状。实验后，学生得需要 3 天以上的时间才能恢复到原来的正常状态。

北大心理学认为，自我认知并不能脱离现实生活。人一旦失去感觉，便会无所适从，思维、行动紊乱，无法进行自我认知。因此，我们应该积极地去接触社会，体验生活中的百种滋味，进而丰富自己的心灵、健全自己的人格。当然，更要有勇气去接受外界的刺激。一个人只有对人生体验得越深，才越能把握自己、认识自己、驾驭自己。

2. 自立是一笔财富

这个世界上没有人会替你走路，只会出现为你引路的人。

——北大心理学理念

只有自强才能自立，一个凡事都依赖他人的人不但不懂得自强，就连做事也很少能够取得成功。北大心理学认为，他人只会教你走路，不会代替你走路。每个人都可以自立，只要你想自立起来。

任何时候都要自立，只有这样才能自强，才能战胜生活中随时都会出现的种种困难。一个不懂得自立的人，任何时候战胜困难的可能性都是非常小的。

一家媒体曾报道了一件这样的事情：

一名女高中生以十分高的分数被某名牌大学录取，入学后，她高超的学习能力受到了老师和同学们的交口称赞，每次考试成绩都名列前茅，非常受任课老师的喜欢。

但与此同时，班主任却为她感到头疼，因为她的社会实践能力实在太差了，不但从未参加过社团活动，每每问及原因，得到的答复都是："从来都没有人要求我加入啊！"一天，系里要求每位同学交一份社会实践报告，结果别的同学全都交上去了，只有她没有交。老师找她询问原因，得到的答复是："没有人教过我怎样写实践报告啊！我从来没有过社会实践，社会实践是课程的一部分吗？"

面对她这些让人哭笑不得的问题，老师真是为她的以后担心：现在就这样了，以后到了工作岗位上，难道每项工作都要他人手把手地来教吗？

学习的目的在于自立，所谓"授之以鱼莫若授之以渔"就是这个道理。要在这个社会上立足，就要不断地面对新的问题，在这样的情况下，掌握获取知识的方法远比掌握知识本身更重要。著名历史学家和文学家郭沫若说过："教育的目的是养成自己学习，自由研究，用自己的头脑来想，用自己的眼睛来看，用自己的手来做的精神。"只有拥有了这种精神，我们才能够保证在社会上立足，才有实现理想的可能。

列宁于 17 岁考入喀山大学学习法律，可是不到半年就因参加革命活动被学校开除了学籍，被流放一年。列宁并没有因此而放弃这一年的学习，而是利用这一年的时间自学了大学 4 年的全部课程，21 岁时以"校外生"的资格在彼得堡大学参加了法律系的毕业考试，14 门课程，门门考第一，获得了甲等毕业证书。

列宁能做到这些，并不完全是因为死记硬背，也不是能够"按要求完成老师布置的所有任务"，而是他有一种自学的方法，懂得怎样自我提高。成功的条件很多，但自强自立的精神绝对是不可或缺的。

就学习这件事，不同的人有着不同的方法。朱熹说"字字锱铢，句句箴言"，陶渊明说"好读书，不求甚解"，两个人都是古今难得一见的大学问家，但学习的方法却截然相反。这就说明，在学习领域没有哪一条道路是适合于每一个人的，只有找到属于自己的道路，才能登上顶峰。这就要求我们要学会自立，找到一条真正适合自己的路，并且坚定不移地走下去，只有这样，我们才能逐渐走向成功。

3. 试着给自己留点时间

我曾套宋词写过3句话："午静携侣寻野菜，黄昏抱猫向夕阳，当时只道是寻常。"我的小猫虎子和咪咪还在世的时候，我也往往在二月兰丛里看到它们：一黑一白，在紫色中格外显眼。

——季羡林

大家都知道国画讲究"留白"，留白往往能达到以无胜有的境地。其实，人生也和作画一样，需要留白，需要给自己留一些空间和时间，或养精蓄锐，或直接用来发呆打发时间。

留一点时间给自己，其实就是在为自己投资。一个善于利用时间来投资的人，往往都能从繁忙的工作中找回真正的自己，进而让自己更懂得怎样成长。所以，他们往往能够享受到更多甘美的果实。试着给自己留点时间，让自己踏踏实实地学点本领吧。

今天，我们生活在物欲横流的社会中，每天都不停地奔波忙碌着。忙碌之余，我们是否想过，自己的灵魂究竟在哪里？自己是否已经沦为利益的奴隶了呢？著名作家汪曾祺曾说过总是喜欢利用自己写作之余的时间种葡萄，他将种葡萄的事情记录下来，告诉自己边走边欣赏，人生路慢慢走。这个过程其实就是对人生感悟的升华，更好地补给自己的精神。

想要安静地审视自己，就请保留一些属于自己的时间，让自己享受面对自己的时光。有不少人都在忙碌的生活中渐渐地迷失了自我，不知道自己想要什么、什么样的生活才是自己真正想要的，只知道每天都为了所谓的生活疲于奔命，百般无奈地干着一些事情。北大心理学通过研究发现，判断一个人究竟有没有找到"自我"的可靠方法，就是看这个人能否独立相处。一个能够独立相处的人，往往能够很好地认识自己，并且不容易迷失自我。问问自己，当你一个人独处的时候，是否感到百无聊赖、很难接受？还是感到宁静、充实和满足？

周国平先生认为，独处往往能够帮助一个人成长。因为，独处时，我们才能从他人和事物中抽出空来，找到自己，然后展开一场与自己的心灵以及宇宙中神秘力量的对话。有一位懂得简单生活和独处的好处的设计师曾这样说过："是否有这么一段时间，你意识到自己需要静下来，好好地想一想自己是谁？在一次驻足后的凝望中，仔细想下一个路口该何去何从？如果你有过这样的经历，你就会感受到平静的幸福，重新找到自己的灵魂。"

因此，选择一段固定的时间，不管什么时候，也不管多久，重点在于给自己留下一点空白。当你再次感到生命是属于自己时，你就会惊喜地发现自己更有力量去满足他人的需要。

留给自己的这一点时间，你甚至可以什么都不干，静静地发呆，让这段时间流去。因为这是你与自己约会的时光，可以任意打发。将一切都交给心灵，做回真实的自己，等待着未到达的灵魂。北大心理学认为，这样可以让我们原本对生活已经迟钝的感觉逐渐复苏，让冷漠的我们逐渐感受到生命的美丽。因此，停下你忙碌的步伐，给自己一点时间吧。

4. 想想自己究竟想要什么

失败降临时，也是我们最应该庆幸的时候，因为我们回到了正确的轨道上，结束了一条不可能走到尽头的路。

——沈兼士

生活中，我们总会遇到一些让我们郁闷的事情，郁闷的情绪也就随之产生了。郁闷的情绪一旦产生，我们就难以在生活中找到快乐。如果这种郁闷的情绪经常出现，我们的人生也会越来越乏味，转眼间，一天过去了，一回头，一年过去了，几年甚至几十年，我们似乎一直在郁闷与排遣郁闷中度过，宝贵的时光就这样被白白耗费掉了，职场中的人往往都是这样的。因此，有人将职场中的郁闷比作人生的第一大杀手。

北大心理学认为，郁闷这个杀手并非一无是处，一个混迹于职场却毫无上进心的人，是根本就不会有感觉的，自然也不可能郁闷；郁闷只会出现在那些对职场没有麻木的人身上。因此，那些对职场还没有麻木的人完全能够将郁闷转化为前进的动力。

可是很多人还是选择了郁闷，为什么会这样呢？北大心理学认为，真正的原因就在于他们找不到前进的方向，其实，郁闷是在变相地提醒我们迷失了方向。在这样的情况下，如果能够将脚步暂时停下来，稳定心神看看前边的路，认真想想自己究竟想要什么，然后再前行，郁闷就可以得到缓解。这样可以让自己的努力更有成效，会给自己带来一些喜悦，如此坏事就变成了好事。

李先生做平面设计已经十几年了，他给人的感觉只有简单的 4 个字：气定神闲。和那些整天忙得晕头转向的同行相比，李先生显然悠闲很多。一些同行也觉得这之间一定存在着一些窍门，便私下向李先生打听，李先生总是笑笑说："我只是舍弃了一些订单而已。"

刚开始干这一行的时候，李先生和大多数同行一样，每天为了多拉一些订单到处和人套交情、赶饭局。订单到手后，又加班加点地赶工、修改，整天都没日没夜地忙着，苦不堪言，还经常处于深度的焦躁和抑郁中。

一天，李先生像往常一样在办公室里赶工。没想到的是，竟然累得晕了过去，等他醒来的时候，已经是第四天了。李先生面对病床前的妻子，有点不敢接触她的眼睛，因为满是心疼和焦急。他回想了自己这几年的辛苦和抑郁，却迷茫了，他开始自问，这些到底是不是自己真正想要的？接下来的几天时间里，李先生让自己静下来认真地思考这个问题。一周过去了，他找到了答案，这样的生活并不是自己想要的，有一个好的身体和家人更多地分享生活中的快乐才是自己真正想要的幸福。

此后，李先生改变了自己的工作方式，他不再主动联系任何应酬，只是依靠自己的信誉以及这些年积累下来的人脉等着顾客上门，这样订单自然少了很多，但他却因此有了充足的时间来享受生活。郁闷的情绪也渐渐在他的生活中消失了，取而代之的是每天的充实与幸福。

因为郁闷而反思，因为反思而找到人生的真谛，这对于李先生来说何尝不是幸福？其实，我们每个人的生活都是这样的，只是在如此快节奏的生活中，我们很少有停下来歇一歇的机会，当我们被消极的情绪困扰的时候，不正是给了我们一个停下来反思的机会吗？

大家都知道赚钱是为了享受，却不懂得放下赚钱的机会，多给自己一些享受的时间，将自己的时间全都给了赚钱，郁闷的情绪自然会随时出现。

任何事物都有着相对的一面，郁闷是因工作而来，也可以因工作而去，关键就在于怎样去应对郁闷。负面的情绪自然是每个人都想摆脱的，逃避只能解一时之痒，只有认真思考应对的方法才能根除负面的情绪。北大心理学认为，负面的情绪其实也是一个重新认识自我、寻找自我的机会。

5. 任何时候，都不要指望他人推着你走

一个不懂得主动往前走的人，只能坐以待毙，任何机会都不可能垂青这样的人。只有主动前行的人，才能看到更多的精彩，收获意外的惊喜。

——北大心理学理念

生活中，我们总会为不想做某事寻找这样或那样的借口，在一些不必要的不满中消耗自己的生命。殊不知，自己不向前走，又怎么会有人推着你走呢？北大心理学认为，一个人只有自己时时发挥主动性、主动工作、主动学习……丝毫不指望他人推着自己走，才能逐渐走向成功。

王东的父亲是一家大型公司的董事长，母亲是政府高官。但生活中的王东并不是大家想的那样的纨绔子弟，无论遇到什么事情总是想办法自己主动解决，从来都不指望他人推着自己走，哪怕是自己的父母也不例外。

小的时候，王东的学习不是很好，望子成龙的父母给王东请了家教，但第二天就被王东赶走了。王东认为自己根本就不需要什么家教老师来推着自己前进，既然自己的成绩差，那自己就主动学习，以取得让自己和父母满意的学习成绩，一个想要成功的人并不是依靠他人推着走就能实现的。经过自己的努力，王东的学习成绩赶了上来。

但王东并不是一个很喜欢学校生活的人，就在高三那年，他不顾所有人的反对退学了。他认为自己已经厌烦了学校生活，反正迟早是要到社会上去闯荡的，与其在学校过着无聊的生活，倒不如早一点去感受社会，主动寻找一些实现自己梦想的机会。

王东一直都希望自己能够成为一名商人，所以离开学校后的他，利用自己平时积攒下的钱批发了一些小饰品，又花钱雇了一些很便宜的小时工，让他们带着自己的这些批发饰品在路边摆起了地摊，而自己则负责监督他们的工作。自己也利用业余时间自学一些商务管理方面的知识。

一年后，王东打算自己开一家商品批发公司。那些一直帮自己摆地摊的兄弟首先站了出来，愿意继续效力。有几个朋友还建议开一家大一点的公司，资金有问题的话，自己愿意无偿提供支援。就这样，王东的公司成立了。

如果你不向前走，谁又会推着你走呢？这个世界上没有人担负着推你向前走的义务，那条漫漫的人生道路只属于你自己，只有靠着你自己的努力慢慢向前走才能将它走好。与其指望他人推着你走，倒不如换个角度，让自己主动前行。有的时候，成功就是那么简单，属于那些自己拼搏的人。

6. 生活永远都不止一种选择

任何时候，生活都不会只给你一种选择，关键在于你怎么选择。

——北大心理学理念

人生就是一个过程，遇到不同的情况，需要用不同的心态来面对。生活中，很多时候，很多事情都需要我们换位思考，需要灵活地移动位置，用不同的方式、不同的角度来看待事物。不要给自己设局限，以这样的心态来认识世界和了解世界。永远都正确的观点是根本不存在的。一个观点，现在正确，不代表以后会正确，世界是发展变化的，不是全部的正确。北大心理学提醒我们，经常换位思考要杜绝以自我为中心，只关注我们自己的需要，因为这会使人变得自私自利，无暇顾及他人的感受。北大心理学还提醒我们，对不同的观点应该予以尊重。当你善于换位思考，就会得到多种观点，各种不同的观点相互配合，我们才不至于陷入困境里。如果你学会了换位思考，那么它将在你的生活中发挥很大的作用。你可以用它来处理各种人际关系，进行自我反省、处理情感问题等，都能有很好的效果。因为换位思考，你所得到的答案就会不一样，也就能体会他人。它让你成长，让你更新自己的认知模式，自行解决问题。

曾经在一本书上看到过这样一句话："我是命运的主人，我主宰自己的心灵。"是的，我们每个人都是自己命运的主人，也都主宰着自己的心灵。你过得怎么样完全由你自己的心灵决定，但真正主宰心灵的往往都是你自己。因此，不管是记忆还是幸福和快乐、痛苦和伤痛等都是我们可以选择的。我们往往处在不同的选择中，如果说生活中永远有这种选择，那么要选择积极的那一面。

这天，李金铭接到家里的电话，妈妈在电话里哭哭啼啼地告诉自己，爸爸在去医院看奶奶的路上出了车祸，正在医院紧急抢救。李金铭在电话这头比较镇定地说："妈，先别哭了，我马上请假回来，你赶紧去医院照顾爸爸和奶奶，你在这里哭有什么用。"说完就挂了电话。

李金铭还没赶到医院，父亲就被宣告抢救无效死亡了，奶奶也因为接受不了这样的事实而晕了过去。李金铭来到医院时，奶奶还在昏迷中，姑姑在医院照顾着奶奶。李金铭一边料理着爸爸的丧事，一边安慰着妈妈，同时每天都抽出时间去医院看看妈妈。

刚刚料理完爸爸的丧事，便传来了奶奶病逝的消息。李金铭早就该回去上班了，但因为奶奶的事又打电话多请了3天假。一边安慰着妈妈，一边料理着奶奶的后事。

李金铭回到公司后，像以往一样认真地工作着，仿佛什么事情也没有发生一样。

这天，李金铭被领导王总叫进了办公室。王总望着他笑了笑说："我一直都认为你比较适合创业，你请假之后来到公司的表现让我更加肯定你适合创业。很少有人能像你这样快乐。"李金铭笑了笑说："其实，生活很多时候都是在给我们选择，我只是习惯选择积极的一面罢了。痛苦和快乐同样是有选择的，只是很少有人知道这是一道选择题罢了。"

"我打算开一家分公司，你要是愿意的话，就去帮我管理管理。弄好了，公司归你。"听了王总的话，李金铭点了点头。

一年后，王总将分公司卖给了李金铭，并与分公司保持着良好的合作关系，李金铭也顺利成为分公司的董事长。

为什么要选择积极的那一面？北大心理学认为，积极的一面，更有利于你获得积极的成果。一个人拥有积极的思想，说明他有积极的生活态度。态度能决定人生，也能改变人生，所以积极的生活态度将使你产生无穷的精神力量，即使面对沉重的现实境况，依然能够笑着面对。

7. 任何时候都不要输给自己

为了一时的困难，就这样哭哭啼啼的，还想要自杀，真是没出息！你手中有一支笔，怕什么！

——沈从文

海明威著名的小说《老人与海》中，主人公圣地亚哥说了这样一句话："一个人可以被毁灭，但不可以被打败。"在小说里，虽然老人败给了命运，但他依然是一个勇士，因为他战胜了自己。

人生总是变幻莫测，就像大海一样，充满了狂涛和暗浪，我们随时都面临着被浪打回的危险，但是一个成功的人绝对不会因为惧怕风浪就不下水，而是勇于站在风口浪尖上。北大心理学认为，一个人只有在关键时刻勇于站在风口浪尖，才有可能成就自己的一番事业。

我国近代新闻事业的先驱邵飘萍，在 20 世纪那个黑暗的年代，他保持着一个报人的独立精神和济世情怀，屡次揭露反动政府的卖国行为，因此多次引来大祸。接二连三的祸事让朋友们很为他担心，纷纷劝他收敛一些，一些朋友甚至多次对他说，这是一个黑暗的时代，即使有他这盏孤灯又如何？但邵飘萍仍然坚定地说："虽然我不可能照亮黑暗，但我也绝不能因为恐怖而熄灭自己，战胜不了恶劣的势力是必然的，但我可以战胜我自己。"

此后，邵飘萍先生不但没有收敛，反而将更大的精力放到了痛斥北洋军阀、揭露他们的卖国行径上。在他逝世前的 14 年里，竟然没有一个总统能够逃过他的笔下。1926 年，他倒在了北洋军阀张作霖的刀下。

邵飘萍先生终究没有战胜黑暗的势力，但因为他的果敢、执着，却成了中国记者心目中永远的丰碑，作为新闻事业的楷模，为所有新闻从业者永远铭记。很多时候，并不是因为现实无法战胜，我们才畏缩不前，恰恰是因为我们的畏缩不前，现实才越发难以战胜。

北大心理学告诉我们，一个人想要取得成功，首先要对自己有信心，想要战胜他人首先要战胜自己，一个人可以输给现实千万次，只要不输给自己，成功迟早会降临。

在人生道路上，我们时刻面临着这样或那样的挑战，既有对自己的挑战，也有对他人的挑战。不管是对他人的挑战还是对自己的挑战，我们都应该重视。输给他人并不是什么耻辱，输给自己才是一个十足的失败者。

8. 想到就立即行动

这个世界上并不缺乏有想法的人，真正缺少的是想到就立即行动的人，成功只会属于那些想到就立即去行动的人。

——北大心理学理念

这个世界从来都不会缺少空想家，因为每个人都或多或少地有着自己的想法，只是真正能够付诸行动的人很少。总是习惯性地因为这样或那样的原因不去做，或暂时不去做，尽管一些人的想法再怎么不错，也只能是想想而已。当然也有一些人思来想去，依旧觉得时机不成熟，于是坐等机会的降临，殊不知，在自己坐等的时候，机会已经悄无声息地被他人抢走了。

北大心理学认为，只要有想法就要尽力去行动，不要让想法变成空想，只有这样才能抓住成功的机会。

陆一帆从小就喜欢文学，也立志要成为一名作家。但是，他发现自己经常想到一个不错的题材，但不立即去写，以至于时间一长让自己失去了这个题材。渐渐地，他意识到：想到一件事情而不去做，时间一长就失去了做的欲望，让自己失去一些成功的机会。于是，他要求自己想到就立即去行动。

这天夜里，陆一帆躺在床上翻来覆去也睡不着，脑子里尽想着一些乱七八糟的事情。想着想着，突然灵光一现，陆一帆有了一种强烈的想要写文章的想法，接着一些精彩的句子就在脑子中不断地浮现了出来。陆一帆并没有像以往一样任凭思绪飞扬，而是立即翻身爬了起来，来到书桌旁，打开电脑写了起来。

不一会儿，陆一帆就写好了文章。看着自己写好的文章时，他露出了惊喜的笑容。此后，他一直要求自己只要想到就立即去行动。当然有了这次体验，他变得更加积极了。

一段时间后，陆一帆果然和自己想的一样养成了想到就立即去做的习惯。陆一帆也经常将自己的一些文章寄给杂志社，或一些征稿单位。这天，陆一帆收到了一家征文办公室的信，信上说自己的作品已经被入选，邀请陆一帆于×××日前往×××地参加决赛。陆一帆高兴极了，他认为这对自己来说是一个绝好的机会。

可是，父母和身边的一些朋友却开始反对了，其原因就是他现在是一名高三学生，应该抓紧时间复习备考。可陆一帆却是铁了心要去。而且，从接到通知书开始，陆一帆就将主要精力集中在写作上。至于高考，他想反正还有一段时间，等这次比赛忙完了，自己再好好准备吧。

陆一帆不顾所有人的反对来到那个陌生的城市，参加了决赛。没想到的是，陆一帆在决赛中获胜了，成为一等奖的获得者。

高考的时候，陆一帆也顺利地考上了理想中的大学。看着录取通知书，回忆着那次参赛的事，陆一帆在心里感慨道："这一切都与想到就立即去做的习惯分不开。"

想到就立即去行动，不要让自己成为空想家。纵然你有再好的想法，不去实际操作，那也只是一个想法而已，那和不想是没有任何区别的。北大心理学认为，这个世界上的任何事物都不会随着我们的想法而有所改变，有想法就要立即去行动，让自己的想法落实到具体行动上来。只有这样，才能体现出该想法的真正价值，让自己逐渐接近成功，否则就是毫无意义的空想。

因此，只要有想法，我们就要立即去行动，不要让其变成空想。

9. 人生的每一种滋味都值得珍惜

能吃苦，方为志士；肯吃亏，不是痴人。

——闵嗣鹤

明代还初道人洪应明收集编著的《菜根谭》里有这样一句话："浓肥辛甘非真味，真味只是淡。"这句话告诉我们，人生的真谛在于平淡，不管是兴还是衰、是成还是败，是春风得意还是落魄潦倒，都是一时的境遇，终归还是要归于平淡。

一生中，我们难免会尝遍酸甜苦辣各种滋味，一些人因为境遇不同或欣喜或惆怅，有些人干脆怨天尤人，这就迷失了生活的真谛。北大心理学认为，完整的人生应该是尝遍各种滋味，始终保持乐观的态度，而不是单纯地有一种滋味，或缺少某种滋味。人生不过短短几十年，弹指一挥间就过去了，因此我们只有尝遍人生的各种滋味、珍惜人生的各种滋味，才算没有辜负上天的美意，没有浪费自己的人生。

人生本身就是一盘酸甜苦辣集合在一起的菜，每一种滋味都代表着一种生活或一种情感，任何一种味道都是我们无法跳过的，所以只有细细地体会。苦似乎是人类最反感的味道，一旦尝到，就会很自然地感到难过，甚至有放弃的念头，只有坚强且睿智的人才会坚持下去，因为人生的滋味是可以相互转化的，苦的终究会到尽头，甜的终究会到来，正所谓苦尽甘来，也只有这样的甜才是最甜的。

有一个过得十分失意的人，他现在已经四十几岁了，但他却从未成功过，命运似乎总是在与他作对。这天，不堪忍受的他爬上了一棵梨树，准备从树上跳下来，结束自己的生命。就在他决定跳下去的时候，旁边的学校放学了，一群小朋友走了出来，看到了站在树上正准备向下跳的他。其中的一个孩子问道："你在树上做什么？""我看风景。"他想总不能告诉这群孩子自己是要自杀吧，便虚心地回答着。

"你的身旁有很多梨，你没有看到吗？"另一个孩子问道。他低头一看，原来自己一心一意想要自杀，根本就没有注意到自己爬到了一棵梨树上。"你可以帮我们摘梨吗？"孩子们向他请求道，"你只需要摇晃一下树干，梨就会掉下来。叔叔，我们爬不了那么高，麻烦您了。"

这个人有点儿意兴阑珊，心想这群孩子真是无聊，却又拗不过他们，只好答应了。他开始在树上又跳又摇。很快，梨纷纷从树上掉下来。树下聚集的孩子越来越多，大家都兴奋而又快乐地拣着梨。在一阵嬉戏打闹后，树上的梨掉得差不多了，孩子们也纷纷散去了。这时他坐在树杈上，看着孩子们蹦跳着离去的身影，不知道为什么，想要结束生命的念头居然就这样打消了。

他在周围采了一些还没掉下去的梨，很无奈地跳下了梨树，拿着梨慢慢走回了家。当他到家时，看到的依旧是那间破旧的房子，生活仍旧和原来一样。唯一不同的是，他的孩子因为看到他带着梨回来，便高兴起来。他看着孩子们快乐地吃着梨时，忽然一种温馨的情绪涌上心头，他想：虽然这样的生活不算幸福，但还可以让人活下去。

他彻底放弃了自杀的念头，重新体会到了生活的快乐和幸福，他开始每天都认真地工作。没多久，他的收入不但提高了不少，职位也得到了升迁，房子也换成了新的，苦尽甘来了。

生活就和天气一样，一时晴空万里，一时风雨大作，虽然我们无法左右天气，但我们可以控制自己的心情。在艳阳下，我们感受温暖，在风雨中，我们感受凉爽，对于一个智者来说，生活不管是甜还是苦，都是难得的滋味，都值得珍惜。

10. 别太在意收获

播种时难以预计收成，付出时也难以掌控收获，但如果我们太在意收获，就很难做到全心全意的付出。因此，我们不应该吝惜自己的时光和汗水，只有这样才能让自己有所收获。

——北大心理学理念

这个世界的任何事情都是先有付出才有收获的，可是不少人因为深受市场经济的影响，不但开始讲究付出与收获相当，在做一件事情之前，首先想到的就是能收获什么、能收获多少，若觉得不划算，宁可不做。

其实，只要换个角度，很多问题就会随之而产生。一些企业家开始抱怨，现在的年轻人只盯着报酬，让加个班，都先问加班费是多少，工作时菜鸟一只，做不出什么业绩，反而是要钱的高手，而且十分理直气壮。遇到这样的人，他们能不用就尽量不用。

一个人如果只一味地在乎最终的收获而不懂得付出，那最终一事无成的可能性是十分大的。生活中有很多这样的例子。

北大心理学提醒我们，要懂得付出，别太在意收获，最好让付出成为自己的一种习惯，只有这样才能越发接近成功。

刚刚大学毕业的朱晓华走上了工作岗位，领完前两个月的工资后，他和不少人一样发现自己的报酬很低，而且也不受老板的重视，这让他很是郁闷，但他转念又想，自己到底为公司付出了什么？自己有什么值得让公司出高薪聘用自己？值得让老板重视？这样想着，他的心情也随之好了很多。他暗暗决定自己一定要努力干出一番成绩，让付出成为自己的一种习惯。

此后，朱晓华比之前更加认真地工作着，经常加班研究给客户提供的产品解决方案怎样才能更加完善、怎样才能更好地将产品的优势发挥出来，甚至在上班的路上都在考虑怎样跟棘手的客户沟通。

一些人见他这样辛勤地工作着，开始嘲笑他傻，因为老板一分钱都不会多给他，他却把公司当作自己的家一样尽心尽力。渐渐地，一些好朋友也开始劝他，不要这样拼，老板又不会给加班费。他却笑笑说："我是为了自己。如果不付出哪来的收获呢？我虽然来公司 3 个月了，可我连公司的运营情况、产品的优势等都没有搞清楚。换了我自己是老板也肯定不会给这样的员工涨工资，不会重视这样的员工。""什么？"朋友打断了他的话，"不要忘了，你只是一个公司的员工，你只能成为他利用的工具，你根本就看不到自己的真正价值。你以为付出了就有收获，你就不断付出，可是老板也不会给你加工资，你的付出永远都和收入不成正比。"那个朋友像是受了很大的刺激一样，噼里啪啦地说个没完。

"是啊，凡事都得有个度。"其他的朋友也都这样附和着。

"但是不付出，永远就不会有收获，收获不单是用收入来衡量的……"朱晓华依旧坚持着自己的意见。

此后，朱晓华还是像以往一样认真地努力工作着。没想到的是，刚到月底，朱晓华就被领导叫到了办公室，谈了加薪的事。这让朱晓华很是惊喜，对工作也更加认真负责了。半年过去了，朱晓华的工资连升了 3 级，而且经常得到老板的表扬。

一年后，由于分公司的总经理因事辞职了，朱晓华因为突出的表现被调到分公司担任总经理。

想要在秋天收获粮食，就必须在春天播种；想要摘取果实，就必须先浇水、施肥、除虫……这个世界上根本就不存在着不经历付出就收获的事。其实，劳资双方永远都是一对矛盾，员工注重的是自己在过程中所付出的辛苦，而老板看中的只是员工工作的结果和员工所创造的效益。北大心理学提醒我们，不要太在意收获，与其在意收获，不如让自己懂得付出，不付出怎么会有收获呢？

11. 懂得自我反省

教育者的个性、思想信念及其精神生活的财富是一种能激发每个受教育者检点自己、反省自己和控制自己的力量。

——陶行知

孔子的弟子——思想家曾子曾说过："吾日三省吾身，为人谋而不忠乎？与朋友交而不信乎？传不习乎？"这句话就是要告诉我们，做一个明智的人，时常做到反省自己。

"人非圣贤，孰能无过。"行走在社会，每个人都会犯错，所不同的是有的人将错误当成机会，不断地完善自己；有的人则选择逃避错误，好了伤疤就忘了疼，其结果往往是一错再错。北大心理学认为，前者是懂得自我反省的人，也是能成大事者的做法，后者则是一个不懂得自省的人。犯错不要紧，因为每个人都会犯错，而且是无可避免的。但是，在犯错后，一定要及时地反省和改正。一个不懂得反省的人，就不会知道自己的缺点和过失，一个不懂得悔悟的人又怎么会改进呢？

每个人也都有缺点，这个世界上根本就不存在绝对完美的人。一些人面对自己的缺点，总是想办法遮掩，害怕他人笑话。殊不知，这样做反而会让人感到虚伪、不真实，这样的人是没有人愿意与之交往的。一个懂得自省的人，总是坦然地面对自己的缺点，并努力改正，进而赢得大家的尊敬。

一个年轻人为了练得一手好剑，便向当地著名的剑客请教，拜他为师傅。这个年轻人学艺时，因为很想知道自己究竟什么时候才能学成，便去问师傅："师傅，您看凭我的资历，需要用多长时间才能成为一流的剑客呢？"师傅想了想说："至少 10 年吧。"年轻人又问："10 年的时间太漫长了，如果我加倍苦练，坚持不懈呢？""那就得 20 年。"师傅答道。年轻人听后觉得很奇怪，便问道："师傅，为什么我越是努力练剑，成为一流剑客的时间反而越长呢？"

"成为一流剑客的先决条件是必须永远保留一只眼睛注视自己，不断反省。如果你两只眼睛都紧紧盯着一流剑客的招牌，哪里还有眼睛注视自己呢？"

听完师傅的话，年轻人恍然醒悟了，不再想着什么一流剑客的招牌，而是一边苦练，一边观察自己的剑法，发现不足就立即想办法弥补。3 年后，这个年轻人就被大家尊称为一流剑客，名气仅次于师傅。

在生活中，我们总是很容易发现他人的缺点和错误，却看不到自身的瑕疵与纰漏。大概是因为我们习惯了往前看却忘记了窥看内心最深处吧，不管发生什么事情，我们总是不约而同地将责任推卸到他人身上，完全忽略了自己应该承担的责任。当一件事情出现时，我们首先想到的往往不是自身能力和实力的不足，而是归咎于运气不佳或其他的客观因素。

北大心理学认为，一个人不懂得自省，永远也意识不到自己的错误，根本就不能正视自己的错误，这样的人是很难取得进步的，更不要谈成功了。相反，那些懂得自省的人，往往能够意识到自己的错误，并尽力改正，不断地完善自己，让自己渐渐地接近成功。

人难免有错，有了缺点其实不应该忌讳别人说，有则改之，无则加勉，这样才能不断完善自己。反省是砥砺自我人品的最好磨石，是自我认识水平进步的动力。反省是对自我言行进行客观的评价，认识自我存在的问题，修正偏离的行进航线。因此，我们应该懂得自我反省。

12. 牢记他人的恩泽

我早年从北师大刚毕业，经冯友兰先生和金岳霖先生推荐，到清华当助教，这是很幸运的事。一个大学本科生毕业就能上讲台，这在当时是很不容易的，这也是我一生学术生涯的开始，所以，我很感谢冯先生和金先生。

——张岱年

"滴水之恩，当涌泉相报。"中华民族向来都是一个注重人情的民族，不管是家人还是亲人、朋友以及其他人，我们都很注重人情。

我们生活在人的社会里，每天都要与人打交道，我们也难免会受到他人的帮助，对于他人的帮助，我们应该带着一颗感恩的心去接受，同时也应该尽自己的力量去帮助他人。

有一个小男孩出生在美国的一个穷人家里，不但经常吃不上饭，父母还经常因为这样或那样的事情争吵。感恩节这天的早晨，父母又争吵了起来，而且越吵越激烈。就在小男孩感到万分痛苦和无助的时候，门被敲响了，小男孩赶紧去开门，刚打开门，小男孩就看到一个身材魁梧却满脸笑容的人，他的手中还拎着一个篮子，篮子里放着各种节日必备的食物。

一家人都愣住了，你看看我，我看看你，不知道说什么好。这时来人笑着说："这份东西是一位知道你们需要的人让我帮忙送来的，他希望你们知道有人还在关怀着你们。"小男孩的爸爸极力推辞，但那人却说："我只是一个跑腿的。"接着他微笑着说："感恩节快乐！"说完将篮子交给小男孩转身离开了。

小男孩的内心就在这一刻发生了极大的变化，他无比感动，发誓日后也要用同样的方式去帮助那些需要帮助的人。多年后，小男孩长大了，找到了一份不错的工作，他将那粒爱的种子放在了心里，每年的感恩节，他都会给几乎需要帮助的人送上礼物。

不管是生活中，还是学习和工作中，我们每个人都会遇到这样或那样的困难，这种时候也总会有人向我们伸出援助之手。也许，他们在帮助我们的时候并不奢求任何回报，但我们一定要记住他人对我们的好，同时也要忘记你对他人的好，这个世界上，对你不好的人是存在的。对他人的帮助心存感激，让自己的心灵时时受到温暖和鼓励，在自己有能力的时候去帮助他人。北大心理学告诉我们，人与人之间一旦有了恩情，就像一双无形的手在呵护着彼此，整个社会也将被温暖和情谊包裹起来，成为有爱的天堂。让我们记住他人的恩泽，当自己有能力时去帮助他人，让爱的种子开出更多、更灿烂的花。

13. 在逆境中学会成长

古之立大事者，不惟有超世之才，亦必有坚韧不拔之志。

——北大心理课引用名言

在生活中，我们总会遇到这样或那样的挫折，一些人在挫折面前倒下了，一些人不管遇到多大的挫折都不气馁，反而会激发起改变现状、奋发向上的意志，这样的人也往往能够迅速地获得成功。因为他们让自己的潜能在逆境中激发了出来。

"宝剑锋从磨砺出，梅花香自苦寒来。"这几乎是每个人都耳熟能详的诗句。在生活中，如果稍微观察一下，便会发现两个同龄的孩子往往会因为出身不同，自立能力就不同，一般出身穷困家庭的孩子要比出身大富人家的孩子自立能力强一些。正所谓，穷人家的孩子早当家。为什么会这样呢？原因就在于逆境能够激发人的潜能。

每个人都知道，任何一片海域都不可能没有波浪，自然也没有一个出海的人没遇到过风暴，在漫漫的航程中，风浪不但不可怕，反而让出海人提高了警惕，保持着清醒的头脑，用更大的勇气去面对下一次风暴，从而到达成功的彼岸。北大心理学认为，人生的航程也是这样的，一帆风顺的情况是根本就不存在的，除了我们的想象，对于一个人的成长来说，逆境更重要。一个能够在逆境中学会成长的人，往往都不会离成功太远。因为，逆境往往能够激发人的斗志，逼着人在决定中抗争，一个被困厄无以复加的人往往能够迸发出连他自己都深感震惊的力量。

季羡林不但是北大副校长、唯一的终身教授，还被称为东方鸿儒。然而，在回忆自己的童年时，他却说："眼前没有红、没有绿，是一片灰黄。当自己长到四五岁的时候，对门的宁大婶和宁大姑，每到夏秋收割庄稼的时候，总带我去很远的地方，到别人割过庄稼的地里去拾麦子或者豆子、谷子。一天辛勤之余，可以拣到一小篮麦穗或者谷穗。有一年夏天，大概我拾的麦穗比较多，母亲把麦粒磨成粉，做了一锅面饼子，我大概吃出味道来，吃完了饭以后，我又偷吃了一块，让母亲看见了，她追着要打我。我当时赤条条浑身一丝不挂，就逃到房后，往水坑里一跳，母亲没有办法来捉我，我就在水中把白面饼吃光。"他接着说，"现在写这些还有什么意思！但它使我终身受用。有时能激励我前进，有时能鼓舞我振作。我一直到今天，对日常生活要求不高，对吃喝不计较，难道同我小时候的这一些经历没有关系吗？"接着他又说，"我看到一些独生子女的父母那样溺爱子女，也颇不以为然，儿童是祖国的花朵，花朵当然要爱护，但爱护要得法，否则，无异于是坑害子女。"

正是因为逆境的存在，才更要求我们要打起精神、激发斗志，最终战胜它，成就自己。面对逆境，我们不应该怨天尤人、自怨自艾，这些除了会让我们更加堕落，对事情本身是一点好处都没有的。

北大心理学告诉我们，逆境是生活中不可避免的，但也不是不可战胜的，只要我们能够勇于面对，逆境就会转化为顺境，我们自己也会成为一个不可战胜的人。因此，让我们在逆境中学会成长吧。逆境并不可怕，可怕的是我们没有承担逆境的勇气。

14. 在自卑中找到前行的力量

见了艾森豪威尔，心理上把他看成是大兵；与肯尼迪晤谈时，心想他不过是一个花花公子，一个有钱的小开而已。

——叶公超

不少人都曾有过自卑，特别是当我们身处困境中看那些成功、幸福的人时，我们的心头就会被自卑感占据。几乎人人都知道，自卑不是一件好事，但对于一个坚强的人来说，自卑却可以为自己提供进取的动力，将坏事变成好事。

北大心理学家认为，自卑能够成为人前进的动力，因为自卑来自于你内心的自尊，对于一个善于自我调节的人来说，自卑以及他背后的自尊都能够激发他内心赶超他人的心理，更强的拼劲就随之产生了。

甄小平生活在一个很贫穷的家庭，父母都是底层工人，住的也是廉租房。他本人不但脸上长满了坑坑包包，就连体重与身高也偏离正常比例。在少年时代，他曾因为这样的出身以及自己的长相而自卑。

上学后，他经常被高年级的同学嘲笑长得难看，也被一些家庭富裕的同学讥笑不但长得难看，还是穷得连房子都没有的人家的孩子。为此，不愿服输的他经常和同学们吵起来，有时还会打起来。好几次，就因为这被老师和父母训斥过，细心的妈妈渐渐发现，自己的孩子是因为自卑才和同学发生矛盾的。于是，在甄小平和同学发生矛盾后一改之前的作风，将甄小平叫到了身边，先给他讲了《巴黎圣母院》中卡席莫多的故事，然后轻声对他说："孩子，虽然父母没有给你好的生活环境，但你要知道你并不比那些同学差，你和他们是一样的，你和他们现在拥有的一切都是父母提供的，如果父母不提供，你们都会变得一无所有。人，要懂得通过自己的双手和大脑去创造性地拥有属于自己的东西……"听着妈妈的话，甄小平的心渐渐地被温暖了。"是啊，一个人的外表是天生的、无法改变的，但我根本就没有卡席莫多那么丑陋。其他的一切都是可以改变的，我怎么没有想到要自己去改变呢？怎么不知道让他们羡慕而不是像现在这样嘲笑我呢……"甄小平本身就是一个很聪明的孩子，听妈妈那么说，心里自然就想到了这些。

此后，甄小平变得和之前一样活泼爱笑了，同时在学习上比之前更加努力，课余时间也一直看着妈妈送给自己的那本《巴黎圣母院》。身边的同学对他的眼光却没有丝毫的改变，但甄小平再也不像之前那样对待同学了，而是一边装作没有听见，一边在心里告诉自己："我一定要赚很多很多钱，让父母过上好日子，让你们这些嘲笑我的人忌妒去。"当时，在甄小平的大脑里只有经商能够赚很多的钱。于是，他就从那个时候开始学习经商。

在高三那年，甄小平不顾父母的反对放弃了上大学，去了一家民营企业，做起了推销的工作。在工作中，甄小平勤奋努力，因此业绩十分突出，不到一年就晋升为公司副总。3年后，已经拥有足够资金的甄小平毅然离开了公司，自己开了一家小公司。

其实，人的潜力是无穷的，唯一能够抑制人的潜力发挥的就是人的内心。一个自卑的人如果总是躺在"不如别人"的泥潭里不敢起身，那即便有再大的潜力也将会随时间的消逝而流失，如果他能够战胜自卑，成功地站起来，那谁又敢保证他不能走出辉煌的旅程呢？

北大心理学提醒我们，自卑是内心的一把锁，锁住我们的快乐和幸福，但我们一定不要让这把锁锁住让自己上升的空间。在自卑面前，应该懂得换个角度，是自卑让自己找到了自己的不足，感恩自卑，将自卑变成一种力量，用来弥补自己的不足。

15. 正视自己的缺点

若真要评判儿童的成绩，那么应该看他们今天比昨天长进了多少，从前的缺点补正了没有，从前未发展的能力和兴趣现在发展了没有。总而言之，现在比从前是否进步。这才是评判儿童成绩的真问题。

——北大心理课引用名言

我们每个人都或多或少地存在着自己的缺点，但对于一个人来说，最大的失败莫过于不知道自己的缺点，最危险的是放大了自己的缺点却要坚持已有的缺点。北大心理学认为，缺点和失败一样，并不可怕，可怕的是我们不能正视。一个不能正视自己缺点的人，也是永远都不会想改正缺点的人。

人生其实就是一个不断地自我完善的过程，而自我完善的前提就是发现自己身上的缺点。俗话说"对症下药"，只有知道了自己身上的缺点，才能做出相应的改正，才能超越自己、实现理想。

董少锋从小就喜欢跆拳道，每天都跟着电视或光碟练习，但在他13岁时，遭遇了一次车祸，失去了右臂。伤好后，很多人担心他再也不能练习跆拳道了，一些好心的同学都来安慰他。

董少锋自己也有些担心，因此刚刚出院，董少锋就坚持练习，而且比之前认真很多。他在心里告诉自己："自己一定要超越自己的缺点，将来要成为一名优秀的跆拳道教练。"

父亲见自己的儿子这么用功，便为儿子请来了一个非常有名的跆拳道师傅。但是这个师傅只交给他一招，并让他反复练习，当然这一招是自己的父亲从来都没有教过的。董少锋很快就学会了这招，便要求师傅教别的，但师傅坚决不同意。好在董少锋很尊重师傅，所以认认真真地练习。

一年后，在师傅的鼓励下，董少锋参加了全国性的跆拳道比赛。尽管满怀着信心，但到了比赛那天，看到高大而强壮的对手，信心还是顿时削弱了不少。没想到自己的紧张被师傅看出来了，师傅鼓励他说："别想那么多，你只需要抓住机会，将平时练的那招使出来，就一定能够赢得这场比赛。"

听了师傅的话，董少锋一副将信将疑的表情，但还是冲着师傅笑了笑，同时决定自己一定要抓住机会使出那招。

到了赛场上，董少锋表现得镇定自若，完全一副胜券在握的样子。看到董少锋这样的表现，师傅欣慰地笑了。

比赛的结果，果然出乎所有人的意料，董少锋夺得了冠军。领完奖后，师傅对他说："我教你的是跆拳道中最难的一招，经过长时间的训练，你已经用得得心应手了。最重要的是，破解这招的唯一办法就是抓住你的右臂。"

听完师傅的话，董少锋感激地笑了。后来在师傅的带领下，董少锋实现了自己的梦想，成了一名非常有名的跆拳道教练。

法国著名诗人拉罗什福科说过，我们唯一不会改正的缺点是逃避自己。逃避自己的人是懦弱的，要战胜命运首先要战胜自己，而一个连自己的缺点都不敢正视的人，还有什么理由抱怨命运对自己的残酷？因此，把自己向外的镜子翻转过来吧，先照一照自己身上的缺点，看清楚、改正它，这样出现在他人面前的你才会是一个完美的你。

北大心理学认为，缺点在任何时候都是在所难免的，如果我们不能正视，就会让自己陷入无尽的痛苦中，进而自我消沉、自我堕落。这跟慢性自杀几乎没有什么区别。因此，我们应该正视缺点，不让缺点阻碍自己前进的步伐。

16. 心理是人生的主人

与其揣测他人怎样认为你，还不如花点心思了解自己，了解自己往往会让人更富有。

——北大心理学理念

在生活中，我们每个人都无可避免地会受到他人以及周围环境的影响，在受到影响时，往往会产生一些意识上的偏差。在这里，北大心理学提醒我们，如果偏离了自己的目标，则要及时纠正。北大心理学认为，没有主见的人往往很容易受到他人的影响，因此我们应该正确认识自己，不要让他人的情绪影响到我们。有的放矢，学会选择和吸收。

北大心理学认为，有主见是每个北大人必备的素养之一，在有主见的同时，也应该学着去接受他人的建议。怎样做到呢？北大心理学认为，这就需要我们坚持真理，因为这样我们才能做到什么是对的、什么是错的、什么是适合自己的；对于他人的评价，我们大可摆出一副“走自己的路，让别人去说吧”。

当然，我们在努力的过程中，难免会遇到挫折和沮丧，一定不要失去明天的梦想。生命的价值取决于我们自己，相信自己是最独特的、是最棒的。

一次讨论会上，一位著名的演说家没讲一句开场白，而是面对着会议室的 100 多人，举起一张 50 元的钞票，问道：“谁要这 50 元？”一只只手举了起来。他接着说：“我打算把这 50 元送给你们中的一位，但在这之前，请准许我做一件事。"说着就将钞票揉成一团，接着问："谁还要?"仍有人举起手来。

他又说："那么，假如我这样做呢?"他把钞票扔到地上，踏了一脚，并且用脚碾它，再次拾起又脏又皱的钞票。

"现在谁还要?"还是有人举起手来。

"朋友们，你们已经上了一堂很有意义的课。不管我怎样对待那张钞票，你们还是想要它，因为它并没贬值，它依旧值50元。人生路上，我们会无数次被自己的决定或碰到的逆境击倒、欺凌甚至碾得粉身碎骨。我们觉得自己似乎一文不值。但不管发生什么，或将要发生什么，在上帝的眼中，你们永远不会丧失价值。在他看来，肮脏或洁净、衣着齐整或不齐整，你们依然是无价之宝。"

人本身就是一座丰富的宝藏，只是常常被我们忽视。北大心理学提醒我们，不要一遇到失败就一蹶不振，认为自己一文不值，其实宝藏一直都在。北大心理学也认为，心理会产生行为，行为会铸就人生。一个相信自己是一个无价之宝的人，往往能够挖掘出人生的潜力，创造出有价值的人生。

北大心理学提醒我们，在挖掘自身宝藏时，要学会放松，只有这样，潜意识才会显现，灵感就是这么来的。

第4章

试着打好手里的每一张牌

　　我们的人生其实就像一副扑克牌，我们的人生就是由这副牌决定的，但并不是由你抓到了一副怎样的牌决定的，而是看你怎样去打。玩扑克牌的时候，有人能用一副差牌取胜，人生也一样，关键是你怎样打好手中的每一张牌。我们不能决定拿到什么样的牌，但我们能够决定怎样打手里的牌。能够将手里的烂牌打好，是一件十分了不起的事情，当然这需要在心理上战胜自己。因此，不管拿到怎样的牌，都要尽力去打好，这才是关键。

1. 怎样面对生活中的新问题

人的一生总会遇到很多困难，学会这种使矛盾的一方（苦难）向对立面（有利）转化的辩证法，你会终身受益的。

——徐光宪

在我们的生活中，总会有这样或那样的问题出现，但是怎样才能有效地解决问题？怎样解决才是最好的呢？北大心理学认为，想要有新的突破，就不要让自己被自己的思维束缚，也不要为暂时的利益所累，放下一些，自然会得到另一些。

一家公司在招聘员工时，总裁亲自出了一道题目：

在一个暴风雨的晚上，你开着一辆豪华的轿车经过一个车站，你看到3个人正在焦急地等待着公交车的到来。其中两个都是你认识的人，只有一个你不认识，但他是一个快要死去的老人，生命已经危在旦夕。那两个你认识的人，一个是曾经救过你，你一心想着报答的医生，另一个是你一见倾心的异性，若错过了，你可能会一辈子后悔。但是你的车只能坐一个人。请问你会怎么样选择？请解释一下理由。

他人会怎样选择？你可以猜一猜。

你可以作出自己的决定，没有人会责备你。但是，当你作出一个决定后，自省一下：这样做是最好的吗？还有没有比这更好的方式？

老人快要死了，应该先救他。

可是，每个老人最后都只能把死作为人生的终点，不管怎样，他们也逃不过死亡的追赶。

先让那个医生上车，因为他救过你，这应该是个报答他的好机会。不过也可以在将来某个时候去报答他，也许他会有更需要报答的时候。

应该先把一见钟情的异性带走，否则会终生遗憾。也许今天是上帝安排的机遇……

在 200 多个应聘者中，只有一个人的答案符合总裁的要求，他被雇用了。

他并没有解释自己的理由，他只是说了以下的话：

"把车钥匙给医生，让他带着老人去医院，我留下来陪伴一见钟情的人等候公共汽车！"

如果你想得到一些，那就要学会放下一些，而不是一件接一件，让自己背负的压力越来越大，否则只会让自己被越来越多的琐事压得喘不过气来，最终的结果不但丝毫不理想，反而会让自己身心疲累。北大心理学认为，人只有放弃烦恼，才能看到前面的希望。这就像当我们把重物放下时，我们才能轻松地赶路。忘掉过去，才能重新再来。打开心门，才会发现新世界。

"日光疗法"的发现者，并因此获得诺贝尔医学奖的斐塞司博士，就是在无意中发现"日光疗法"的。

这天午饭后，斐塞司博士感觉到有些累，想要放松一下，便坐在门前晒太阳。不料，他却看见一只猫在阳光下安详地打着盹，很是悠闲。

时间一分一分地流逝，每隔一段时间，猫就会随着阳光的转移而不停地变换睡觉的场地。这一切在我们看来是那样的司空见惯，却唤起了斐塞司博士的好奇。

猫为什么喜欢待在阳光下呢？

猫喜欢待在阳光下，说明光和热对它一定是有益的。那对人呢？对人是不是也同样有益？这个想法在斐塞司的脑子里闪了一下。

这个一闪而过的想法，成为闻名世界的"日光疗法"的触发点。不久后，"日光疗法"便在世界上诞生了。

如果我们也能从平常的生活中有所发现，那么我们也将趋近阳光，因为伟大的发现都是从生活的实践中得来的。

北大心理学认为，在享受生命的过程中多加留意，就会有所发现；而多加思考，便会探索出其中的一些奥秘。

当然，生活中出现的问题往往都是不一样的，也是需要我们区别对待的。北大心理学家经过研究分析，生活中经常出现或可能会出现的问题大致分为3类：一种是事实上没有，我们自己凭空构想出来的。另一种是事实上有，是暂时的麻烦。最后一种情况是事实上有，是长期的麻烦，需要立即处理。

北大心理学家提醒我们，不要把空想出来的问题和暂时的问题看得过于严重，将一个严重的问题忽视，这会导致更严重的问题出现。

我们只有将问题进行分类，然后对症下药，才能药到病除。

2. 拿到牌就要设法打好

人生就像一副扑克牌，成功与否，并不是由你抓到了一副怎样的牌决定的，而是看你怎样打好手中那副并不漂亮的牌。正所谓"牌烂未必会输，人贱自有天收"。抓牌是天意，出牌才是关键。

——北大心理学理念

生活中，不少人都爱玩扑克牌，其实我们的人生也和扑克牌一样。手中的牌总是固定的，但我们怎样打好这张牌呢？这全靠我们自己来掌握。虽然我们无法更换手里的牌，但我们能设法打好每一张牌，这也是成功。

有一个年轻人，在无事做的时候很喜欢和家人一起玩纸牌游戏。一天晚饭后，他像往常一样和家人打牌。这一次，他的运气十分不好，每次抓到的都是很差的牌。开始时，他只是有些抱怨，后来，他实在是忍无可忍，便发起了少爷脾气。他的母亲看不下去了，正色道："既然是打牌，就必须用手中的牌打下去，不管牌是好是坏。好运气是不可能凭空出现的，也不可能随便让你遇上。"

年轻人听后，现出一副很不耐烦的样子，似乎根本就没有听进去。母亲看了看他，又说："人生和打牌是一样的，发牌的是上帝。无论你手中的牌是好是坏，你都必须拿着、你都必须面对，你能做的，就是让自己浮躁的心静下来，认真对待，尽力将自己手中的每一张牌打好，力争达到最好的效果。这样打牌、这样对待人生才有意义！"

任何时候都不要怨天尤人，因为那样不但解决不了任何问题，反而会害了自己。不管牌局是好是坏，都要用积极的人生态度来面对，去迎接挑战，只有这样才会收获更多，才是最佳的选择。把手中的牌优化组合，看看还能不能打好。

古希腊时，阿基米德奉国王之命，鉴定工匠制作的金王冠是否掺有白银。但当时并没有行之有效的方法，为此他日思夜想，依旧没有想出一个好的办法。

一天，他在家里洗澡，他跳进浴盆时，一下子溢出了不少水，这让他一下子醒悟到：当容器装满了水，把物体再放进去，那么溢出的水的体积和这个物体的体积是相等的。由此他联想到，比金子轻的白银如果要达到同样重量，它的体积必然超过金子。解决问题的办法，就这样被他想出来了。他把与原先国王交给工匠的相同重量的金子和那顶金王冠分别放在注满水的容器中，然后比较它们分别排出的水的容量，答案就出来了。这也是物理学上著名的"阿基米德定律"的来源。

人本身具有十分强大的潜力，在不少情况下，只要有一点意外的刺激，灵感就会迸发，自己也会因此而多一份信心。

什么是自信？怎样建立自信呢？自信就是在某件事情上认为自己是对的，自信就是认为自己能做某件事。北大心理学认为，自信也是人在适应社会中的一种心境。不要把自信与不自信截然分开，事实上，看起来自信的人，往往需要努力忽视内心的不自信，只有这样才会更加自信。通往成功的道路永远都不会一帆风顺，外界因素不但永远存在，而且还可能随时出现。但请不要将问题归咎于外在的因素，外界因素并不能起决定性的作用，真正起作用的是你自己，要懂得时刻反省自己，多总结经验教训，有跌倒了再爬起来的勇气，有坚持不懈的精神。

自信不是不可阻挡，也不是不知所措，它是在对自我正确认知的基础上建立起来的。北大心理学家通过一些实验研究表明，越自信的人，取得成功的可能性越大。

一个人只有拥有了自信，才可能将手中的差牌打好，不管发哪一张牌，都需要你有一颗自信的心。

3. 不正视现实，怎么战胜现实

我们必须以现实做出发点，我们既不能像孙行者摇身一变，脱离这个现实的世界，翻个筋斗到天空里去，那么我们只有向前干的态度，只有排除万难向前奋斗的一个态度。现实根本就是有缺憾的，必然是不完全的，必然是有着许多不满意的，甚至必然是有着许多令人痛心疾首的，我们既不能逃避现实，不能逃避这种种，就只有设法来对付这种种；一个人或少数人来对付不够，就只有设法造成集体的力量来对付。

——北大心理课引用名言

我们每个人都怀抱着理想而生活，也都渴望自己的理想能够实现。但现实往往都很残酷，现实和理想之间也具有很大的差距。我们随时都可以会遇到现实和理想出现差距的时候，有时甚至是不管我们怎么努力都无法改变的。那么，这种时候，我们该怎样去做呢？

有时，现实也并不是我们想象的那么残酷，残酷也并不意味着不可战胜，只要抱定理想坚持下去，希望就总有一天会实现的。可惜的是，不少人却在这残酷的现实面前败下阵来，望而却步或者浅尝辄止，失败还没到来就想着要逃避了，这样的人，如果不从内心发生改变，终其一生也不会取得任何成就。

我们每个人身边都不缺乏成功的人，他们成功并不是他们有多强大，而是因为他们能够正确认识现实，明白苦难的所在，进而掌握了克服困难的方法。

一天，一位白发苍苍的老教授带着几十名学生在自己家门前的草坪上，上起了一堂别开生面的课。课堂上，教授指着一棵老槐树说："这里有一窝与我相伴多年的蚂蚁。"学生们凑上前观看，树缝里有个小洞，小蚂蚁们东奔西跑，进进出出，十分热闹。

教授接着说："近些日子，我常常想办法堵截它们，却一直未能取胜。"学生们发现，树周围的缝隙、小洞大多被泥巴、木屑给封住了。"它们总是能从别的地方找到出路。"教授说，"就连我动用樟脑丸、胶水，它们都能成功地躲过劫难。有段时间，我发现它们唯一的进出口在树顶，这是十分不方便的。而一周后，我发现它们重新在树腰的空虚处开辟了一个新洞口。"

学生们听后纷纷点头，但丝毫不知道教授说这些话的意思，点头全当是应付教授自己明白了，并表示对教授的尊敬。教授环顾四周，缓缓地解释道："蚂蚁们的生存环境并不比你们广阔，它们的奋斗舞台实在很狭窄。但是它们很清楚地知道自己的力量。因此，它们没有与我这个'命运之神'对抗，而是忍让与适应。当它们知道自己没法改变洞口被堵死这一事实时，它们就很快适应了。成功的关键，就是先要认清现实。"

听完教授的这些话，学生们似乎恍然醒悟了。

生活中，有很多的失败者并不是他们本身有多差，而是他们总是不能认清事实。有时，现实是需要我们坚持、需要我们硬碰硬的，但有时现实却需要我们采用迂回的方法，变通一下。现实总是在不断变化的，但战胜现实的前提始终如一。

北大心理学认为，所谓的成功与失败，更多的原因在于人的内心，没有人天生就会失败，也没有人天生就能成功，很多失败更多的是咎由自取。现实永远都是我们成功路上的一堵墙，失败的人或者在前面哀叹，或直挺挺地撞上去，这样显然是不会取得成功的，成功者往往都是先摸清墙的样子，再寻找墙的破绽。其实，有时墙上就有门，只是我们没有发现罢了。

4. 生活应该懂得放弃

放弃那些原本不属于自己的东西，去追求属于自己的东西，就会更有动力。

——北大心理学理念

每个人都有需要放弃的时候和需要放弃的事情，很多时候，面对一些事情，我们不得不放弃，正如"鱼和熊掌，二者不可得兼"一样。尽管这样，依旧有一些人坚持着不肯放弃，在他们的眼里，似乎放弃就意味着失败。而失败又几乎是一个人人诛之的词，他们就像讨厌"失败"一样地讨厌着"放弃"。

北大心理学认为，一个人只有在适当的时候懂得放弃，才能成大事，因为有的时候放弃其实是在提醒你，路走错了或者它根本就不适合你，这个时候选择了放弃，放弃就会成为一种动力，从而加速你成功。

刘交锋的爸爸是一名医生，大学时，刘交锋也如父母所愿地报读了医学专业。可是，大一第一学期刚到一半，他突然发现和医学相比，他更希望自己能够成为一名为人找回公道的律师，因为和医生相比，自己更喜欢当律师。于是，他不顾家人的反对，申请报读了第二专业——法律。

申报法律专业后，他将大部分的精力都用在了法学上。对他来说，自己已经放弃了医学。靠着自己这些年跟爸爸学的医学知识，应付考试应该是完全没有问题的。但是自己放弃了医学，就应该在法学上有所成就，让那些反对自己的人能够明白自己的选择是对的。

刘交锋对法学更加认真了，为了考司法，他能通宵学习。经过自己的努力，司法终于考过了。他发现，是自己放弃医学给了自己动力，这种动力让自己更加坚信学法学是正确的，也让自己更加努力，这种动力给自己一种浑身都是往前冲的力量。

快大四了，家里人天天打电话让他去爸爸的医院实习，不管自己怎么说，他们都要自己放弃法学。无奈之下，刘交锋只好让爸爸给自己一年时间，一年后，如果自己在法律上没有比较大的成就就听爸爸的话回去当医生。好在，他的爸爸不是一个很固执的人，勉强答应了儿子的要求。

刘交锋很快就找到了一家实习单位，开始了忙碌的工作。每天白天认真工作，下班后，都会对正在处理或最近要处理的案子做一些细致的分析，遇到自己不是很明白的问题，都会先记下来，再找机会向事务所的同事们请教。每天都感觉自己学到了不少新的东西，生活也因此而变得异常充实。他也一直告诉自己，既然放弃了医学，就一定要在法学上做出点成绩。离实习结束还有两个月，刘交锋因为前几天刚刚处理完一桩比较大的案子而被事务所直接留了下来，签下了为期两年的合同。

半年后，刘交锋因为处理了一桩难度相当大的很多人都不敢接的案子而一举成名，不少电台争着邀请他去做节目。在节目中，谈及自己成功时，他都不忘说是放弃给了自己动力，让自己逐渐走向成功的。

任何事物都具有两面性，有好的一面就必定存在坏的一面，有坏的一面也必定存在好的一面，可是，很多时候我们都只知道从一个角度去看待事物，不懂得换个角度。其实，放弃未必是一件坏事，有的时候，我们就应该懂得放弃一些东西，只有这样我们才能找到真正的自己，做真正的自己。

5. 绝对的公平是不存在的

古人说："文武之道，一张一弛。"有张无弛不行，有弛无张也不行。张弛结合，实乃正道。提倡糊涂一点、潇洒一点，正是为了达到这个目的。

——季羡林

不管什么时候、什么地方，公平永远都是一个敏感的话题。我们每个人都渴望公平，但我们也都知道，实际上，完全的、绝对的公平根本就不存在。有的人体魄健康，有的人却天生残疾；有的人人见人爱，有的人其貌不扬，引不起他人的目光……不公平的现象，从我们出生的那一刻就已经产生了。我们渐渐地长大，步入社会，不公平的现象也就随之越来越多了，所以到处都是抱怨不公平的声音，但这时抱怨只会让我们的生活变得更加糟糕。北大心理学认为，当不公平的现象出现在我们周围时，一般情况下我们都会慨叹、懊悔甚至怨天尤人，其实不管我们怎么做，不公平的现象都不会因此而改变。与其这样，还不如换个良好的心态对待，这样的话反而会在一定程度上弥补人生的不公平。

刘晓宇出生在一个贫穷的农民家庭，就在他3岁那年，母亲因病离开了他。从此，他成了一个没有母亲疼的孩子，他做梦都想像别的孩子一样既能得到父亲的关爱又能得到母亲的关爱。他认为命运对自己很不公平，不但让自己出生在了一个贫穷的农民家庭，还让自己很早就失去了母爱。

可是，后来他看到了一些比自己家庭更困难的孩子，他们不但家境不如自己，有的还失去了双亲。和他们相比，自己是多么幸运。于是，刘晓宇认为这个世界并不是自己想的那么不公平，也不再抱怨什么了，而是将时间和精力用来锻炼自己、让自己成长。

十几年过去了，刘晓宇通过自己的不断努力，读完了大学，找到了一份不错的工作。回想自己走过的路，他不禁感叹道："这个世界上根本就没有什么公平可言，所谓的公平只是我们的幻想。想要改变自己的不公平也只有不断地努力并完善自己。"

承认生活中的不公平也是一种激励，对于那些拥有梦想的人来说，生活的不公往往能够激发他们去尽己所能，而不是自我感伤，将完美地做好每一件事情当作自己对生活的挑战。寻找机会，做自己想做的事情，以扭转不公平的命运。

这个世界上的事情本来就是一分耕耘、一分收获。很多抱怨者都是羡慕成功者的明艳，却忽略了成功者早年的奋斗。所谓的"绝对公平"不过是镜花水月，现在是，将来也是。如果我们一味地纠结于不公平，抱怨、忌妒甚至怨恨，那么必然会虚度光阴。唯有认清现状并接受它，努力改变它，才能找到属于自己的"公平"。

北大心理学认为，人生没有绝对的公平，只有相对的公平，想要获得更多，就必定要比他人承受更多。没有谁的成功是不需要努力就获得的。北大心理学也告诉我们，生活是没有什么道理可讲的，当我们遇到不公平的事情时，没有必要抱怨什么，也没有必要自怨自艾，要知道这个世界上比你不幸的人多得去了，这个世界上根本就不存在绝对的公平，保持良好的心态去对待就好了。

6. 优秀是逼出来的

每个人都潜藏着连自己都想象不到的能量，但不强迫自己，这些潜能就永远没法挖掘，你也永远不能感受到自己有多能干。

——北大心理学理念

著名教育家陶行知先生说过："逆境使人奋进。"这和我们中国的一句古话"穷人的孩子早当家"，说的是一个道理。当一个人身处逆境的无穷压力中时，心中无穷的动力会被激发，因此，当自己的内心缺乏动力时，刻意地逼自己一把，将自己推入绝境，反倒是一个让自己奋进的方法。

有一位因在极短的时间内培养了众多优秀的游泳选手而声名鹊起的教练，在接受记者采访时谈到自己的秘诀，他将记者领到了训练的泳池边。当记者刚进入游泳馆，顿时惊呆了，因为他看到每个泳道上都趴着一只鳄鱼。这时，他明白了这个教练的训练秘诀，每当训练时，教练就让这些鳄鱼游在运动员的身后，当然，这些鳄鱼的腿上都套上了枷锁，但运动员们心中却仍然满是恐惧，拼命地向前游去，这样一来，成绩就自然得到了显著的提高。

艰难的环境并不可怕，可怕的是我们没有战胜艰难的勇气。一些人为了磨炼自己的意志，甚至刻意给自己创造一个绝境，破釜沉舟这个故事我们都知道，说的就是这个道理。

"自古英雄出炼狱，从来富贵入凡尘。"不曾体会过绝望的人又怎么知道希望的可贵呢？一个人只有处在困境中才知道自己究竟有多大的能力。

不少人在遇到困难和失败时，大多选择怨天尤人、自怨自艾，很少从自身找原因、去反思自己究竟有没有尽力、有没有做好最后的殊死拼搏。

著名作家雨果曾说过："你会发现，每一次成功都不是在良好的环境里、朋友的帮助下实现的，而是在威胁你的强大对手和巨大的压力下创造的奇迹，是自己在逼自己成功。"中国也有这样的古训："天将降大任于斯人也，必先苦其心志，劳其筋骨，饿其体肤，空乏其身。"上天就是这样，想要成就一番事业，就一定先将你放在一个绝望的环境中，置你于死地，你只有自强不息一步步走出来，才能通过上天的考验。

北大心理学认为，很多时候，我们需要切断自己的所有退路，让自己陷入绝境中，宁可在外碰壁，也不在家里面壁，只有这样，你才会渐渐地发现自己的潜能被激发出来了，原来优秀是逼出来的，困难和对手并不是不可战胜的，只要我们肯逼自己一下。

7. 应激反应需适度

唯有适度可以产生、增进、保持体力和健康。

—— 亚里士多德

所谓的应激，就是指危险的或出乎意料的变化所导致的人的一种情绪反应。一旦有紧急情况发生，个体就会受到刺激，人在危险的情况下会迅速做出反应，这就属于应急状态。

北大心理学认为，不管是动物还是人，在遇到突如其来，尤其是危险情境时，身体就会产生一种本能的生理反应，往往会自动地调动一切力量来应对，这个时候，个体就进入了应急状态。北大心理学将应激反应表现为两种形式：一是攻击；二是逃离。

一天，拿破仑骑着马路过湖边，看见一个士兵在湖里拼命挣扎。岸边的几个士兵因为水性都不好，不知该怎么办，乱成了一团。拿破仑问旁边的那几个士兵："他会游泳吗？"

"只能扑腾几下！"士兵们回答说。

拿破仑转身从侍卫手中拿过一支枪，对准落水的士兵大喊："赶紧游回来，否则我毙了你。"说完，就朝那人的前方开了两枪。

落水人听说对方要枪毙他，一下子使出浑身的力气，猛地转身，扑腾扑腾地游了回来。

本不会游泳的士兵之所以能够自救，就是因为受到拿破仑"不游回来就毙了你"的强烈刺激，让他产生应激反应，使出浑身力量，游回了岸。

生活中很多时候，我们都需要纵身一跃的勇气。北大心理学认为，一成不变的生活不但枯燥，也不可能磨炼人的意志。一个人想要提高社会适应能力，就要维护内在的心理平衡，适当的应急是十分必要的。但如果变化过大、过快、过多，超出了人们的心理、生理上所能承受的限度，就会对人们产生不利的影响，容易受到疾病的侵袭。

一位白领深感压力之大和竞争的激烈，淘汰的危险时刻都存在，只要自己稍有不慎，就会被淘汰掉。因此，他不得不承受快速的工作和生活节奏。正当他要更上层楼时，事与愿违，他的身体越来越差，经常失眠、做噩梦，记忆力开始下降，心情变得烦躁不安，动辄发火，有时甚至什么事也不想做，似乎已经心力交瘁。有人告诉他，这可能是应激反应综合征的表现。

北大心理学提醒我们，任何时候、任何事情都不要过度应急，过度应急不但不能解除危险，还对人的身心发展十分不利，因为巨大的压力如果一下子压下来，就会造成身心失调，损害心理健康。

8. 承诺他人不要超出自己的能力

信用是难得易失的，费十年功夫积累的信用，往往由于一时的言行而失掉。

——北大心理课引用名言

一旦做出承诺就要想办法去兑现，答应了他人的事情就应该做到，如果承诺的事情做不到，那就像刮过去的风一样，不管是对个人信誉还是人际关系都是一个比较大的损失。有谁会愿意和一个连自己的诺言都不兑现的人交往呢？

北大心理学认为，与不做承诺相比，做出承诺后无法兑现给人的伤害更大，因为在你做出承诺时，对方已经在心里认定此事能够达成，相反的结果必然会让对方产生极大的落差。北大心理学也提醒我们，在做承诺时一定要结合一下自己的实际能力，超出自己能力的承诺一定不要做。

与人交往的过程中，我们给他人的承诺固然很重要，更重要的却是能够将其兑现，不能兑现的承诺和空头支票是一样的，只能给人带来失望。北大心理学经过调查发现，人脉良好的人往往都不会轻易对他人承诺某件事情，即便自己有十足的把握，他们也会先将事情做好，再向对方和盘托出，其结果往往能够让对方满意和信服。正所谓行动胜过言语。

古代有个叫作季布的人，他享誉天下，不管走到哪里都有人想要和他交朋友，为什么会这样呢？原因很简单，就是因为他信守承诺，大家都说"得黄金千两不如得季布一诺"。

可见，能够兑现诺言是多么可贵。承诺本身十分简单，动动嘴就能脱口而出，但要将诺言变成现实，就需要我们不懈努力。承诺就是为我们的人际关系加分的行为，将答应他人的事情做到，不但能让他人对我们产生感激之情，稳固彼此间的关系，还能给我们自己带来一些成就感。一旦我们不能兑现自己的承诺，加分也就变成了减分，我们的心里也会因此而压上沉重的包袱，因为一个但凡有自尊心的人都会因为没有做到答应他人的事情而羞于见人。北大心理学在此提醒我们，承诺一定不要超出自己的能力范围，自己办不到的事情，千万不要做承诺，一旦承诺了就必须办到。只有这样，我们才能拥有良好的人缘，而一个拥有良好人缘的人，往往是比较容易取得成功的。

9. 找找自己的人生坐标

人之所以在职场中会痛苦，就是因为找不到自己的人生坐标，总是一个劲儿地往上爬，殊不知，自己很累，即便爬上去了也不一定适合自己。

——北大心理学理念

"人往高处走，水往低处流。"这是无人不晓的一句话。今天，那些职场中的人无不想得到晋升，晋升意味着将拥有更高的地位与薪金，因此出现了一些为晋升拍马屁的人，也出现了一些为晋升算计他人的人……位子真的越高越好吗？北大心理学认为，职场并不是位子越高越好，真正适合自己的、能够给自己带来快乐的岗位才是最好的。但人的欲望往往都是无边的，升到了这个岗位后，又开始不满足了，开始为上升做准备，将自己弄得精疲力竭，却不知道为什么一定要往上爬。

甲和乙同是一家网络公司的工程师，因为他们的表现都很优秀，公司想从中选出一人填补人事部经理的职位。两人都不愿意从事人事方面的工作，可是甲的妻子非要甲去争取这个职位，因为她认为升职后不管是工资福利还是地位都会提高不少，家里也就可以买辆车了，自己也可以买些名牌服装了。乙的妻子却不愿意让自己的丈夫从事他不喜欢的工作，所以最后甲被任命为人事部经理。半年后，甲感到工作压力太大，开始讨厌上班，身体也一天不如一天了。去医院一查才发现，原来是患了胃溃疡，妻子还怀疑他与助理有染，婚姻也跟着岌岌可危，而乙则因为在公司表现出色，放了长假，带着家人一起去国外旅行了。

北大心理学对相关现象研究后得出了"向上爬的定理"。即员工总是趋向于晋升到与其不称职的职位。也就是说，员工往往会为了晋升而忽略了自己真正喜欢什么样的工作、什么样的工作才是适合自己的。生活中，这样的例子很多，如上文中的甲在升到新职位后，不但无所作为，反而将自己弄得痛苦不堪。北大心理学认为，一个员工晋升到不能施展自己才能的位置上，不仅是对人才的浪费，更是给公司带来了损失，因此公司的晋升机制应本着人尽其才的原则。北大心理学也提醒我们，应该找到自己的人生目标，认清自己，知道自己适合做什么、不适合做什么，了解自己的兴趣与能力，在工作中更好地发挥自己的特长。一个人只有找准了自己的人生目标，才能为自己省去一些烦恼。工作并不是苦役，在自己不能胜任的岗位上苦撑，不但自己累，生活原有的乐趣也跟着失去了，既不利于自己特长的发挥，也无法很好地实现自我价值。

因此，我们应该找到自己的人生坐标，做真正适合自己的工作。人生苦短，何必自寻烦恼呢？

10. 珍惜已经拥有的

充满了爱去对待一切。

——沈从文

这个世界上没有人不渴望得到自己想要的东西，但是，人世间最幸福的事情不是得到。生活中，不少人对某个东西梦寐以求，可历尽艰辛、牺牲不少最终得到了，却并没有那么高兴，反而是得到后失去了目标，陷入深深的空虚中。因此，对于一个想让自己的生活更加幸福的人来说，得到并不是最重要的，最重要的是珍惜你已经拥有的。

一个经常反省自己的人，往往会发现，自己很少去想自己已经拥有了什么，而是一味地想着自己缺什么；在不幸降临前，不断地追求着幸福，殊不知，事实上自己早已经拥有了幸福。北大心理学提醒我们，不要将时间浪费在感叹自己已经失去或未曾得到的东西上，而是应该珍惜自己已经拥有的。唯有珍惜，方可不留遗憾。

有一个年轻人，他经常对自己的困境发牢骚。这天，他终于敲开了一位富翁家的门，希望那位白手起家的富翁能够告诉他一些关于致富的秘诀。

"你一定是来问我是怎样白手起家的吧？"一进门，富翁就问道。

"您怎么知道？"青年对富翁的判断很惊讶。

"因为在这之前，就已经有不少自认为什么都没有的年轻人来问过我。来时，他们的确贫困潦倒且牢骚满腹，但走时俨然个个都成了富翁。你也具有这样丰厚的财富，为什么还要不停地抱怨呢？"

"那到底是什么呢？请您快告诉我在哪里？"青年急切地问。

"只要你挖下一只眼睛给我，我就可以给你一袋黄金。"

"不，我绝不能失去眼睛。"青年大声回答道。

"好，那把你的双手给我吧，我同样可以给你一袋黄金。"

"不，双手也不能失去。"青年尖叫道。

"既然有一双眼睛，你就可以学习；既然有一双手，你就可以劳动。现在你看到了吧，你有多么丰厚的财富啊。这就是我所谓的致富秘诀。"富翁微笑着说。

来到这个世界上的每个人都很不容易，在这短暂的一生中，有成功也有失败，有得也有失，如果我们迷失在失败和得不到的痛苦中，那人生就毫无幸福可言。

人生不可能完美，失去了这样还有那样。没有阳光，还有月亮的陪伴；没有金钱，还有亲情的陪伴……从来都不会在关上了一扇门的时候，再关上一扇窗。北大心理学提醒我们，不要为已经失去的悲伤难过，要懂得珍惜已经拥有的。一个人只有懂得珍惜现在，不为那些失去的而惆怅，才能让自己的人生更加丰富多彩。

11. 认真做每一件事情

现在我知道，机遇之神出现时，从不佩戴财富、成功或者荣誉的标志。做每一件事，都要竭尽全力，否则最好的机会就会无声无息地从我身边溜走。

——北大心理课引用名言

在我们的生活中，有一些人经常一天做很多事情，可是到头来却发现没有一件做好了。其实，一个人一天的时间与精力都是有限的，想要在一天内做好所有的事情几乎不可能。北大心理学认为，只有将有限的时间与精力投入紧急和重要的事情上来才会有更大的收获。一些人之所以一天下来发现自己尽管做了很多事，却没有一件是做好了的，最主要的原因就是只讲究量而不注重质，没有真正认真地去做一件事。很多时候，认真做一件事情，做好了，远远胜过做很多事情却一件都没有做好，而且你自己也可能会因此而功成名就、幸福快乐。

但是，怎样才能认真做一件事情呢？北大心理学给出了以下几种方法：

1. 抽几分钟时间，将自己所要做的事情按优先级别列出来，重要的放在前面，按照事情的轻重缓急去处理，即使没有做完，也不会造成大的影响。

2. 给自己要做的每一件事情设定一个期限。

3. 如果可以，就选择一个利于自己工作的环境。

4. 明确自己的目标，将精力集中在完成任务上。

5. 选择一件事情之后，就要坚持将其做完，杜绝拖拉。

6. 让自己养成专注的习惯，只有专注才能高效地处理事情。

7. 学会倾听内心的声音，领悟一些道理，找到新的思路。在这个过程中不要忘了反思。

8. 如果感受到紧张和压力，不妨做做深呼吸。

9. 懂得享受过程，只有这样才能愉快地生活。

商场新来了一名售货员，下班前，经理去检查他一天的业务情况。

"今天你向多少名顾客提供了服务？"经理问。

"1名。"这名售货员答道。

"仅仅1名？"老板又问，"卖了多少钱？"

售货员回答："68320元。"

经理大吃一惊，他让这位店员解释一下是怎样挣了那么多钱的。

"我先卖给了那个男同志钓鱼钩，"售货员说，"接着卖给他钓竿和卷轴。然后我问他打算去哪里钓鱼，他说去海里，我建议他应该拥有一条船，他就买了一艘小型汽艇。临走时，我将他带到商场的汽车销售部，卖给了他一辆微型货车。"

老板惊愕不已："你真的卖了这么多东西给一个仅仅需要钓鱼竿的顾客？"

"不！"新来的售货员回答，"他本来是到旁边柜台为他患偏头痛的夫人买药的。我对他说：'先生。你的夫人身体欠佳，若周末有空，你不妨带着她去试试钓鱼，那真是太有意思了！'——事情就是这样。"

在做事情的时候，我们一定不要贪多，要学着将一件事情做到极致，不要小看一件事，只要做好了，就是一件十分了不起的事情。文中那个新来的售货员就是一个典型的例子，他一天只做了一件事：向一位顾客推销产品。结果，他做得十分漂亮，让经理都为之震惊。北大心理学认为，当一个人尽全力做一件事情时，往往会产生附加值。因此，在生活中，我们应该不断地反思自己有没有认真做一件事情。一定不要贪多求全，到头来落得竹篮打水一场空。

12. 借力获得他人的力量

那些真正聪明的人往往都是懂得借力的人。

——北大心理学理念

　　生活中有很多事情都是我们不能单独完成的，也有很多事情不是靠我们自己的力量就能做得很完美的。但是我们总是丢不下面子，不愿意借力，也总是瞧不起那些借力的人。北大心理学认为，巧妙地借力往往能够让一个人走向成功，一个真正聪明的人，也是靠着借助他人的力量来取得成功的。

　　早在三国时期，诸葛亮就靠外力获得了 10 万支箭。一天，周瑜对诸葛亮说："限你 3 天时间，打造出 10 万支箭。"诸葛亮满口答应了。3 天打造 10 万支箭，根本就是不可能的事情。可诸葛亮为什么会答应呢？诸葛亮自有办法。他采取了借力的方法来获得 10 万支箭。就在一个大雾蒙蒙的早上，诸葛亮派出千艘木船，千帆齐发，船上扎满稻草，当船行驶到中央时，就开始敲锣打鼓，鞭炮齐鸣，杀声震天，佯装攻打曹营。曹操站在城墙上一看，见江面上朦朦胧胧地有很多船只向他驶来，以为周瑜真的攻城了，便命令所有的弓箭手万箭齐发，结果箭一支支射到了船上的稻草上。不到一个时辰，诸葛亮就满载而归，收到曹操送来的 10 多万支箭。

　　"借力发力不费力"，一个人只有懂得了借力发力，才能以小博大、以弱胜强、以柔克刚。北大心理学认为，成大事者都是善于借力的高手，他们的成功在一定意义上来说靠的是借力，他们敢借、能借、会借、善借，因此借出了一片崭新的天地。北大心理学也提醒我们，在一些艰难险阻面前应该学会借力，懂得通过借力让自己取得成功。

我们往往都很佩服那些真枪实弹自己干出来的人，认为他们是铁血汉子。其实，一个真正聪明能干的人是懂得借助外力来帮助自己成功的，这样不但让自己成功的可能性增加了不少，还能够缩短取得成功的时间，何乐而不为呢？这个世界上有真才实学的人很多，但真正能取得成功的却寥寥无几，为什么会这样呢？北大心理学认为最主要的原因就是大多数人只知道靠自己的力量去埋头苦干，以为这样就可以获得成功了，却不懂得借助他人的力量一样可以获得成功。当我们埋头苦干的时候，不妨抬起头看看周围，看看有没有外力可以借助。

13. 会做事才会做人

从一个人做的事情上，就可以看出他是怎样做人的。

——北大心理学理念

做人做事，单从表面上看似乎很简单，人人都会，事实上并不是这样的。如你是一位商人，主观愿望自然是赚大钱，最后却赔了本；你是一名老师，主观愿望是当好老师，事实上却十分不受学生欢迎……类似的例子，在我们的生活中经常存在。为什么会这样呢？北大心理学认为最主要的原因还是不会做人做事。北大心理学也一直认为，一个人只有会做人才会做事，但从一个人做的事情上，就能看出他是怎样做人的。

美国著名的推销员乔·吉拉德是吉尼斯世界纪录大全认可的世界上最成功的推销员，1963年到1978年，在15年的时间里成功推销出13001辆雪佛兰汽车。他也是世界上最伟大的推销员，曾连续 12 年荣登吉尼斯世界纪录大全销售第一的宝座。他为什么会取得这样的成绩呢？就是因为他懂得怎样做人做事。

一次，一位妇女走进了乔·吉拉德的展销室。这位妇女并不是来买车的，而是想在这儿看看，打发一会儿时间。正好，乔·吉拉德此时不是很忙，便闲谈了起来。闲谈中，那位妇女告诉乔·吉拉德，今天是自己的生日，想买一辆红色的福特车当作生日礼物送给自己。乔·吉拉德听了，赶紧说："生日快乐，夫人。"一边说一边让这位妇女进来看看，接着自己出去交代助理去买一束鲜花。

不一会儿，秘书进来了，手里还拿着一束鲜花，他将手里的鲜花交给了乔·吉拉德就转身出去了。乔·吉拉德将这束鲜花送给了这位今天过生日的妇女，并说："祝您生日快乐，尊敬的夫人。"那位妇女被眼前的情景深深地感动了，眼眶都湿润了，她说："其实，我只是想买一辆红色的车而已，只是表妹的车是福特的，所以我也想买，现在想想，又干吗非要和别人一样买福特呢？"最后，她在乔·吉拉德的店里买了雪佛兰。

从头到尾，乔·吉拉德都没有劝她放弃福特，买雪佛兰。可是，那位妇女却选择了雪佛兰。只是因为她感觉到自己在这里受到了重视，便放弃了原来的打算。当然，乔·吉拉德让自己的秘书去买了一束鲜花，并将鲜花送给那位妇女这件事也足以让我们看到乔·吉拉德是怎样做人的。美国资本家，20 世纪世界上第一个亿万富翁约翰·戴维森·洛克菲勒曾说过："做生意最大的成功之处不在于赚了多少钱，而在于为他人提供了多少服务。"赚钱固然重要，但不是任何事都是以利益为前提的。北大心理学认为，作为一个生意人，只有真正地尊重自己的顾客，才能赢得自己的顾客。

一个会做人的人往往都很会做事，而一个会做人做事的人，往往都是很受人欢迎的，也是很容易取得成功的。

14. 多一点宽容

包容是一切智慧之母，心有多大，舞台就有多大，圆满人生必修课，步入事业新境界，不学习人文学科，就不懂得什么是真正意义上的人，就不会成为一个有价值、有理想的人。

——许智宏

宽容是一门做人的艺术，在社会中起着十分重要的作用，因为宽容，很多摩擦都被杀死在了萌芽状态。宽容也是北大心理学的核心内容之一，一个人只有学会宽容，在与人相处时才会心胸宽广、平易近人、待人和蔼。因为他们认为为人处世就应本着"和为贵"的原则，对个人得失不斤斤计较，应该具有宽宏的气度。

可是，世界总是充满着这样或那样的矛盾，人与人之间的摩擦也是在所难免的，可是怎样避免与他人发生正面冲突呢？北大心理学认为，最重要的方法就是宽容。在生活中，拥有一颗宽容的心是十分重要的。如果一个人气量小，总是斤斤计较，遇事总是为自己着想，那是没有人会喜欢的，甚至会处处碰壁，烦恼自然不会少。相反，如果我们用实际行动来理解、包容他人，那么我们也会得到他人的理解与包容。

大家都知道，弗朗茨·李斯特是匈牙利著名的作曲家、钢琴家、指挥家，有一次，一个素不相识的小姑娘为了自己的音乐会能成功召开并引来更多的观众，便在海报上宣称自己是李斯特的学生。

没想到的是，就在演出的前一天，李斯特出现在了这位姑娘的面前。姑娘惊恐万状，她不知道该怎么办了。想了想，她还是决定坦诚地告诉李斯特自己是出于无奈。于是，她大胆地告诉李斯特，自己冒称完全是出于生计，并诚恳地请求宽恕。李斯特并没有生气，而是笑着让她将要演奏的曲子弹给他听听。姑娘也爽快地答应了。

李斯特听得很认真，听完后加以指点，然后爽快地说："大胆地上台去演奏吧，你现在已经是我的学生了。你可以宣布，晚会的最后一个节目，由老师李斯特为学生演奏。"

最后，李斯特真的在音乐会上弹了最后一曲。

当自己的利益受到损失的时候，几乎人人都会自然而然地做出反击行为。然而，北大心理学认为，这种计较带来的只是矛盾的激化与升级。当然，斤斤计较在通常情况下是源于利益的纷争，可是斤斤计较的最终结果往往是两败俱伤，不但得不到任何好处，还会因此搅乱自己的生活。因此，我们应该对他人多一点宽容。

15. 不为明天的事烦恼

与其殚精竭虑地构思明天的事情，还不如好好地做今天的事情，好好地把握现在、享受现在。

——北大心理学理念

国人大多喜欢"未雨绸缪"，讲究"凡事预则立，不预则废"，因此经常忧心忡忡地为明天打算，今天的快乐被想象中的困难和问题挤走了，整个人也每天长吁短叹，不是为这发愁，就是为那发愁。

北大心理学认为，一个人想要开开心心地度过每一天，首先就要做到不为明天的事情烦恼，踏踏实实地干好今天的事情，因为明天会发生什么事情，这些事情究竟会怎样是我们每个人都无法预知的。一个能够不为明天的事情烦恼的人，往往会过得很开心，也根本感受不到烦恼。所谓的烦恼完全是我们自找的。

一个女孩大学毕业后来到了北京，几经周折，最后还是由于专业对口，来到了一家小公司上班。刚开始时，她每天都带着微笑上下班，对工作认真负责，对同事们也很友好。但是渐渐地和同事们熟悉了，同事们就开始在她面前抱怨公司这不好那不好，天天不是想着老了没有退休金怎么办，就是发愁自己生了病怎么办，没有哪一天不是长吁短叹的。刚开始，她还好心安慰他们几句，但他们不但不听，还说她年轻不懂事，没有任何经济压力，自然不用想那么多，依旧每天都唠叨着，渐渐地，她听到也装作没有听到。

这天，那个平时还比较关心她的周大姐又开始在她面前抱怨了，抱怨完见她没什么反应，便说："姑娘，不是我说你，你也老大不小了，得有点压力了，多为父母、为以后考虑下了……"还没有等周大姐说完，她就抢过了话头，说："周大姐，谢谢你。这些我都知道，但明天会怎样谁会知道呢？有精力去想明天的事，还不如先做好今天的事，我是不会在今天就透支明天的烦恼的。""孩子，生活不是你想象的那么简单，谁愿天天想这些事呢？可是我现在不想不行啊……""其实，你可以不想的。"她又抢过了周大姐的话，"想又有什么用呢？"

她依旧像往常一样，高高兴兴地上下班，工作也和往常一样努力，面对同事也每天都是微笑。只是身边那些比较关心她的同事看到她整天只知道埋头苦干，反而很高兴，也有一些心好的为她抱不平。

她的工作业绩也越来越好，不但成了公司业绩最好的一个，而且打破了公司的业绩纪录。一年后，由于原来的副总经理有事辞职了，她很顺利地被提拔为公司副总经理。

在我们的生活中，像那个女孩的那些整天长吁短叹的同事们一样的"杞人"是十分多的。北大心理学认为，在这个多变的时代，人们普遍都存在着不安全感，远虑近忧一起袭来，大多数人都整天深陷烦恼中不可自拔，愁完这愁那，总之人生就没有一事不愁，这样的人自然感受不到快乐，因为他们的快乐早已被想象中的困难和问题挤走了。

明天的事情不但无法预知，也绝对不会因为你的想象而有任何变化，只有将殚精竭虑地构思明天的事情的时间用在做好今天的事情上，好好地把握现在、享受现在，生命才会更加精彩。

第 5 章

带着信心前行

　　人不能没有自信，任何时候，自信都是一枚催化剂，给我们力量，催动着我们前行。面对一件事情，我们只有相信自己能够做成，才能做成。他人说你不行，但你相信自己能行并为之努力，就能行；即便这件事情，现在的你不能完成，但也要相信自己通过努力很快就能做到；面对一些过去自己没能做成的事情，应该相信经过一些经验的积累，现在的自己一定能行。这样一来，你就在心里找到了一个支撑点，有了这个支撑点，也就不容易被困难打垮了。一个人只有带着信心前行，才能历练出真本事。

1. 相信自己，他人才会相信你

无论如何，"流言"总不能吓倒我的。

——鲁迅

我们每个人都希望得到他人的信任，但是我们要知道，他人对你的信任并不是凭空而来的，而是建立在一定的基础之上的。同样一句"你放心吧，我会处理好的"，不同的人会给你不同的感受，有的人说出来会给你踏实的感觉，而有的人说出来让你觉得只是个笑话。

古小伟是一个老实巴交的人，只要他人交代的事情，他都会尽力做到，给身边人的感觉一向比较沉默，大家也都信得过他，什么事都大胆地交给他去做。而王晓磊则是一个整天嘻嘻哈哈的人，不要说帮别人做事情了，就连自己的事情也都尽可能地推给他人，不是说自己干不好，就是有这样或那样的理由，因此给人的感觉就是靠不住，不到万不得已，他人是绝不会将事情交给他去做的。

这天刚刚下班，经理就走了进来，见只剩下古小伟和王晓磊，经理有些不太高兴。因为经理有点急事需要找两个人去处理，尽管王晓磊最近的表现还不错，但经理依旧不相信王晓磊会将事情办好，因为王晓磊一直给他的印象就是不相信自己，很少能将事情办成。但苦于没有人手，经理只好将事情交代给他们两人去做了。

经理分配完，王晓磊见经理看自己的眼神几乎满是怀疑，他有些莫名其妙地看了看古小伟。古小伟笑了笑说："经理，交给我了，你就放心吧。"说完就转身走了。见状，王晓磊赶紧说道："经理，你就放心吧。"说完也转身走了。

"交给你去做，我怎么可能放心？要不是现在人手紧缺，才不会找你呢？哎！先这样吧，到时找个人去擦屁股吧。"经理无奈地摇了摇头。

最终的结果和经理意料的完全相反，古小伟和王晓磊都将事情处理得很好。王晓磊见自己将事情处理得很好，经理并没有表扬自己，便在背后埋怨经理不相信自己，看自己的眼神就充满鄙夷和不信任，面对这样的人，自己根本就没有必要将事情帮他办好。

一个连自己都不相信自己的人，又怎么奢望他人相信你呢？并不是经理不相信王晓磊，而是王晓磊自己不相信自己，经常办不好事，从而给经理留下了不值得信任的印象。北大心理学认为，他人对我们的信任往往都从我们的一贯表现中来，而一贯表现是由我们自己的心理决定的。一个满是自信的人，在一贯的表现中就会显得有所担当、比较有责任，时间一长就会给他人留下一种踏实的印象；而那些不自信的人，在遇到问题时，一贯的表现就是选择逃避，这样自然无法取得他人的信任。

在生活中，每个人都难免会遭到他人的质疑，尤其是那些有志做一番事业的人。有的时候，他人对我们的怀疑是没有道理的。北大心理学认为，没有道理的东西永远都是脆弱的，只要我们自信起来，瞬间将他人的质疑摧垮，我们就能获得他人的尊重与信任。

2. 成功的秘籍：自信

只有满怀自信的人，才能在任何地方都怀有自信沉浸在生活中，并实现自己的意志。

——北大心理课引用名言

随着年龄的增长，自信心似乎在逐渐离我们远去。那种肆无忌惮的表演、说着童叟无忌的话、相信自己做的事情是世界上唯一正确、感觉自己是世界的中心、众人瞩目的焦点，似乎只能定格在童年时代，我们开始对自己的所作所为开始怀疑了。其实，自信往往能够给我们一种向上的力量，北大心理学认为自信就是一种最有效的正能力，自信的人往往是积极的、乐观的、向上的，一个拥有自信的人，成功的概率至少在一半以上。因此，我们应该自信。

刘磊是某民办高校艺术设计专业的一名大三学生，这段时间不知怎的，刘磊突然产生了一个创业梦。他想利用同学的力量开一个设计公司。虽然自己这两年通过做兼职拥有了一些客户，而且那些客户对自己的作品还是相当满意的，如果自己开公司，那些客户绝对会给自己介绍一些客户。

当刘磊将自己的想法告诉身边的朋友时，大家都是直摇头，觉得大三课比较多，专业知识也有些欠缺，现在开公司有些不现实。但刘磊还是坚持在离学校不远的地方开起了公司。

当然，除了和自己关系十分好的几个同学外，他还另外高薪聘请了两个员工。没想到的是，自己的公司营业一个月了，除了经常和自己联系的那几家公司之外，几乎没有别的客户。一些同学开始劝他关了公司，好好在学校上课，他根本就听不进去，还信誓旦旦地说："下个月，一定会好起来的。没有客户，我自己去找。"

刘磊开始整天都待在自己的公司，几乎将所有的时间都用在了宣传自己的公司上，见有人咨询就详细认真地一一解答。在刘磊的努力下，公司的顾客一天天多了起来，生意也跟着好了起来。

一年后，刘磊的公司已经拥有员工40多人，每月纯收入为两万元以上。谈到自己的成功时，刘磊总是笑着说，是自己的自信给了我力量，让我获得了今天的这一切。

北大心理学认为，不是他人认为你行不行，而是你自己认为你行不行，如果你相信自己行，那就一定行。他人是否看好你，并不能决定你的人生，也不能决定你能获得多大成就，关键还是你是否相信自己。可是在生活中，还是有不少人缺乏自信，没有"仰天大笑出门去，我辈岂是蓬蒿人"的傲骨，总是习惯静静地观望，以致让自己与一些机会失之交臂，留给自己的只是懊悔。我们也总是以为太自信就是自负，不懂得让自己从自信中获取力量，进而取得成功。北大心理学在此提醒我们，任何时候都不要让自己失去自信，一个人没有了自信，就少了一份原动力，对我们的成功是十分不利的。

3. 相信自己的产品物超所值

天底下最难干的事情，莫过于把别人的钱掏到自己的口袋里。主动接近潜在顾客、说服和诱导你产品的服务就叫推销，以后你再去推销，谁谢绝，你可以说，对不起我就是这个工种。

——翟鸿燊

作为一位推销员，首先要想的问题是怎样才能将他人的钱装到自己的口袋里？北大心理学认为，方法只有一个，就是让他相信自己购买的产品物有所值。只有客户相信你的产品物超所值时，才会产生购买的愿望。正所谓，客户喜欢占便宜。

但是怎样才能让客户相信你的产品物超所值呢？北大心理学认为，首先推销员要相信自己的产品是物超所值的，如果一个推销员都不相信自己推销的产品是物超所值的，那怎样去说服客户呢？亚洲顶尖的演说家，每小时演讲费高达1万美元的陈安之先生曾说过："我觉得每一个推销员在他推销之前甚至找一份推销工作的时候，他都必须从相信产品开始，因为一个业务员假如不相信他的产品是最好的，不相信他的产品可以解决顾客的问题，不相信他的产品物超所值10倍以上，事实上，他再学更多的推销技巧都是没用的。"北大心理学认为，一个成功的推销员所具备的起码条件，就是让客户相信自己即将购买的产品物超所值。

陈安之的启蒙老师是素有世界潜能激励大师、世界第一成功导师、世界第一潜能开发大师之称的安东尼·罗宾，而安东尼·罗宾的第一份工作却是在银行洗厕所。工作一段时间之后，他买了一辆乌龟车在里面睡觉，这样每天就可以多睡一小会儿了。一天，一个朋友突然问他，想成功吗？他说想，而且一定要成功。朋友告诉他，吉米·罗恩的课非常不错，两天1200美金。安东尼听后说，这个课程是不错，但我明天再上，因为学费已经超过了乌龟车的价格，自己都已经睡在车里面了，又怎么可能去上一个1200美金的课程呢？朋友听后，再次问他想不想成功。最终他在朋友的说服下开始四处筹钱，当时他只有17岁，跑了43家银行，可在美国，只有18岁以上的成年人才有资格贷款。后来他跑到第44家银行，银行的经理大概是被安东尼的诚意和渴望成功的眼神打动了，竟然亲自掏腰包借给了他1200美金。安东尼如愿上了1200美金两天的课程，安东尼不但听得很认真，复习的次数也比任何人都多。

听完课后，安东尼认为想要成功，最快的方法就是去帮成功者工作，于是他下定决心要帮吉米·罗恩工作。他的第一份工作就是帮吉米·罗恩推广潜能开发录音带。当时，那套录音带价值1200美金，安东尼却在第一个月没有任何推销经验，交易成功的比例竟然高达100%。面对众人的质疑，安东尼说："我只是100%地相信这些录音带是有用的，是一定能够帮助购买的客户取得成功的。面对一些顾客的质疑，我巧妙地讲了一下自己的经历罢了。"

一个业务员只有真正相信自己的产品能够帮助顾客，真正相信他的产品物超所值时，才会轻易地说服自己的顾客。

北大心理学提醒我们，一定要相信自己的产品物超所值。北大心理学也提醒我们，相信自己的产品物超所值应该建立在一定的基础上，没有过硬的品牌质量，即便口吐莲花，也只能暂时忽悠顾客，拿不到长期的订单，同时很有可能会因此坏了自己的名声，毁了声誉。

4. 信心决定成败

我们爱我们的民族，这是我们自信心的源泉。

——北大心理课引用名言

我们不管做什么事情都要有信心，要相信自己一定能够从中取胜，然后再积极行动，只有这样，成功的可能性才会更大一些。如果一件事还没有开始做，就前怕狼后怕虎，认为自己根本不可能完成，不要谈是否能做成了，一点信心都没有，怎么可能取得成功？即便最后的结果是成功的，那也纯属意外的巧合，出现这种可能性的概率几乎为零。北大心理学提醒我们，不管做什么事情都要有信心，这是必不可少的。

有一个年轻人，他经常出差，却总是买不到对号入座的车票。不管是长途还是短途，也不管车上多拥挤，他都能找到座位。

其实，他的办法很简单，就是耐心地一节车厢一节车厢地找。这个办法听上去似乎不是很高明，却很管用。他每次都做好了从第一节车厢找到最后一节车厢的准备，可他每次都用不着走到最后就发现了空位。他说，是因为像他这样锲而不舍的乘客太少了。在他落座的车厢经常有很多空着的座位，而其他车厢的过道和车厢接头处，居然人满为患。

他说，乘客大多很轻易地被一两节车厢拥挤的表面现象迷惑了，不会细想在数十次停靠中，从火车十几个车门上上下下的流动中蕴藏着多少提供座位的机遇；即便想到了，他们也没有寻找的耐心。大多数人很容易满足于眼前那一方小小立足之地，认为为了一两个座位背负着行囊挤来挤去很不值。他们还担心万一找不到座位，回头连个好好站着的地方也没有了。生活中那些安于现状、不思进取、害怕失败的人，永远只能滞留在没有成功的起点上一样，这些不愿主动找座位的乘客大多只能在上车时站着的那个位置上一直站到下车。

如果想让自己的人生有一张永远的坐票，就要充满信心不停地寻找，这种历练有助于培养你良好的品质，让你富有远见、乐于实践。美国职业橄榄球联会主席 D. 杜根曾提出："强者不一定是胜利者，但胜利迟早属于有信心的人。"这句话被人称为"杜根定律"。

北大心理学认为，一个人的行为是由心理决定的，心理素质的高低影响着个人的成败。因此，我们在平时就要注意培养。

相信自己，也相信自己的意志，如果你只接受赢的结果，那你一定不会输。若你信心不足，总是怀疑自己，那你赢的可能性就会大大降低。一个人对自己的信心与取得成功的可能性是成正比的。

春秋战国时期，一位父亲和儿子出征打仗。父亲已做了将军，儿子却还是马前卒。又一阵号角吹响，战鼓雷鸣了，父亲庄严地托起一个箭囊，其中插着一支箭。父亲郑重对儿子说："将这支家传宝箭佩戴在身边，力量无穷，但一定不要抽出来。"

那是一个十分精美的箭囊，用厚牛皮打制，镶着幽幽泛光的铜边儿，再看露出的箭尾，一眼就能认定是用上等的孔雀羽毛制作。儿子喜上眉梢，贪婪地推想箭杆、箭头的模样，嗖嗖的箭声仿佛从耳旁掠过，敌方的主帅应声折马而毙。

果然，佩戴宝箭的儿子英勇非凡、所向披靡。当鸣金收兵的号角吹响时，儿子再也禁不住得胜的豪气，完全背弃了父亲的叮嘱，强烈的欲望驱赶着他呼一声就拔出宝箭，试图看个究竟。骤然间，他惊呆了，箭囊里装着一支折断的箭。

我一直挎着一支断箭打仗呢！儿子吓出了一身冷汗，仿佛顷刻间失去支柱的房子，意志轰然坍塌了。

结果不言自明，儿子惨死于乱军之中。

拂开蒙蒙的硝烟，父亲拣起那柄断箭，沉重地啐一口道："不相信自己的意志，永远也做不成将军。"

一支宝箭并不能决定胜负，当得知这支宝箭是个断箭时，儿子失去了信心，结果输给了自己。由此可见，一个人想要成长就要不断地磨砺自己，将自己当成一支宝箭，想让它变得锋利就需要磨炼，这样才不至于在关键时刻失败。

北大心理学提醒我们，不要将信心依附于外在的事物上，因为它不能让你永远保持自信的魅力。

5. 生活只相信实力

处在困境中的眼泪不但不能给你任何帮助，反而会给上天一种软弱的错觉，进而它会更加残酷地欺负你。

——北大心理学理念

每个人的生活都充满波折和不如意，在这个世界上，任何一个人的生活都不可能一帆风顺。很多时候，生命给我们的打击远超过我们的承受能力。在这样的情况下，沮丧、眼泪和逃避是我们下意识的选择。北大心理学在此提醒我们，想要成为一个真正的强者就不能这样，而是应该对自己充满信心，并迎上去经受磨难，接受人生的考验，化泪水为汗水，最终让命运为我们低头。

世界音乐史上的奇才、德国著名音乐家贝多芬就是一位从不向命运低头的人。就在他26岁时，他开始发现自己的听力在渐渐地衰退，45时，他的耳朵就已经完全失聪了。这对一个音乐家来说，无疑是致命的打击。但是，贝多芬却并没有屈从于命运的安排，正像他自己所说的那样："要扼住命运的咽喉……"他用一根小木杆，一端插在钢琴箱内，另一端用牙咬住，用以在作曲时"听音"。想象一下，这一切需要付出多么大的毅力！

1824 年 5 月 7 日，贝多芬成功地指挥他在双耳失聪后创作的不朽作品《第九交响曲》。当台下响起雷鸣般的掌声时，台上背对着观众的他却全然不知，直到一位女歌唱家牵着他的手，让他面对观众时，激动人心的场面才出现在他的眼前。贝多芬，就是这样一个靠着顽强的意志和信心战胜了命运的人，最终赢得了世人无比的崇敬。

阿德勒是奥地利著名的心理学家，他曾在《自卑与超越》中提出一个十分富有创见性的观点，他认为人类活动中的很多行为，都是出自内心的"挫折感"以及对"挫折感"的克服与超越。在这本书中，阿德勒指出了自卑产生的原因：人生来的需求是无止境的，但宇宙却是博大而永恒的，人不但无法超越宇宙，也无法挣脱自然法则的制约，挫折感也就因此而产生了。北大心理学认为，挫折感是一种消极的自我评价或自我认识，也就是个体认为自己在某些方面不如他人而产生的消极情感。北大心理学也认为，充满挫折感的人总是十分悲观，认为自己无力把握命运，进而不愿奋斗，整天以沮丧和泪水打发时间。

其实，命运对我们的打击来自各方面，如失败、挫折、不公平等。北大心理学提醒我们，面对这些打击时，我们应该放宽心，将打击看作是一个锻炼自己意志的机会，对自己充满信心，迫使自己坚强起来，只有这样才能将坏事变为好事。

生活不是艺术，纵然百转千回，纵然流泪，生活也不会可怜我们。所以，我们根本就不应该流泪，泪水只会让我们看不清眼前的方向，让我们徒增烦恼。命运从来都不会向弱者妥协，因此我们要做生活的强者，只有这样，命运才会为我们让路。

6. 相信奇迹，才会创造奇迹

如果你相信奇迹，并为之奋不顾身地克服挡在自己面前的障碍，那你就一定会找到奇迹；如果你不相信奇迹，那它就不会降临。

——北大心理学理念

我们总是认为奇迹可遇而不可求，其实并不是这样的。一件很多人都说不可能甚至连我们自己都怀疑的事情，通过一番刻苦努力，最终也会做成，这样的奇迹在我们的生活中并不少见。有的事情，你相信它会发生，它就会发生，奇迹有时就是这么简单。当然，并不是所有的奇迹都是思之既得的，如果你不为之努力，只是一味地想着奇迹会发生，那产生奇迹的可能性几乎为零。

凯利生下来就是一个瘸子，天生胯骨错位。医生说她可能这辈子都无法走路。但是，当她慢慢地长大，并看到他人走路时，她也很想走路，便默默地在心里祈祷上帝帮助自己。7 岁了，她还是不会走路，她的心都快碎了，好在上帝很快就让她扶着椅子站了起来。可是一开步走，就倒了下去。她在心里告诉自己，一定不要放弃，自己一定能走路的。一次次地尝试，终于让她可以走鸭子步了。从此，凯利生活得很快乐。

如今，凯利已经五十几岁了。就在两年前一场意外的车祸中，她的左膝盖受伤了。到了医院，医生照完 X 光后，非常震惊，因为医生发现她的臀部没有关节和大腿窝，可是她却能走路，这简直就是一大奇迹。第一次得知自己的臀部没有关节和大腿窝，凯利也很震惊。

但由于她的膝盖再次受伤，加之年事已高，医生很担心她再也无法走路了。可是，凯利还是坚信自己一定能站起来，伤口还没有完全愈合，她就开始练习走路了。没想到的是，奇迹再次降临了，她真的又站了起来。

其实人生就是这样，当你对自己充满信心的时候，你发现自己做什么都很顺畅；你总是怀疑自己，不相信自己，那你就会惊讶地发现，即便是原本擅长的事情，你也会变得生疏，甚至会失败。

奇迹，每个人都想拥有，但只有极少数人能够真正拥有奇迹，为什么会这样呢？北大心理学告诉我们，主要原因是大多数人都不相信自己能够创造奇迹，他们通常都是一边不相信自己、不努力，还一边不停地抱怨，命运之神自然就不会眷顾他们了。真正的奇迹只会降临在那些相信奇迹会产生并矢志不渝地追求的人身上。

7. 让自信为你提升气场

一个人是否能够成功，首先取决于他在什么程度上和什么意义上将自己从自我限制中解放出来。

——向达

"我从小就不敢在人前说话。如果在场的人很多，我就会很紧张，脸也涨得通红，说话吞吞吐吐，心都在怦怦直跳，喘不过气来。尽管我很苦恼，可一点办法都没有。"

"我怎么从来都只是生活中的配角？从来都找不到主角的感觉？不管我怎么做都这样。"

"他会怎么看待我呢？是不是很不屑地听我讲话，早就厌烦了？心想'怎么还没讲完呢'？当我提出建议时，他是否会让我下不来台？……"

……

以上这些就是我们所说的气场弱，甚至到了被人忽略的地步。一个不自信、总是小看自己的人，又怎么吸引他人呢？一个人只有对自己充满信心，才会引来他人的注意，进而也会相信自己。

北大心理学认为，自信是一种内心现实的反映，其真正的心理功能是对外部世界不可认知的恐怖进行掩盖。一个人拥有了自信，就能免除这种恐惧，没有自信的人则或多或少会受到这种恐惧的影响，因此自信的人往往能够营造出强烈的社交气场。

北大心理学认为，自信是打造气场的内在条件，也是征服难关、取得成功的先决条件。一个人只要相信自己一定能够达到目标，那么他的气场就会强大起来。

世界酒店大王希尔顿，全世界都遍布着他的分店。然而，他在立业时只有 200 美元。是什么让他取得这样的成功呢？他自己的回答是："自信！"

刚开始，希尔顿想筹建一个大酒店，但缺乏资金，他就充满自信地四处游说，鼓动他人投资。最终，众人被他的信念打动了，都纷纷投资。当酒店完成一半时，突然有人听信谣言，对希尔顿产生了怀疑，要撤回投资。如果投资撤回，马上就会导致连锁反应，引起其他投资人的纷纷效仿，那么酒店也就建不下去了，希尔顿还可能会因为拿不出钱而坐牢。

在这严峻的时刻，希尔顿却镇定自若，首先从银行取回大笔现款。待那人来后，他将装有现金和支票的抽屉拉开，问那人："愿意要现金还是支票？"那人说要支票。希尔顿说："如果你走时，还要坚持收回投资，那么支票就属于你了。"希尔顿用这番话稳住了对方的心。

接着，希尔顿就充满信心地告诉他，投资后将来会有什么样的收益，但如果现在撤资，不仅没有任何收益，还要为毁约赔偿，岂不是得不偿失？最终那人被希尔顿说服，没有收回投资。希尔顿正是凭借这种自信，克服了困难，自信的气场得到充分的体现，从而为希尔顿以后的成功铺平了道路。

希尔顿如果缺乏自信，就不会有今天的希尔顿酒店。是自信让希尔顿渡过了难关，成功地打造了自己的气场，超越了自己，同时也征服了他人。北大心理学认为，一个有着坚定自信的人总能站在自己的位置，往往可以成就神奇的事业，尤其是那些疑虑和胆小的人不敢染指的事业。因此，我们有要强烈而坚定的成功信念，对成功充满期待，因为只有这样才能取得成功，才能形成自己的气场。

8. 缺陷也是一种恩惠

每个人都想要争取一个完满的人生。然而，自古至今，海内海外，一个100％完满的人生是没有的。所以我说，不完满才是人生。

——季羡林

柠檬虽然汁水很旺盛，却又酸又涩，让人无法下咽，但是聪明的人们却将它榨成汁，再加上糖及蜂蜜等，将其变成人人都喜欢的柠檬汁。

其实，人生也和这柠檬一样，没有哪一样是完全为我们准备好的，不管是人本身还是我们所做的事情都存在着不可更改的缺陷。北大心理学认为，正是因为有了缺陷，我们才有完善和改进的机会，甚至利用这个缺陷创作出更加美好的东西。

有一个自幼患小儿麻痹症的女孩，10岁那年和妈妈一起外出，遭遇了严重的车祸，妈妈当场死亡。而她经历了一场大手术，只能依靠着轮椅走路了。

她也曾自暴自弃过，认为自己是被遗弃的人，觉得这样活着不但一点意思都没有，还要遭受他人异样的眼光。好在身为教师的父亲一直开导她。在父亲的教导以及大家的帮助下，她每天都努力地看书学习，对生活也渐渐地有了热情，也发誓一定要成为一个对社会有用的人，她坚信只要通过努力，自己就一定能做到。

随着年龄的增长，她渐渐地发现生活中像自己一样的人很多，还有很多比自己的情况更糟糕的人，这些人绝大多数都将眼光停留在了自己的缺陷上，因为自己的缺陷就将自己深深地束缚住，让自己生活在一种自己营造的痛苦中。她想自己也是在他人的帮助下，才没有去营造痛苦，自己也应该帮助那些有缺陷的人重新找回自己。

这样想着，她将自己的想法大胆地告诉了父亲。听了她的想法，父亲很高兴，也很支持她。没过多久，她就被邀请去一家孤儿院演讲。她将自己的经历向孤儿院的朋友们讲述了，那些孩子听得很认真，大多都流出了感动的泪水，掌声也一阵赛过一阵。事后，她才知道是父亲帮助了自己。

后来，她在家里创立起了家庭教育工作室，还创办了一个公益网站，并定时义务开办一些家庭教育和心理健康教育系列讲座，专门帮助那些有缺陷的人重新找回自己。前来听讲座的人越来越多，好几次，听众都超过10 万人。看到不少人在自己的帮助下重新找回了自己，她非常高兴。

每次讲座结束时，她都会很自豪地说："虽然残疾是我的缺陷，但正是这样的缺陷成就了我的今天。从某种意义上来说，缺陷就是一种恩惠。残疾让我没有退路，只能拼命往前追；并且因为残疾，不但得到了亲人更多的关爱，更得到了社会上太多好心人的帮助与支持，因此我希望帮助更多的人。"

缺陷固然让人遗憾，但只有战胜缺陷，你的不足才会成为一种动力，甚至是优势。北大心理学认为，缺陷对我们的意义就是让我们通过改变缺陷，磨炼自己的意志，让自己接近完美。不管是人生还是事业都是这样的。很多时候，缺陷并不意味着不成功，只要我们不对自己失去信心，正确面对缺陷并想出办法利用缺陷，同样能取得成就，甚至是更大的成就。

9. 走不通的路，永远都不存在

世上本无路，走的人多了，也就成了路。

——鲁迅

这个世界上根本就不存在走不通的路，只要走的人多了，也就踩出了路。可是，生活中，还是有一些人觉得无路可走，甚至认为自己走上了绝路。为什么会这样呢？北大心理学认为，真正走不通的路是我们自己的心路，是我们在内心里不相信自己，认为这条路走不下去，从而自己给自己设置一条走不下去的心路。北大心理学也提醒我们，要对自己充满信心，即便真的感到自己走错了路或无路可走了，也要鼓起勇气重新走下去，要相信真正走不通的路根本就不存在，即使此路不通也还有彼路，这样一来，我们就会逐渐发现，其实这个世界上根本就不存在走不通的路。因此，无论何时我们都应该坚信路就在不远的前方。

有一个十分漂亮的女孩，但是她很不幸，她还没有出生时，爷爷、奶奶、外公、外婆都死了，自己的父母又是独生子女。然而在她3岁多，弟弟刚满一岁时，父亲又在一场车祸中不幸身亡了。此后，便是母子3人相依为命，虽然失去亲人的痛苦给她年幼的心灵造成了很大的伤害，但在妈妈的关怀下，这种失父之痛渐渐地淡了。在妈妈的教导下，她也成了一个很坚强、很懂事的女孩子。可就在她14岁那年，妈妈也因病医治无效身亡了，妈妈在临死前一直叮咛她要照顾好自己和弟弟，一定要和弟弟一起做有出息的人。虽然她和弟弟都点头答应了妈妈。但是看到妈妈停止呼吸时，姐弟俩还是忍不住号啕大哭了起来。

没想到的是，距离妈妈的离开不到两个月，弟弟在放学回来的路上被一辆直冲而来的卡车碾了过去，当场死亡。得知消息后，她立即晕了过去。当她醒来时，已经是事发 3 天后了。她的脑子里还满是妈妈和弟弟的样子，整个人也天天沉浸在失去亲人的痛苦中不能自拔，想着想着都会情不自禁地泪流满面。渐渐地，她认为自己活在这个世界上没有什么意思了，一个亲人都没有，于是，她想要结束自己的生命，让自己去陪死去的亲人们。

这天，她独自一人慢悠悠地往湖边走着，想要借助那条河结束自己的生命。然而，就在她穿过那条街道的时候，看到了一个十分可怜的跪在大街上乞讨的大妈，貌似她的两条腿根本就不存在。"她都能活下来，我为什么不能呢？"这个漂亮的女孩子仿佛一下子找回了自信。

"我四肢健全，为什么要去寻死呢？不能好好地活着……"想着想着，她已经转过身往家走了，脸上还洋溢着丝丝笑容。

此后，这个漂亮的女子开心认真地生活着，再也没有想过死。

天无绝人之路，所谓的绝路往往都是我们内心的路，只要我们对自己充满信心，就一定能够找到一条通路。北大心理学也提醒我们，发现自己走进了死胡同，就要立即从死胡同里钻出来，否则就会真的走进死胡同，绕半天也不一定能走出来。

很多时候，并不是眼前没有路，而是我们自己没有找到方向。无论在什么情况下，都要相信自己，不要自暴自弃，要懂得在绝望中另辟蹊径，找到通向希望的路。

10. 成功需要不断地尝试

世界上有许多做事有成的人，并不一定是因为他们比你会做，而仅仅是因为他们比你敢做。

——培根

我们做一件事情时，如果想尽办法，却找不到答案，我们可能会对自己产生怀疑，认为是不是自己做错了。北大心理学告诉我们，你并没有错，成功就是在不断地尝试错误中获得的。只有不断尝试，我们才能找到解决问题的有效方法。

美国大发明家爱迪生只上过几年小学，但他从小就迷上了发明创造。从1877年开始，爱迪生决心发明一种安全且长寿的电灯，先后试验了1600多种灯丝，却未取得成功，接二连三的失败并没有让他气馁，而是不断地尝试新的材料。通过反复试验，他总结出玻璃泡必须保持真空状态，于是他用炭化棉丝装入真空玻璃泡内，1879年12月21日，他和助手接通了电流后，这只电灯亮了，世界上第一盏灯诞生了，灯丝燃烧了48小时。爱迪生并没有因此而中断用其他的材料来实验。后来，他又成功地用竹丝做灯丝，首次在市场上出售，后来，为了降低成本，他又成功研制出了纸条炭化后做灯丝的电灯，终于使电灯得到了普及。再以后，又改用钨丝做灯丝，在灯泡内加入一些惰性气体，让灯泡不断完善。

有人曾这样问爱迪生："你在发明电灯时，经历了1600多次的失败，你是怎么坚持下去的？"爱迪生说："这1600多次的试验并不是失败，而是证明了1600多种方案都是行不通的，这也是一种成功。如果没有这些，电灯是发明不出来的。"

成功不会一蹴而就，勇敢尝试、努力前进，才会有希望。即使失败了，也不要灰心，害怕失败的人不可能成功。没有失败，只有放弃；没有不可能，只有不去做。只说不做，什么事也不会实现，当你想到了、说到了，还要做到。能做到的人，是最了不起的人。

当然，失败在人生中总是在所难免的，没有人会一直成功，也没有人会一直失败。成功就是在一次次的失败中诞生的，没有这些错误的尝试就不可能成功。因此，北大心理学认为，一个人想要成功，就要不断地尝试，并相信自己一定能够取得成功，只有这样，成功才会降临。

北大心理学认为，一个有梦想的人是会经常被梦想召唤着前进的，你会为此勇于尝试、不畏艰难，这是一股神奇的力量、一种绝妙的生命体验，它让你创造奇迹，取得成功。

11. 坚持再试一次

滴水穿石，并不是流水比石头坚硬，而是流水不忘再试一次。

——北大心理学理念

任何事情想要一次成功几乎是完全不可能的，这种概率连千分之一都不到，因此再试一次就显得弥足珍贵。如果不再试一次，你就不会知道自己到底行不行，没有再试一次的精神，也就很难走向成功和彼岸。任何人的人生都不可能一帆风顺，有很多事情都需要再试一次、两次、三次……

一个年轻人去一家公司应聘，而该公司没有刊登过任何招聘广告。见人事经理疑惑不解，年轻人用有些生硬的普通话解释说自己碰巧路过这里，便贸然进来了。经理见他态度诚恳，就破例让他一试，没想到的是，年轻人的表现很糟糕，他对经理的提问没有任何的事先准备，经理认为他不过是找个托词下台阶，便随口说道："等你准备好了再来吧。"一周后，这个年轻人再次走进那家公司的大门，这次他依然没有成功。但和第一次相比，他的表现要好很多。而经理给他的回答依然和上次一样。就这样，这个青年先后 5 次踏进那家公司的大门，最终不但被公司录用，而且成为公司的重点培养对象。

这位年轻人之所以能够取得成功，就是因为他有一种永不气馁的精神，同时，他也遇到了一位好的领导，由于领导的正确引导和他自己的坚持精神，他才取得了成功。

北大心理学提醒我们，当我们在生活中遇到挫折、困难时，一定要勇敢地对自己说："再试一次。"并立即付诸行动。北大心理学认为，这个世界上的大部分事情都不会一次成功，尤其是有难度的事情，不经历一次次的努力，根本就不可能取得成功。同时，北大心理学也提醒我们，再试一次，并不是蛮干，而是在失败中吸取教训，进行总结和学习，掌握技能。

一个漆黑的晚上，老鼠妈妈带领一群孩子出外觅食，在一家人的厨房内，垃圾桶之中有不少剩余的饭菜，对于老鼠来说，就像人类发现了宝藏一样。正当老鼠们在垃圾桶及附近大吃一顿时，传来了一阵猫的叫声。小老鼠们赶紧各自四处逃命，花猫根本就不留情，不断穷追不舍，终于有两只小老鼠躲避不及，被猫捉到，就在两只小老鼠要被猫吃掉时，却突然传来了凶恶的狗吠声，猫手足无措，狼狈逃命。

猫走后，老鼠妈妈悠悠然从垃圾桶后面走出来说："我早就让你们多学一门语言，这次我就是因此才救了你们一命。"

北大心理学认为，成功的人永远都不会满足，他们的方法要比他人多，战胜困难的力量也要比别人大，而且他们还会坚持不懈地努力，直到成功为止。因此，我们在做事情时，一定不要忘了再试几次，去争取我们生命中最美好的礼物。那些看似不可能的事情往往都是在不断地坚持下发生的，只要你认定它会成功并坚持下去，就一定能够取得成功。

12. 他人不看好你，你才有机会证明自己

我们降生在这个多彩多姿、繁华绚烂的世界上，唯一的目的就是好好活下去，活给自己看，也活给爱自己的人看，更要活给那些瞧不起自己的人看。

——台静农

有这样一句古话："一个人如果没有两个敌人，那他就是不成功的。"现实生活中，并不是每一个人都想和我们为敌，但只要我们还在生活、还

在做事，那么我们的周围还是会出现或多或少的质疑声。

不被他人看好，这是很多人在做事时都有过的遭遇。北大心理学认为，面对他人的质疑，我们应该相信自己并泰然处之，不以为意，用自己的实际行动来证明自己。

当然，并不是每个人做任何事情都能得到他人的掌声，当质疑和嘲讽的声音在你的脑海里挥之不去时，你是否会犹豫？是否想要放弃这个不被他人看好的理想？当所有人都劝告你，并用他们的"事实"证明你的选择是错误时，你是否想过按照他们的想法去做？这是每个有理想的人都曾经面对过的问题，一些人选择了妥协，结果往往是让自己变得平庸；一些人则不然，不但不为他人的质疑所困扰，反而将其看作前进的动力，他人越是质疑，就越要证明自己，最后他们成功了。北大心理学在此提醒我们，要向后者学习，相信自己，坚持走自己的路，不被他人的质疑所困扰。

有一个从小就十分喜欢唱歌的女孩，她总是跟着收录机里面的歌曲哼唱。女孩有一个梦想，希望自己将来能够成为一名歌唱家，在万众瞩目的舞台上歌唱。为此她苦练基本功，到处寻觅歌唱碟子，艰苦地努力着。

可是，她身边的亲人和朋友都不看好她。这一切都是因为她的牙齿有着十分严重的缺陷，她的亲人和朋友都认为没有人会花钱去看长着一副丑陋牙齿的人唱歌，所以劝她放弃。但女孩并没有因此而放弃自己的理想，尽管这些给她带来了深深的伤害。此后，她在唱歌的时候总是尽量掩饰自己的牙齿，以免被人看到后引来嘲笑。

中学的一次校庆，这个女孩很幸运地被选为歌唱演员，对此她既兴奋又恐惧。轮到她上台演唱时，她尽量将上唇拉下来，盖住难看的牙齿，没想到的是弄巧成拙，结果洋相百出。因为表演失败，她哭得很伤心。这时，台下的一位老妇人走到她身旁，亲切地对她说："孩子，你是很有音乐天分的，我一直在注意听你的演唱，知道你想要掩饰自己的牙齿。其实，这牙齿或许会给你带来好运，你信不信？他人可以不相信你会成功，但你一定要相信自己。"

听了老妇人的鼓励后，女孩破涕为笑。此后，她坚定了信心，决定忘记自己不好看的牙齿，忘记那些嘲笑自己、不看好自己的人，放下了包袱，尽情地唱属于自己的歌。放下心理包袱的女孩最终显现出了美妙的音域，最后，她成为美国家喻户晓的歌星，不少歌手都纷纷模仿她，学她的样子演唱，这个女孩就是凯丝·达莉。

北大心理学认为，一个人想要获得成功，就一定要对自己有信心，即使他人说你不行，也要相信自己，为自己做主，只有这样才有机会证明你的选择是对的。他人不看好你，并不代表你不会成功。北大心理学认为，成功者往往更欢迎他人的质疑和否定，因为这些质疑和否定的声音往往会被他们当作鞭策自己的动力，他们也会因此而变得更强大。

13. 跨过人生的困难

每个人都可以跨过人生的困难，只要他想。

——北大心理学理念

我们每个人都是自己的主人，命运也都掌握在我们自己的手里，因此我们没有必要将命运交给他人，也没有必要去复制他人，做好自己就好。就像我们没有必要去怀念过去的时光，现在就是你成功的起点一样。北大心理学认为，困难总是有的，我们要做的就是跨过眼前的困难，迎接希望之光。

我们总是习惯性地羡慕他人，却时常忘了自己。其实，每个人的人格特质不同，如果照搬别人的生活，你会发现其实那并不适合你，也不是你内心真正想要的。

有两只狮子，一只在笼子里，一只在旷野里。两只狮子经常进行亲切的交谈。在笼子里的狮子说：老兄，你自由自在，好潇洒啊！在外面的狮子说：老弟，你三餐无忧，多享福，真是饱汉不知饿汉饥啊！

就这样，笼子里的狮子总是羡慕外面狮子的自由，而外面的狮子却羡慕笼子里狮子的安逸。一日，一只狮子对另一只狮子说："咱们换一换。"另一只狮子同意了。

于是，笼子里的狮子走进了大自然，旷野里的狮子走进了笼子里。从笼子里走出来的狮子高高兴兴，在旷野里拼命地奔跑；走进笼子里的狮子也十分快乐，它再不用为食物而发愁。

但不久，两只狮子都死了。一只是饥饿而死，一只是忧郁而死。从笼子中走出的狮子获得了自由，却没有获得捕食的本领；走进笼子的狮子获得了安逸，却没有了自由。

两只狮子就是因为相互羡慕，才交换了位置，但事实并没有因此变好，而是变得更坏了。生活本身就是多面的，有成功和失败，也有痛苦和快乐……我们站在自己的位置上总是认为他人比自己好，但让你站在他人的位置时，你可能会发现他们也在羡慕你。北大心理学在此提醒我们，每个人都会遇到困难，只有正视难关，才能获得胜利。

其实，生活本身就布满了荆棘，如果我们不能正视，又怎能披荆斩棘，创造出一片属于自己的蓝天呢？成功并没有我们想象的那么难，关键是我们在遇到困难时在心里给自己制造了一把枷锁，这样怎么可能战胜困难、取得成功呢？

一个人只有正视困难，给自己信心，并坚持着、奋斗着，才能跨过人生的困难，成为生活的强者。

14. 细节决定成败

天下大事，必作于细。

——老子

我们每天都要做很多事情，但在做一些事情的时候，我们总是习惯性地忽略掉一些细节，甚至有人认为细节是可以忽略的，因此在做一件事情时总是马马虎虎，能蒙混过去就蒙混过去。殊不知"千里之堤，溃于蚁穴"，细节看似微不足道，往往决定着一个人的品质，决定着事情的成败。

北大心理学提醒我们，在做事情时，要有远大的目标、坚持不懈的精神，还要特别注意细节。不注意细节而导致整件事情失败的例子数不胜数。一定不要认为细节微不足道，大事由小事构成，不将小事做好，就难以成就大的事业。因此，我们在做事情时一定要有精益求精的精神，做一个负责任的人，试着将每一件有利于自己目标的小事做好，不要让它们阻碍了自己的梦想。

15 世纪末，为争夺王权，英格兰王查理三世与兰加斯特家族的亨利伯爵准备拼死一战。就在进行战斗的当天早上，查理让一个马夫备好自己最喜欢的战马。

"快点给它钉掌，"马夫对铁匠说，"国王等着骑它打头阵呢。"

铁匠回答："你得等等，我的铁片用光了，我得先去打点铁片。"

"国王等不及了，"马夫大叫道，"敌人都已经打过来了。"

铁匠埋头干活，他从一根铁条上弄下 4 个马掌，将它们砸平、整形，固定在马蹄上，然后钉上钉子。钉了 3 个马掌后，铁匠发现钉子没了，便对马夫说："真不巧，钉子又没了，我得花点时间砸出两个钉子来。"

"你没有听见军号吗？"马夫嚷起来，"你想要国王怪罪吗？"

　　"那好吧，"马夫无奈地说道，"没有钉子我也能钉上马掌，只是不结实而已。"

　　"凑合着用吧，上帝会保佑我们的国王。"马夫说道。

　　铁匠只好将马掌挂在了蹄子下。

　　战斗开始了，查理三世骑在战马上，带领士兵冲锋陷阵，将敌人打得连连后退。查理三世眼看胜利在望，便催马向前，忽然战马一个趔趄，那只没钉钉子的马掌掉了，战马跌倒在地，国王也被掀了下来。国王还没有抓住缰绳，受惊的马跳起来逃走了。国王环顾四周，他的士兵纷纷撤退，公爵的军队围了上来。原来是国王的士兵们见国王的马跑了，误以为国王阵亡，才开始撤退的。

　　查理则挥舞着宝剑，愤怒地高喊："马，马！一匹马颠覆了我的国家！"

　　没有人会想到因为一个铁钉倾覆了一个国家。那些看似微不足道的东西很可能影响你的全盘计划。因此，不要因为工作细小，就不认真做，把小事情做好，才能做好大事情。北大心理学认为，任何一个疏忽细节的人，都不易成大事，因为一个细节可以让你损失，也可以让你收获。只有关注它，才会取得成功。

15. 相信自己的学习方法，别逼着自己去改变

知之为知之，不知为不知，是知也。

——孔子

　　"明明自己很努力了，可不但没有赶上别人，还差很远，我严重怀疑是不是自己的学习方法不对？要不，怎么会这样？我不至于这么笨？"类似的话，不少人都说过，我们现在也经常能听到。一些人不但怀疑自己的

方法不对，甚至开始效仿他人的学习方法，结果往往让自己败得更惨。

甲和乙是同班同学，甲的学习一直很好，而乙在没转校之前一直是班上的前 3 名。可转学后，第一次考试不但总分下降了不少，名次也一下落到 13 名。乙心想，可能是因为不适应吧，只要自己努力就一定能赶上甲的，我之前分数比他还要高一些呢。这样想着，乙似乎一下子就振作了起来。此后，比之前更加努力了。

没想到的是，接下来的两次考试还是让乙大败了。"难道是自己的学习方法不对？看看甲是怎么学的，跟他学学？"这样想着，乙就这么决定了。

于是，乙开始观察甲是怎么学习的，并依瓢画葫芦地模仿着，没想到的是，这次自己败得更惨。

学习不可急功近利，他人的方法非但不完全适合你，甚至根本就不适合你。不要逼着自己去效仿他人的方法，要懂得找到属于自己的方法，而不是不怀疑和不相信自己的学习方法。北大前任校长蔡元培就很尊重学生的个性思想。学习的方法有很多种，不同的人采取不同的学习方式。北大心理学在此提醒我们，他人的学习方法再好，也一定不要照搬，要懂得根据自己的实际情况，借鉴他人的方法，并通过实践找出真正适合自己的学习方法。

那么怎样才能找到真正适合自己的学习方法呢？北大心理学通过细致的调查研究，认为可以从以下 3 个方面着手：

1. 将兴趣放在第一位

人生最幸福的事情就是将时间花在自己喜欢的真正感兴趣的事情上。学习也一样，没有兴趣的学习是枯燥的、无味的，即便靠毅力坚持到最后也不会有太大的成功，因为你的心根本就不在那里。一定不要逼着自己做自己没有兴趣的事情，若一定要做，就去找那件事情的乐趣，然后深入其中，逐渐培养自己的兴趣。

2. 保持足够的自信

信心在学习的过程中是十分重要的，而且自信在学习的过程中也总是被忽略的那一部分。一个人如果没有自信，不相信自己能够学好，或不相信自己的学习方法是对的，那就不可能取得好的成绩。

3. 不但要掌握知识，还要学会深入思考

真正地学习不仅仅是掌握知识本身，还应该深入思考，让自己知道得更多，也将这个知识点学得更牢固。

学习方法因人而异，不要怀疑自己的学习方法，要根据自己的情况找到真正适合自己的学习方法。

16. 学会让自己变得更加自信

自信的道理不难领会，但想要真正拥有自信意识，就不那么简单了。

——北大心理学理念

有一个青年，大学毕业后已经参加工作 3 年多了。他在听了一次成功心理课后颇受启发和鼓舞，并为之振奋。在课上的当众讲话练习中，他说："所有的成功者，虽然他们的出身、学历、境遇、职业等各不相同，但有一点却是共同的，那就是自信。自信是成功的第一要诀，今后，我们一定要自信。"一阵热烈的掌声响了起来。

可是，没过多久，他就又变得情绪低落了。他弄不明白上课时信心十足的自己为什么一回到工作岗位就变得不自信了。原来，他所在的这家公司，几乎所有的工作人员都比他学历高，不是博士就是硕士，只有他一个是大本。因此，不管他事先想得多好，只要一上班就"前功尽弃"了，不但不自信，感到的只是自卑。

你想成为一个什么样的人，就能成为一个什么样的人，就怕你不敢

想。可是文中的年轻人为什么没有取得成功，而是让自己的情绪变得低落了呢？北大心理学认为，最主要的原因就是因为他放弃了自信，选择了自卑。任何时候，一个自卑的人都不可能取得成功的。

美国著名画家索拉里奥，年轻时曾是流浪街头的修补匠。他每天早上起床的第一件事，就是大声地对自己说："索拉里奥，你一定能够成为像安东尼奥那样的大画家。"说完这句话，他感到自己全身上下充满了力量，好像被人赋予了无穷的智慧，然后就满怀激情和信心地投入一天的工作和学习中。10 年后，他真的成为一个超过安东尼奥的著名画家。

如果索拉里奥不给自己大画家的暗示，他就不可能成为大画家。北大心理学认为暗示能使人的情绪、心境、兴趣、心愿等方面发生变化，给自己一些积极的心理暗示，就能让自己变得更加自信，更有勇气去接受挑战。不要认为自己干这也不行，干那也不行。要学会调整自己的心态，给自己成功的心理暗示，就能走向成功。

第 6 章

读懂他人的心理，让自己成为受欢迎的人

与人交谈，不管是我们自己还是对方都会时不时地出现一些小动作或"微表情"，这是人下意识的表现，往往都不容易受自己控制。当然，这些小动作或"微表情"里往往都隐含着一定的意思，我们只有读懂了对方的这些小动作与"微表情"，交谈才能顺利并愉快地进行下去，对方也会因此对我们产生一定的好感。当然，想要让自己成为一个受欢迎的人，只做到这些是远远不够的，还要严格要求自己，从自己做起。比如，容忍他人比自己强、不干涉他人的隐私，在功劳面前保持低调、谦虚等。

1. 读懂对方的表情

古人云"人心不同各如其面"，意思是承认人面不同是不成问题的。我们不能不叹服人类创造者技巧的神奇，差不多的五官七窍，但是部位配合，变化无穷，比七巧板复杂多了。

——梁实秋

在生活中，我们会发现一些人往往能够从他人的一些细微动作、表情变化猜测出对方的一些心思。他们就像钻进了他人的内心一样，往往能够将他人的心思读得很准。北大心理学认为，一个人的表情或动作往往蕴含着丰富的信息，通过这些表情与动作，我们往往能够揣测出他人的心思。

这天，一个年轻人走进一家高级的餐馆，注视着餐馆里的人们，扫视了一圈后，他的目光停留在了一位很漂亮的披着长发的女子身上。就在这个时候，他感觉到对方似乎在望着他微笑。他按捺不住心中的激动，立刻起身，走过去与这个女子攀谈起来。女子的话很简单，似乎是有些不太爱说话，但她依然微笑着注视他。虽然这个年轻人感到有些没意思，但还是继续着谈话。

突然，年轻人的一个朋友走了过来，悄声对他说："别不识趣了……在她眼里，你就是一个十足的笨蛋。"年轻人大惊，但立刻为自己辩解道："那她为什么还一直向我微笑呢？"

"难道你没看出来她的微笑中带着嘲讽的眼神吗？"

年轻人被美女的微笑所迷惑，但他的朋友却看到了美女脸上的微表情（所谓的微表情就是人们内心的流露与掩饰，不少时候，人们会通过一些表情来传达内心的感受），进而明白了美女的真实意图。一个能够通过对方的表情解读对方内心的人，往往都是我们所羡慕和佩服的。但是要怎样才能具有这样的能力呢？北大心理学认为，只要在平时与人交流时足够专注，就能通过对方的"微表情"获得对自己有益的信息。

人在不同的表情转换之间，或在做某个表情的同时，脸部会显现出一种不易被察觉的变化，当然这种变化很可能与他想要反映的表情无关，却无意中泄露了其他信息。"微表情"往往都是下意识的动作，因此持续的时间往往是十分短的，也正因为这样，才更容易暴露出一个人的真正内心。通过"微表情"完全能够洞察出他人的内心状况。但我们怎样对微表情背后的含义详加分析，并将其运用到实际生活中，为我们和他人更好地交流提供理论基础呢？北大心理学对以下几种比较常见的微表情进行了分析以供参考。

1. 正视对方的眼睛

说话时，对方正视你的眼睛，说明对方很可能在说谎，看着你的眼睛是为了看看自己的把戏是否能得逞，或是否被你识破。

2. 中断眼神交流

双方正在进行眼神交流时，一方突然中断了这种交流，不代表这个人在撒谎，很可能是在回忆一件事情。

3. 眼睛向左或右看

与人交流中，有时你会发现对方会不由自主地向左或右看，同样能够显示出他们内心的想法。向左看的人大多在回忆，而向右看的人则更多的是在思考谎话。

4. 抚摸额头

交谈中，对方下意识地抚摸额头，说明他的内心很愧疚，或感到自己对不起某人。

5. 眉毛向上拉紧

一个人的眉毛向上拉紧，说明他的内心很恐惧。

6. 提高右边的眉毛

这说明这个人有疑问，可能是对对方的话产生了质疑，或对自己过去做过的事情有疑问。

7. 抿嘴

这是不少女性经常做的，也是一个经典的模棱两可的动作。通常表明，他的内心正在选择或受着煎熬。

8. 揉鼻子

这是男性的习惯动作，因为他们鼻子内的海绵体在撒谎时容易发痒，揉鼻子大多是想掩饰真相。

其实微表情远远不止这几种，我们应该学会用"微表情"来判断对方的真实感情。

2. 想要交到真朋友就要付出真心

一个好朋友，当看到对方的错误时，会真诚地指出，当朋友遇到好事时，会真心地感到高兴，当朋友遭受痛苦的时候，会守在朋友的身边，鼓励他、支持他。

——北大心理课引用名言

社会是人与人的总和，完全孤立的人是根本就不存在的。我们每个人都有自己的朋友，不管是多还是少，抑或是长期的还是短期的。一个完全没有朋友的人，不但是不存在的，也是我们无法想象的。因为有了朋友，我们才会有更多的快乐，有人为了朋友倾家荡产，也有人因为朋友飞黄腾达，交到好友能够一生受益，相反，交到损友就只能害了自己。北大心理学认为，交友交的就是至诚之心，只有付出真心方可换到他人的真友谊。

如果抱着做戏的心态，那么根本就不可能交到真朋友。因为这个世界上的人，都是你怎么对他，他就会怎么对你。你付出什么，必将收获什么。

有一个长得很帅的小伙子大学毕业后，顺利面试到一家公司工作。因为长得帅，再加上外向随和的性格，而且很会说话，经常将大家哄得很开心，大家都很喜欢他，有什么活动或心里话也都会跟他聊。可是，渐渐地，大家发现，他以前说的话有些吹牛。虽然表面上和你很好，但背地里却经常跟领导打小报告，说你工作不认真，等等。渐渐地，同事们开始远离他了。当然也有个别关系很好的同事好心提醒他，但他根本就听不进去。后来，他被大家孤立起来了，没有人愿意和他做朋友。

在这个世界上，我们每个人都不可能离开朋友，每个人也都希望自己能够有几个真正的朋友。一个真正的朋友不会因为你的富裕而接近你，也不会因为你的贫穷而疏远你，时刻都在你身边。当然，交朋友要怀着一颗真诚的心，任何一个人只要虚伪地怀着各种各样的目的去交朋友，根本就不可能交到真正的朋友。真心就是要真实地表现自己，而对他人说谎或掩饰自己内心真实想法，往往会被他人认为是逢场作戏，表面是朋友，背后却是敌人，这样的交友是没有任何意义的。当然真心交友，并不一定能够交到真朋友，但如果你不付出真心，就一定交不到真朋友。在这里也有一个前提，就是识人。因为并不是任何一个人都值得你真心付出，只有那些同样有赤诚之心的人才会在你危难之时伸出援手。

可是，我们要怎样才能交到真朋友呢？北大心理学认为需要做到以下几点：

1. 以道交友

俗话说："道不同不相为谋。"不是同一条道路上的人根本就不可能走在一起。因此，在交朋友时，我们应该追求共同的人生目标，只有这样，友谊才能真挚长久。

2. 以礼交友

每个人都有值得尊重的地方，因为不管是对谁，我们都应保持尊重，注意礼貌。

3. **以诚相待**

想要交到朋友，就要以诚相待。

4. **以信交友**

他人信服你，才愿意与你保持友谊，一个无信的人，怎么能够交到真朋友呢？

5. **注重义气**

"义"字在朋友间尤为重要。做人需要讲义气，能够生死与共的朋友才是真朋友。

3. 找到与对方的共同点

物以类聚，人以群分，只有有了共同点，双方才有交往的可能性。任何人都不可能和一个毫无共同点、连话也说不到一起的人做朋友。

——北大心理学理念

通常情况下，我们都很容易对与自己有着共同点的人产生好感，拉近彼此间的交往距离。因此，想要和某人交往，就要学会寻找共同点。

"你是×××的，我也是。没想到咱俩是老乡呢？""你是×××毕业的，我也是，咱是校友呢。"……类似的话，几乎每天都能听到，即便受众不是我们自己，我们的身边也总会出现这样的话。很显然，这样的话让我们感到很亲切，让双方的距离也一下子缩短很多。北大心理学认为，人与人之间多多少少都存在着一些共同点，为我们创造了相互交流进而成为朋友的条件。

有一个男孩，他有一个邻居在单位是一把手，然而两家平时却很少走动。这个男孩却是一个喜欢交际的人，再加上他认为对方的身份可能早晚会对自己有些用，结交他的念头也就由此产生了。

男孩事先做了调查，他知道对方是一个象棋迷，于是开始试着了解象棋方面的知识。这天，男孩在上楼时遇到了自己的邻居，便上前插话道："天气不错，在楼下下会象棋一定很不错。"

一听他这样说，那个邻居居然说道："是啊，是啊！要不，咱俩切磋切磋。""好啊，好啊。""等我下，我去拿棋。"邻居进屋拿棋去了。

邻居出来了，两个人边聊边往楼下走着。

此后，两人经常一起下棋，成了好朋友。

物以类聚，人以群分，只有有了共同点，双方才有交往的可能性。任何人都不可能和一个毫无共同点、连话也说不到一起的人做朋友。因此，北大心理学提醒我们，在与人交往时，要努力寻找双方的共同点，并用此来扩大自己的交际圈、拓展自己的人脉。他们能够通过与我们的共同点来博得我们的好感进而结识我们，同样，我们也可以用这样的方式去结交他人。交朋友时，只有不断扩大自己与对方的共同点，对方才会对你产生兴趣，进而产生交往的欲望。因此，我们要懂得"投其所好"，并为自己创造一些拓展人脉的机会。

4. 别抱着功利心交朋友

没有人会喜欢抱着功利心和自己交往的人，也没有人愿意和这样的人交往。

——北大心理学理念

在我们的生活中，总有一些人喜欢抱着功利心交朋友。在你飞黄腾达时整天围着你，对你十分热情，当你窘迫时却离你而去。这样的人，我们并不喜欢，但生活中却时时存在这样的人。

有一个年轻人在一家公司上班，他有一个同事，对领导十分热情，经常给领导端茶送水，领导感冒了，更是关怀备至，不但买药，还为领导做一些可口的饭菜。每次回家，也忘不了给领导带一些特产。出差回来，也一定会给领导带一些当地特产。而且经常去领导家里拜访，就像是领导的莫逆之交一样。后来，那个领导不知怎么突然被撤了下来，换了新的领导，他见到以前的领导就冷冰冰的，连招呼也不愿打，反而对新的领导像对之前的领导一样，但新领导却觉得他的功利心很强，因此对他只是应付应付。没过几天，新领导发现他对自己之前的领导就像陌生人一样，就更加确定了自己的判断。但这个年轻人的朋友还是像之前一样对待新领导，新领导却对他越来越冷了，同事们也都很反感他。

其实，在我们的生活中，像这个年轻人的朋友一样的人并不少，这样的人之所以得不到大家的认可，就是因为他们为人处世的动机太过于功利了，而一个人能够立足于世靠的是人品。想要交到真正的朋友就不能抱着功利心，但同时也不要和抱着功利心理的人成为朋友。但是怎样判断对方是否抱有功利心理呢？

一般来说，没有人会随随便便地对你好，当有人无缘无故地对你好时，你就要注意了，可能对方是抱着一定的功利心理来接近你的。当然，一个人对你过于好，你也得小心了，对方很可能是抱着功利心的。比如，他对你的好超出了你的想象范围，尤其是彼此间还不是很熟时；你认为他只是你的一个普通朋友，而他却一次又一次地对你好。

要知道真正的朋友不是锦上添花而是雪中送炭，在你真正需要的时候能够及时出现的朋友才是真正的朋友。而那种抱有各种功利目的而接近你的朋友就是我们通常所说的损友，是不值得交往的，因为他们只会在他们需要你的时候留在你身边，把你当成好朋友；而当他们不再需要你的时候，自然会离你而去。北大心理学认为，以功利心理交友这种只想索取不想付出的交友心态是由极端的自私导致的，想要克服这种心理就要明白每个人都是有长处的，能从他人身上学到不同的东西，相互学习才能共同进步，还需要记住一点：你把他人当棋子，他人也会把你当棋子。

当然，自私的人往往都是功利心比较强的。因此，在交朋友的时候，应该尽量少和自私的人做朋友。

5. 读懂对方的肢体语言

很多人决定透露事情真相的关键时刻，会不由自主地做出这种肢体语言。

——茱莉

人不止可以用嘴巴说话，还可以用身体说话。聋哑人用手语说话，一些暗号也可以用身体去表达，只要细心观察一下，便会发现生活中处处都是肢体语言。在交谈时，我们也会不自觉地将一些内心的想法通过肢体语言表现出来，当然，这些肢体语言在多数情况下是不会被当事者察觉到的，也往往都是人们下意识做出的。但一个善于观察的人，往往能够通过对方的肢体语言了解对方内心的目的。

其实，在与人交往的过程中，通过一些身体上的细节来了解对方内心的想法或情绪的大方向，对我们的沟通是十分有利的，因为人们不可能将脑子中的每一件事情都说出来，往往会有意识地保留一些秘密，或通过肢体语言表现出来，我们能够读懂这些肢体语言，就在一定程度上掌握了他人的内心，交流也会因此变得更加顺畅、愉快。

在一些公共场合单独发言时，一些人往往会感到紧张或不安，但不能因此而破坏了这种场合，一些人往往会选择一些肢体动作来调节自己，如调整自己的上衣扣子。

同样，当我们看到他人在不断地调整表带、双手紧握、摆弄衣袖、翻找钱包等时，他们往往都是想借此掩饰自己暴露于众目睽睽之下的紧张心理。这时，我们最好的做法就是不去打扰他们或者让自己的谈话轻松些，以缓解他们的紧张，这样方可获得对方的好感。

但是我们怎样才能识别这些肢体语言呢？北大心理学认为，首先我们应该仔细观察周围的人，不管是朋友、家人还是同事和陌生人，都是我们的观察对象。需要注意的是，对同一个对象反复地观察更有利于我们准确掌握其肢体语言背后的信息。其实，我们应该对不同人的同一肢体语言进行比较归纳，从而建立一套标准，为更好地与人沟通打下基础。

在此，北大心理学列举了一些常见的肢体语言，以及所表达的相应内心情绪。

1. 用手遮嘴巴

一般情况下，用手遮住嘴巴，大多是因为他说了谎，试图通过捂嘴来掩饰已经说出的谎言。因此在聊天时，当对方突然下意识地遮住嘴巴，我们就应该注意听对方话里的深意，要明白对方的这个手势意味着对我们有所隐瞒。这种时候，我们不妨表露出不感兴趣的样子，让对方有一种心安的感觉，这样一来，交谈就会顺畅很多。

2. 竖起大拇指

竖大拇指一般都被认为是对方对自己或他人的赞扬或肯定，但这也是有意为之的。在非刻意的情况下，竖起大拇指往往会被认为是高度自信的非语言信号。当然，在与人交往的过程中，对方下意识地竖起大拇指，则表明他们对自己的评价很高，或对自己的观点十分自信。一般来讲，沟通中竖起大拇指的人往往都处于强势地位，在这样的情况下，最好的方式就是多听他们说，或者说一些赞扬的话。

3. 用舌头舔嘴唇

这是一个比较常见的小动作，它表明对方正处在某种压力中。一个人面对压力时，往往会感到口干舌燥，而且压力越大嘴就越干，因此用舌头舔嘴成了人们下意识的动作。

4. 抚摸颈部

一个人只有在很不自信的时候，才会抚摸颈部。我们应该学会通过这些动作来判断对方的自信程度，并以此对正在谈的事情做出一个准确的判断，以便顺利进展。

5. 摇头晃脑

生活中，人们经常用点头或摇头来表示自己对某事的看法，当一个人有这样的肢体动作时，往往表示他对此事十分有信心，不管是否同意，都坚信自己的决定。

与人交往，话语自然是最常用的工具，但不是唯一的工具，我们应该懂得使用其他的辅助工具，让沟通达到更好的效果。

6. 保持适当的距离

朋友间保持一定的距离，能使友谊永存。

——北大心理学引用名言

生活中我们不能没有朋友，每个人都希望自己能够有几个真正的朋友，但是怎样才能让友谊长存呢？有的人认为只要天天在一起，友谊就能长存。但真的是这样吗？北大心理学认为，并不是这样，有时天天腻在一起反而会适得其反，因为我们每个人都需要一定的私人空间，如果私人空间完全被他人挤占，我们的内心就会感到很不舒坦，也会因此对对方产生一定的反感。

甲和乙是一对十分好的朋友，她们在一个学校，同一个专业毕业，然后又有幸在同一家公司工作。在学校时，两人经常腻在一起，工作了也经常一起聊天，讨论工作上的事情，下班后也经常一起吃饭或逛商店。后来甲结婚了，想要早点回家，渐渐地感觉到和乙成天待在一起有些厌烦了。可是，乙和以往一样，整天都想让甲陪着自己。甲无数次地告诉她，自己现在有家了，需要一定的时间去照顾家，同时也需要更多的私人空间，希望乙能够理解自己。但乙就是听不进去，总是找这样或那样的理由要和甲腻在一起。

甲很无奈，只好每次下班后笑着对乙说："我先回家了，老公还在家等着我呢。"说完，就快步离开了。但不巧的是，这两天恰逢乙失恋了，白天，乙找甲切磋工作上的事，晚上又约甲陪自己逛街，甲委婉地拒绝了。乙越想越气，自己最好的朋友在这样的时候也不劝劝自己，这还算朋友吗？气愤的乙竟然追到了甲的家里，对她说："我们是最好的同学、最好的朋友，胜过合伙人，甚至是老公，难道不是吗？"甲点了点头应付，同时说了一些安慰乙的话。没想到的是，乙却依然像以往一样要天天和甲腻在一起，觉得甲不陪自己就不够朋友。但甲又不想因为这样的小事就破坏了这么多年的友谊。

这样的日子持续了一个多月，甲实在受不了了，便和老公商量着先搬到旅馆去暂住一段时间，或许这样乙能改变一些，同时甲说自己再也不想见到乙了。甲和老公就这样搬到了旅馆。

物极必反，过犹不及，凡事都得有个度，一旦跨越了这个度，自然会适得其反，交朋友也一样，需要有理有节、有张有弛，否则只能适得其反。如果我们总是一味地以自我为中心，要求朋友迎合自己、满足自己，这样既不现实，也会给朋友制造一定的困境。因为每个人的社会经历和背景都是不同的，都有自己的爱好和家庭。任何一个只想索取不想付出的人是不能得到友谊的，即便得到了，也只是暂时的，不会长久，只有愚蠢的人才会认为不天天在一起的友情会淡漠，真正的朋友即便很多年不见面，也会心中牵挂。不联系并不等于忘记。北大心理学认为，因为某些原因失去联系的朋友仍会偶尔回忆起曾经在一起的时光，即便没有获得对方的鼓励，但心里却能获得慰藉。因此，有时距离能够产生美，太过于密切，交往的次数太过于频繁，就会暴露两个人更多的差异，这样反而不利于感情的长久。北大心理学提醒我们，应该给朋友留一些空间，只有这样友谊才能长久。

7. 最远的距离只有 6 步

人与人之间的相互关系中，对人生的幸福最重要的莫过于真实、诚意和廉洁。

——北大心理课引用名言

"六度分离"理论是美国著名的社会心理学家斯坦利·米尔格兰姆提出，这个理论最早可以追溯到 1929 年，匈牙利作家考林西在他的短篇小说《枷锁》中写道，两个陌生人最多通过 5 个人就能建立起联系。"六度分离"理论的基础就是：任何两个素不相识的人之间其实最多只隔着 6 个人，只要 6 个人就可以将两个陌生人紧紧地联系在一起。

斯坦利是通过一个著名的试验提出并证实这个理论的。

1967 年，哈佛大学心理学教授米尔格兰姆随便招募了 300 多名志愿者，要求他们邮寄一个信函，给一位住在波士顿的股票经纪人。由于几乎能够肯定信函不会直接寄到目的地，所以米尔格兰姆让志愿者将信函发送给他们认为最有可能与目标股票经济人建立联系的亲友，并要求每一位转寄信函的人都回发一个信件给米尔格兰姆本人。出人意料的是，有 60 多封信最终到达了目标股票经济人手中，而且这些信函经过的中间人的数目平均只有 5 个，也就是说，陌生人之间建立联系的最远距离是 6 个人。

1967 年 5 月，米尔格兰姆在《今日心理学》杂志上发表了实验结果，并提出了著名的"六度分离"理论，表示尽管世界很大，但是如果将每个人的人际关系网考虑进去，人与人的距离其实很小。

据英国媒体 8 月 4 日报道，微软公司的研究人员为证实这种理论的可行性而开展实验，随意挑选了 2006 年的某一月，记录下当月所有通过微软网络发送短信的用户地址，分析了 300 多亿条地址信息，最终统计得出，多达 78% 的用户仅仅通过发送平均 6.6 条短信，或者说通过 6.6 步，就能够和一个陌生人建立起联系。按照这种理论，每个人都能够利用关系网与陌生人联系上。

当年，米尔格兰姆的实验只涉及 300 余人，当研究所用的信息量被扩大到 300 亿条之多时，为理论提供了更坚实的依据。

尽管世界很大，但人与人之间的联系却是十分紧密的，最远的距离只有 6 步。因此，我们应该关心这个世界，不要冷漠，当他人需要帮助时，我们应该积极地给予帮助，帮助他人也是帮助自己。

人们的命运是联系在一起的，只有相互关怀，才会走得更远。不管发生什么事情或遇到什么事情，我们都不要冷漠地对待，或看热闹，应该伸出手去帮助那些需要帮助的人。因为，有一天，你也可能会遇到同样的事情，同样需要他人帮助。想要拥有一个良好的社会秩序，我们每个人都需要努力。

试想，如果我们每个人都对一些不法、不良、不道德的行为进行谴责，类似的事情就会越来越少，甚至会消失；但如果无人过问，那么他人的遭遇就可能会复制到自己身上。虽然你现在是在帮助他人，但以后就是在帮助自己，让好的行为这样传播下去。

我们每个人都很珍惜自己的生命，但我们不仅要关心自己，还要关心他人。只要献出一点爱，世界就会多一点阳光，而当世界充满温暖和爱时，我们便会感到人与人之间的距离很近，世界也就变得很小了。

8. 通过他的朋友来了解他

蔡元培先生日常性情温和，如冬日之可爱，无疾言厉色。处事接物，恬淡从容，无论遇大观推刃或引车卖浆之流，态度如一。但一遇大事，则刚强之性立见，发言作文，不肯苟同。故先生之中庸，是白刃可蹈之中庸，而非无举刺之中庸。

——蒋梦麟

在生活中，往往都是那些和自己有着相似地方的人更容易吸引我们。我们也更容易对他们产生好感，容易与之建立并保持良好而稳定的关系。正所谓"物以类聚，人以群分。"

我们每个人都有自己的朋友，当然，这些朋友中大多也是与自己意气相投的。因此，北大心理学认为，想要判断一个人是否值得交往，完全能够通过判断他经常接触的是些什么样的人来决定。

有一句谚语说得十分好："想要了解一个人，就先看看他交的是什么样的朋友。"人与人往往都是因为兴趣、爱好、性格等相互融洽而成为朋友，有的是志同道合，有的是以事业为重结交的，有的是臭味相投……总之都是从五湖四海走到一起，真的很不容易。

可是，近朱者赤，近墨者黑，在交朋友的时候，我们一定要想想对方是个什么样的人，自己又是什么样的人，和这个人交朋友，自己会变成什么样的人，这个人到底值不值得自己与他交朋友等。

有这样一个女孩，在她参加工作不到两个月的时候，就已经被周围的人看好了，因为她总是想方设法地和一些成功人士待在一起，并尽量和他们成为朋友，她身边的朋友也总是比自己优秀。在她还不到 28 岁的时候，就已经成为一家公司的总经理。

22岁大学毕业后,她凭着优异的成绩顺利进入了一家公司,做了董事长的秘书。但她并没有因为董事长是自己的老板就与之保持距离,而是主动接近,以便更多地学习,遇到不懂的问题就主动请教。她每天都要和董事长在一起工作十几个小时,从生活细节到说话技巧,她都受益匪浅。同时也有机会认识了不少知名的成功人士,为自己今后的事业铺下了人脉,也得到了不少宝贵的信息,学到了更多的知识,这些在她自己的创业路上都派上了用场。

如果有机会的话,我想我们每个人都愿意结交文中的这个女孩,和她成为朋友,不仅因为她的地位,而是因为能够从她身上学到不少东西,以及她身上特有的本质,但她也是通过向周围的朋友学习而得到的。北大心理学在此提醒我们,想要成为什么样的人,就先要选择和什么样的人成为朋友。

与人交往,往往是因为想要成为对方的朋友,但是我们一定要学会选择朋友,并不是和每一个人都能够成为朋友,也不是每一个人都值得你去交往。但是我们怎样判断这个人是否值得我们交往呢?北大心理学认为,在确定与人交往时,我们一定要寻找到一些能够看清对方本质的证据,而最好的证据就是他身边的朋友。了解了他的朋友,也就对他的本性有了一个深入的了解。

9. 增强自己的亲和力

一个具有亲和力的人,在任何时候都是受欢迎的。

——北大心理学理念

那些有亲和力的人总是很受欢迎,他们的人际关系往往都很不错。其实,现实就是这样,没有谁愿意和一个整天摆着一副苦瓜脸或冷漠孤高态度的人交往。你愿意成为一个有亲和力的人吗？北大心理学认为，我们往往容易对那些性格相似、品位相似的人产生亲近感，这样的亲近感又让双方产生共鸣，进而促使双方进一步交往及相互体谅。

有一个年轻人，他的妈妈十分喜欢菊花，但不幸的是，他的妈妈在两年前不幸去世了。为了寄托对妈妈的思念，年轻人在自己家门口种了一小片菊花。尽管每年花开的季节，这些菊花都争先绽放，十分美丽，而且花香飘得远远的，但这个年轻人从来都不许别人采他的花。他每天都在家门口守着这些花，脸上一点笑容都没有，给人一种很忧伤的感觉。只要发现有人想要摘花，他就拿起笤帚赶，不管是大人还是小孩，也不管是熟人还是不认识的陌生人，都不例外。当然这个年轻人的脾气也不胫而走，甚至比这些花还出名。

这天，一个小女孩被这片菊花深深吸引住了，她偷偷地溜进这片菊花地里，却没有发现那个年轻人就站在她身后，她悄悄地摘下了一朵，转身却看见了那个年轻人，于是她赶紧微笑着面对年轻人，将手中的菊花递给他说道："大哥哥，送给你。我从来都没有见到你笑过，要记得微笑啊。"年轻人一怔。

突然，年轻人的脸上露出了笑容，他弯下身，亲切地对小女孩说："谢谢你，你喜欢这里吗？喜欢的话，就经常来这里玩吧，你喜欢什么样的花就采什么样的。"

年轻人为什么不但没有赶走小女孩，反而允许小女孩随便采摘自己种的这些菊花呢？因为小女孩的亲和力感染了他，进而让他改变了自己的看法和观点。

记住，当我们不知道说什么，又想要向他人表达友好时，不妨像小女孩一样，对他人微笑。微笑在任何时候都是向他人表达友好和善意的最好语言，这个世界没有什么语言能够胜过一个善意的发自内心的微笑。人生苦短，忙碌中的我们已经渐渐地失去了孩子的纯真，生活中的我们也渐渐地给自己戴上了一个面具，以为这样自己就能够不再受到伤害。其实，不管你给自己戴上什么样的面具，只要你忘记了微笑，你就不可能避免伤害。北大心理学认为，幸福的真谛就是让自己每天多微笑一次，给他人送去一份安慰和温暖，也让自己收获一份快乐。

任何时候，一个时刻微笑的人都会被人认为是一个有亲和力的人，人们也总是愿意和这样的人交往，因此学会微笑，让自己成为一个有亲和力的人吧。

10. 提意见要注意场合

世上最难忘的事是借出去的钱，一般人认为最倒霉的事莫过于还钱。一牵涉到钱，恩怨便很难算得清楚，多少成长中的友谊都被这阿堵物所戕害！规劝乃是朋友中间应有之义，但是谈何容易。名利场中，沆瀣一气，自己都难以明辨是非，哪有余力规劝别人？而在对方则又良药苦口忠言逆耳，谁又愿意别人批他的逆鳞？规劝不可当着第三者的面前行之，以免伤他的颜面，不可在他情绪不宁时行之，以免逢彼之怒。

——梁实秋

生活中，总有一些人喜欢给他人提意见，殊不知，不管是谁，都不喜欢这样的行为。因为你提意见，就表示你对对方的做法不满意，要知道每个人都希望自己的做法能够得到他人的认可，每个人都不喜欢他人对自己品头论足。当然，生活中有很多地方是需要我们给他人提意见的，但你要注意场合和方式。并不是什么场合都适合你去提意见，有时你的好意反而会因为你不注意场合而适得其反。

"要是我有什么不对的地方，你就直说吧""太仓促了，要是招待不周，您就说。"……类似的话，我们经常会听到。对于这样的话，我们往往听听就行了，不要当回事儿，更不要真将意见说出来，他人这样说，只是客套话，你一笑了之就好了，不要做不识时务的"愣头青"，弄得对方不高兴了，自己还纳闷："不是他让我有意见就直说吗？"

没错，的确是对方让你有意见就提。但不要忘了，对方说的只是客套话，这些客套话说出口只是表示一种姿态，并不是真的要求你做什么，这也是我们文化中约定俗成的"潜规则"。北大心理学认为，将这些客套话当真，一定会显得十分突兀，甚至会闹出笑话。

在职场上，也有一些比较客气的上司总是很客气地对自己的手下说，要是有什么意见尽管提。这个时候，你一定要知道领导说的只是客套话，不要当真，即便真有意见要提，也应该私下里找到领导，以讨论的方式说出来。如果一定要当着面提出来，最好只提一些与工作本身没特别关系的事情。比如，你可以说，领导，我对你有意见，你天天加班是不对的，你应该注意身体，要多休息，同时多参加体育锻炼。要是你累坏了，我们可怎么办？公司损失可大了。这样一来，你的言外之意他自然就懂了。

在很多时候，对方说："欢迎你随时提意见。"其实，这都只是一句客套话、场面话，尤其是那些身份较高的人，一方面是想要表现自己的大度，另一方面则是内心的自尊比常人更强，虽然嘴上说的是希望他人多提意见，其实内心真正想听的是对方的鼓励和赞扬，而非批评。

北大心理学认为，面对这样的情况，我们应该多提一些具有建设性的意见，这样他们的心里才会感到舒服，也只有这样才能在社交中如鱼得水。当然，这要求我们要做一个善于识人的人，而一个善于识人的人最基本的就是要听出对方语言背后的实际意思，分清楚哪些是真话，哪些是客套话。因此，在与人交往中，我们应该读懂对方语言背后的实际意思，千万不要对方说什么就以为是什么。

11. 学会说"不"，让自己更真实

真实的自己是懂得说"不"的，一个人只有在生活中让自己活得真实，价值才会越高，也就是说，一个人的真实度与他的价值是成正比的。

——北大心理学理念

在我们的生活中，总有那么一些人虽然看起来很会说话，但他们从来都不懂得拒绝。他们事事都顺着他人，但又让周围的人感到不舒服。为什么会这样呢？北大心理学认为这是因为他们没有展现一个真实的自己。生活中，有些事情是需要拒绝的，需要你大胆地说"不"，因为你的能力与精力以及时间都是有限的，你不可能什么都顺从他人，这样的话不但你会很累，渐渐地，你会支撑不住的，毕竟一个人的承受能力是有限的，一旦超载就会出现问题。

有这样一个年轻人，他从来都不懂得拒绝，只要别人向他提出要求，他都会一一答应，哪怕这些要求是他很难做到的。很多时候，他也想拒绝，但他又不好意思直接拒绝，看着他人祈求的眼神也有些不忍心拒绝，于是就答应了。和朋友一起吃饭或者是玩，也都是他埋单。刚开始，因为答应人家的事情自己都能尽力办到，人缘也越来越好。可是，渐渐地，他发现人们求他去做的事情越来越难了，有很多事情根本就不是自己能力范围之内的，但自己苦于不好意思拒绝都答应了。答应了人家的事情怎么办呢？他只好想方设法尽力去做到，哪怕是放下自己的事情。渐渐地，他开始意识到，自己不但为了他人的事情放下了自己的事情没有去做，还因为没有做好答应他人的事情，而让那些前来求自己帮忙的人逐渐远离了自己。他开始思考为什么会有这样的结果。最终，他找到了答案，是因为自己不懂得拒绝。

可是，当他人再来找自己帮忙时，他还是像以往一样答应了。剩下自己一个人时，他才幡然醒悟，原来自己又答应了他人去做自己能力之外的事情。怎样做好这件事情呢？他开始冥思苦想了。渐渐地，他的眼神开始变得冷了起来，精神也开始疲惫了，整个人看起来显得十分忧愁。

这天，一个朋友来看望这个年轻人，一见面，朋友就被年轻人的表情吓着了。"你怎么愁眉苦脸的，有什么事情难住你了吗？"朋友很关切地问道。年轻人将自己心中的苦恼说了出来。

"孩子，生活在这个社会里，要学会说'不'，"朋友笑了笑说道。"你不是万能的，每个人都不是万能的。他人求我们帮助，我们是应该给予帮助，但一定要在自己的能力范围之内，如果超出了自己的能力范围，就一定要说'不'，否则只会让事情变得更糟糕。"

听完朋友的话，年轻人使劲地点了点头。此后，年轻人果然在生活中学会了说"不"，朋友也逐渐多了起来，他自己也逐渐找到了快乐。

人的心理状态并不能完全地表现出来，我们所表现出来的只是很小的一部分，深层次的情绪或心理往往都很难表现出来，因为我们的心理防卫机制会让我们趋利避害，从而将一些负面的情绪压在心底，而这些情绪一旦积攒得多了，某个时间段就会因为一件小事而触发。不拒绝他人从表面上看，是不懂得与人沟通的技巧，但事实上可能与个人的成长环境有关，可能从小就胆小，受家长好面子的影响，因此经常硬着头皮答应他人。也可能像文中的年轻人一样，担心拒绝而失去朋友。北大心理学再次提醒我们，我们拒绝的是事情本身，而不是针对人。北大心理学也提醒我们，不要立刻拒绝他人，如果连他人请求你帮助的原因都没有听就拒绝，他人会觉得你冷漠无情。当然，拒绝的态度一定要温和而坚定，可以将自己的苦衷说出来，或提出别的帮助方法等，态度诚恳地拒绝不但能够得到朋友的理解，也有利于自己的身体健康。

因此，在生活中，面对一些事情时，我们应该大胆地说"不"。

12. 做一个会听的听众

上帝给我们两只耳朵和一张嘴巴，目的就是让我们少说多听。

——北大心理学理念

与人交谈，聆听他人说话并不一定因为我们对谈话的内容很感兴趣，而是一种礼貌，对他人来说也是一种高尚的恭维。同时听他人说话，我们也可以分析他人的心理活动，抓住他的薄弱环节，并对症下药，这样就有益于自己。北大心理学认为，倾听他人讲话还是一种谦虚的表现，适度的谦虚是一种美德。倾听他人说话，他人将回报你热情和感激。拿破仑·希尔曾说过："认真听他人讲话的态度，是我们所能给予他人的最大赞美。"

但是，认真地倾听他人说话，到底有什么作用呢？北大心理学认为主要作用有以下几点：

1. 能够真实地了解他人，让沟通更彻底

成功的推销员都知道：有效的推销是自己只说 1/3 的话，剩余的 2/3 留给对方说，自己则是认真倾听。我们只有真正地了解了他人，沟通才能更有效、更彻底。

2. 有助于保护自己的秘密

不管是"祸从口出"还是"沉默是金"，都从一定的角度说明少说多听是有一定好处的。如果我们说得过多，可能会在不经意间将自己的秘密泄露，这很有可能会招祸上身。在生意场上，一些有经验的生意人常常将自己的底牌藏起来，注意倾听对方说话，在了解情况后，才打出自己的底牌。

3. 能够解决冲突、化解矛盾

面对他人的抱怨或不满，如果我们能够静下来认真地听一听，然后对

此表示同情，一些冲突和矛盾也就因此而化解了。没有一个人会对一个倾听自己抱怨和不满的人发火。

既然倾听这么重要，那我们应该怎样去听，怎样做一个好听众呢？其实，倾听也有一定的技巧，北大心理学提出了以下几点建议：

1. 集中注意力认真听

在倾听他人谈话时，一定要集中注意力认真听。随心所欲或佯装倾听只会让人反感，没有人会对这样的人有好感，因为这是在漠视对方的谈话又勉强应付。如果你实在不能集中注意力认真听对方谈话，可以说："很抱歉，我非常想听你说，但今天不行，另找时间，好吗？"

2. 不随便打断他人的话

在他人讲话时，如果你打断他人的话，是非常不礼貌的，也会因此引起对方的反感。

3. 拿出耐心

我们做任何一件事情都不能没有耐心，倾听他人讲话也一样，要有耐心。耐心不但能够让你完整地了解他人的思想，还能提高你的修养。

4. 协助对方将话说下去

这在谈话中是比较重要的，他人说了一大通，其目的就是想要得到你的印证。若你一味地沉默不语，尽管你很认真，对方也会认为你心不在焉。当对方说到不紧要处时，你不妨立即插进去，用几句简短的话表示你在认真地倾听，这样会让对方的兴趣倍增。

5. 收起习惯性的小动作

一些人总是习惯一边倾听他人说话，一边做一些小动作。比如，用脚打拍子、挠脑袋等。这些小动作往往会对对方的自尊心造成一定的伤害，因为对方往往都会认为你根本没有听他讲话。

与人谈话时，只要我们尽力做到了以上几点，整个谈话就会比较顺畅，且满是愉快。

13. 容忍他人比你强

生活中有许多这样的场合：你打算用愤恨去实现的目标，完全可能由宽恕去实现。

——北大心理课引用名言

有人说"心胸狭窄的显著特点就是不能容忍他人比自己强"。在生活中，我们很多人都不能容忍他人比自己强，哪怕是自己最好的朋友也不能比自己强。只要发现他人比自己强，就会心生不满，甚至一直耿耿于怀。

北大心理学家曾做过这样一个实验。

在实验中，要求参与的学生两个人一组，但不能事前商量，将自己心目中想要得到的钱的数目写在纸上，如果两个人写出的数目之和等于或小于100，这两个人就可以得到纸上的钱数。但如果大于100，则要自己掏腰包补上超出100的部分。结果，没有任何一组的钱数之和小于或等于100，不得不从自己的腰包里掏钱。

通过这个实验，我们可以看出没有一个人愿意他人比自己强。其实不管什么时候，我们都希望自己能够比他人强，这似乎是不争的事实。但现实是比自己强的人多得去了，我们应该学会容忍他人比自己强，否则自己就会失去一些快乐。相反，我们能够容忍他人比自己强，有时还能为自己迎来更多的人缘。

有这样一个年轻人，他在公司里非常能干，业绩一直名列前茅。但是他从来都不认为自己有多强，总觉得比自己强的人多得去了，自己应该更加努力。和一些朋友聊天时，无意中谈到自己能力突出、能干时，他总是很腼腆地笑笑，然后从侧面恭维一下对方。比如，他经常说："其实，小王也挺不错的，论推广，他比我在行。"总能在恰当的时候表扬一番他人的优点。

这天中午休息时，同事们都闲聊着，无意中聊到了年轻人前几天带着一个新来的小女孩刚谈成的单子。"小刘就是厉害，那么难谈的客户也能拿下。""是啊是啊，咱们销售部就他厉害，不得不服。"……"什么他厉害，不是我提前一刻钟，对方都离开公司了，他去了连人都见不到……"那个小女孩似乎是觉得年轻人抢了自己的功劳，根本就不能容忍他比自己强，有些气愤地这样说道。

不巧的是，她的这些话刚好被年轻人听见了。"是啊，多亏了李小姐。还有，要不是李小姐头一天晚上就准备好资料，交谈中又随机应变，帮我不少忙，还真谈不下来。李小姐，多多学习，将来一定比我能干。"

听完年轻人的话，小女孩露出了不好意思的笑容，周围的人也对年轻人肃然起敬。

此后，两人经常合作，渐渐地成了好朋友。

其实，人与生俱来就有竞争的天性，有好胜心，不能容忍对手比自己强。北大心理学认为这样做往往会局限了自己的发展空间，因为当利益发生冲突时，我们想到的往往都是竞争，而不是通过合作来达到双赢或共赢。北大心理学也提醒我们，要学会容忍他人比自己强，因为只有这样，你的发展空间才会逐渐壮大。

14. 正确面对功劳

凡是能干大事的人，都是能够坐得住的人。

——翟鸿燊

在一些功劳面前，不同的人往往都有不同的表现。有些人总是喜欢邀功请赏，大肆炫耀自己的功劳；也有一些人在功劳面前保持低调、谦虚，认为自己努力不够，他们对自己的要求总是很严格；当然，也有一些人在功劳面前若无其事，好像什么也没有发生一样；也有人因为在功劳面前大肆抢占，以致发生一些争执或纠纷……

可是怎样面对功劳呢？北大心理学认为，在功劳面前，我们应该保持低调、谦虚。因为谦虚是心理学中最为积极的一项重要品质，也是一种为数不多的能够获得好感的品行。虽然，我们需要得到他人的认可，但是当一些认可功劳和奖励的方式出现时，谦虚也是必不可少的。

不管是在职场还是平常的交际中，谦虚的人往往都是比较受欢迎的，而那些总是喜欢强调自己的作用却又傲慢无礼忽视群体的人，即便真的能力很强，也容易受到排斥。所以在功劳面前，最好保持谦虚，哪怕功劳真的是自己一个人的，也最好大度地摆出一副"没有大家我什么都不行"的姿态。这样不但在上级的心中，你的功劳丝毫不会减少，形象也会因此而得到认可，要知道，在职场上，良好的人缘有时比能力更重要。

有这样一句名言："想要得到仇人，就将自己表现得比他优秀；想要得到朋友，那就让朋友表现得比你优秀。"不管是在职场上还是人际交往中，只有愚蠢的人才会哗众取宠，唯恐他人不知道是自己的功劳，一个聪明的人往往都将自己的成就轻描淡写、不张狂、保持着谦虚。

甲和乙是同事，不但在一个部门工作，还一前一后地坐着，而且几乎是同一个时候进入这家公司的。刚到公司的时候，两人对同事都比较有礼貌，也很客气，所以给大家的印象还不错，不少同事都愿意和他们接触。但渐渐地，同事们发现，在功劳面前，两个人的态度完全不一样，甲比较谦虚，将自己的成就看得很淡。但乙就不同了，总是大肆地炫耀自己的功劳，生怕别人不知道一样，有时乙还趁机将他人的功劳揽在自己身上。

渐渐地，同事们都开始讨厌乙了，也逐渐地疏远了乙，乙遇到一些需要帮助的事情，同事们也都爱理不理。而甲和同事们的关系却越来越好了，只要甲遇到一些需要帮助的事情，不等甲开口，同事们就主动帮忙。

我们经常说"高调做事，低调做人"。做事时，应扎扎实实尽力做好，但不要弄得沸沸扬扬，生怕没有人知道你在做此事；做人要低调点，做事应该先考虑一下他人的感受。

在这个竞争日趋激烈的社会，适当地表现自己是必需的，但一定要注意场合和方式。只有这样，你才能获得相应的回报以及人际关系。

15. 别干涉他人的隐私

非礼勿视，非礼勿听，非礼勿言，非礼勿动。

——孔子

每个人都有隐私，关于隐私，是没有人愿意公开的，也没有人愿意让他人来干涉自己的隐私。可是生活中偏偏有些人，对他人的隐私非常有兴趣，哪怕对方是自己的好朋友。他们总喜欢将自己的好恶强加于你，你在做些什么，他们需要了解，他们甚至会向经纪人一样帮你安排你的私人时间。这样的人往往都很让人烦，也没有人愿意和这样的人继续做朋友。当然也有一些人在交谈中，对他人的隐私十分感兴趣，非要挖个底朝天，甚至连他人给自己的暗示都看不懂，还一个劲儿地挖着，也有少数人，连他人生气了，还不知道怎么回事，只知道一个劲儿地挖他人的隐私。

甲和乙是同班同学，也是很好的朋友，两人平时几乎无话不说。甲是班里的班花，追求者自然无数，可是甲一直没有遇到自己真正有感觉的，所以这些追求者不是被拒绝也只能等着被拒绝。

这天，乙从超市出来，无意中看到甲正和一个陌生男子讨论着什么，还有说有笑的。乙凑了上去，望着甲笑了笑。甲和那个陌生男子同样望着乙笑了笑。"男朋友吧？"乙很是好奇地问道。"别乱猜了。"甲看了看男子，笑着说道。"还怕羞了，我是你最好的朋友，都舍不得告诉我，什么时候偷着交的男朋友。"乙认真地说道。"真不是，我们就普通朋友，别乱说。"甲有些生气地说道。乙似乎根本没有注意到甲的表情跟语气，大有打破砂锅问到底的精神："他哪个班的？叫什么名字？介绍下吧？"甲更加生气了，大声嚷道："让你别乱说了，要说多少次，你听不懂啊。"两人就这样争了起来。

最终还是在那个男子的劝说下，停止了争吵。

没想到的是，第二天，甲刚刚走进教室就听到乙在大声对同学说："别看甲平时清高，其实她有男朋友，不知道背着我们什么时候交的，连我都不告诉，要不是我昨天看到他们亲密地在一起聊天，我还不知道呢。"甲故意气冲冲地从他们面前走过，见甲突然出现了，乙和同学们也就赶紧停了下来。但甲发誓此后再也不和乙来往了。其实，那个人并不是甲的男友，而是学校里新来的一个辅导员老师，两人前两天打球时认识的。由于老家是一个地方的，所以没事聊聊。

北大心理学认为每个人都应该拥有一个不受侵犯的私人空间，只有这样，我们才能正常生活。而那些爱干涉、传播、打听他人隐私的行为都是不好的，当然，这些行为的产生很可能是因为忌妒、猎奇等原因。想要克服这些行为，就要学会换位思考，先将自己放在他人的位置上，己所不欲，勿施于人。一个怀着友爱之心的人，自然不会做伤害他人的事情。

他人的隐私，我们尽量不要干涉，因为这个世界上没有一个人会喜欢干涉自己隐私的人，如果实在需要做一些与对方的隐私相关的事，也一定要见机行事，要懂得见好就收，不要刻意去挖掘，这样只会让人讨厌。

16. 正确看待他人的批评

他人就是我们的一面镜子，我们的所作所为都在那面镜子里，而他人对我们的批评往往是他人对我们的判断结果，也是这面镜子对我们的评价。因此，我们要正确看待他人的批评，这是一个自我完善的机会。

——北大心理学理念

人人都喜欢听一些赞美的话，对于批评的话，几乎每个人都是排斥的，但批评在生活中不但不会少，而且任何时候都可能出现。很多时候，批评往往能够让我们知道自己错在哪儿，怎样去改正，从而让自己进步得更快。北大心理学也一直认为批评是好事不是坏事，他人批评你，那是因为你做错了，还存在改的价值，并且希望你下次不要再犯同样的错。而一个乐于接受批评的人，往往会在听到他人指出自己错误时欣然自喜，也能很快地改正自己，让自己进步。

尽管我们每个人都爱听夸耀的话，但它除了可以让我们的心情稍微顺畅点外，没有别的作用。批评固然刺耳，却能够帮助我们发现自己的不足，进而改变缺点，完善自己，最终成为一个不断"自新"的人。不管是历史上还是现代生活中，那些取得了突出成就的人无一不是能够听取并接受他人批评的人。

我国著名史学家、北大教授顾颉刚先生除了在治学著书上面很严谨外，还是位十分虚心的人。尽管有这样大的成就和声望，他仍旧能够做到虚心接受他人的批评，哪怕这些批评来自自己的学生。

当年，顾先生在北大教书时曾针对《尚书》中尧典的 12 州提出过它是受汉武帝 13 州影响的论断，轰动一时。但这一论断却遭到了先生的学生谭其骧的质疑，谭其骧在翻阅了大量史料后，认为顾先生的论断并不成立。

得知了自己的学生胆敢质疑自己的学术成果后，顾先生不但没有生气，反而鼓励谭其骧将自己的看法完整地写出来。在谭其骧写出了自己的论文后，顾先生给予了认可，并否定了自己先前的观点，甚至公开称：其骧熟于史事，余自顾不如，此次争论汉武帝 13 州问题，余当屈服矣。

虚心接受学生的批评，并改正自己的意见，顾先生的大家风范可见一斑，这也就难怪在先生去世几十年后，仍然能够作为史学界的一杆大旗，矗立在前方，激励着后学者向其靠拢了。

人生在世，考虑问题自然很难面面俱到，做事情也很难圆圆满满，犯错误是每一个人都不可避免的。在错误发生时，我们自然能够自省，通过自我检查来逐步自我完善。可是，个人的眼光是有限的，很少或几乎没有人能够完全地意识到自己身上的问题，这就需要通过他人的眼睛来观察和判断了。而批评往往是他人对我们的判断结果，因此北大心理学提醒我们，看待他人的批评应该将其当作一个自我完善的机会，而不是他人在故意刁难苛责自己。

当然，在听到一些批评时，我们总是难以抑制心中的厌恶和排挤，甚至还会立即本能地自我辩护。不要为此难过，因为这才是人的本性。可是，既然我们知道哪种做法是对的、哪种做法是错的，就应该趋利避害，朝对的方向努力。

因此，在一些批评面前，我们应该正确、客观、公正地看待，要知道这也是一个完善自己的机会。

第 7 章

倾听心灵的声音，让自己成为想要成为的人

　　我们每个人都希望自己能够成为自己想要成为的人，可又因为这样或那样的原因，让自己逐渐与自己想象中的目标偏离。为什么会这样呢？其实，是因为我们不懂得倾听内心的声音，总是让外部环境左右自己，这样怎么能够让自己成为想要成为的人呢？想要让自己的人生变得更有意义，那就要倾听内心的声音，做自己真正想做的事情，让自己成为想要成为的人，因为只有满足了自身需要，我们才能消除心理负担和压力，从而树立正确的人生观、价值观，成就自己。

1. 坚持不放弃是失败的死敌

理想是美好的，但没有坚强的意志，理想不过是瞬间即逝的彩虹。

——马寅初

我们又一次在奋斗的路上倒下了，身心俱疲，回忆着自己的每一次失败，那些痛苦都历历在目，我们忽然又觉得自己遭受了太多的委屈，这条路或许根本就是一条走不通的路，于是我们决定放弃，换一条新路来走。

有人将人生的失败比作一个坑，这是一个很不错的比喻，不管运气多好的人都难免会掉进这个坑里，只是强者会爬起来拍拍身上的泥土继续赶路，弱者则选择在坑里不断地呻吟、打滚，并永远地待在那里。

两个淘金者在赶往淘金地的路上相遇了，便结伴而行。在路上，两人相互帮助，尽管遇到了不少困难，都被他们一一解决了。眼看着就要到金山了，两人已开始梦想着淘到金子并以此致富的场景了，忽然，一群强盗从路边冲了出来，将他们身上的所有东西都抢走了，就连一把铁锹、一块大饼也没有给他们留下。

眼看着即将到手的成功就这样被毁了，一个淘金者选择了放弃。他想即便淘到了金子，出山时也会被这伙强盗抢走的，所以他垂头丧气地掉头回去了。而另一个淘金者并没有理会自己的窘境，而是继续往前走，走进了深山。

8年过去了，当初半路折回的那个淘金者已娶妻生子，过着还算勉强过得去的日子，他经常想起当年那个进山的同伴，想知道他到底怎么样了。终于有一天，他得到了消息，那个进山的同伴已经成了有名的百万富翁。

原来，他并不是对同伴担忧的问题一点也不担忧，而是想到自己历经千辛万苦即将摸到金山的边了，却要折返，心里有些不甘，因此他决心通过努力来解决这个问题。

他到了山上，发现这里已经聚集了不少淘金者，一些人已经淘到了不少金子，但却不敢出山。他灵机一动，一个好办法就想出来了，他将那些没有淘到金子的淘金者组织了起来，成立了一个保安队，专门负责消灭附近的强盗，保护淘金者的安全，而保安队的工资自然要由那些淘到金子的人出。这样一来二去，强盗被消灭了，淘金路线安全了，并且他还凭借保安队赚了一大笔钱。

我们每个人都会给自己的人生设立一个目标，只是这个目标往往离我们很遥远，当我们不断地为这个目标努力后，却一次又一次地遭受失败和挫折时，我们往往都很难坚持下去，因为失败的痛苦总是让人很难承受。

当我们决定放弃时，或许还会为自己找一个冠冕堂皇的理由。比如，现实环境根本就不具备实现这个目标的可能性，成功实在是太难了。但事实上，成功并不难。成功是什么？就是无数次失败后再无数次站起，坚持不懈地向目标发起挑战。当我们的努力累积到一定程度时，成功就会从天而降了。

北大心理学认为，失败的死敌并不是运气，也不是能力，而是坚持不放弃。一条正确的道路，不管有多少的坎坷，只要走下去，就一定会走到终点。

2. 明确目标的价值

我们以人们行为的目的来判断人的活动。目的伟大，活动才可以说是伟大的。

——北大心理课引用名言

在很小的时候，我们就被老师或父母要求要给自己订一个目标，但随着我们不断长大，一些人的目标逐渐清晰，一些人的目标逐渐模糊，一些人的目标消失了，因此，多年后，都有了一个不同的人生。

目标的价值到底有多大，不少人的理解并不透彻。

北大曾做过一次关于"目标"的随机抽查，发现仅有3％的人不但有明确的目标，而且能把目标写下来经常对照检查，10％的人目标明确，27％的人没有目标，60％的人目标模糊。

25年后，对这群人再作调查，发现第一种人成了各行各业的领袖，第二种成了专业人才，第三种人处在社会最底层，活得艰难，第四种人没什么作为，得过且过。

目标明确，人生也辉煌；目标模糊，人生也普通。成功者和失败者之间的差别就在于是否有明确的目标，那些有作为的人，往往都有着明确的目标。

任何时候都不要放弃自己的目标，不管是遇到困难或挫折抑或其他。目标需要坚持，也需要你不停地奋斗，当然，困难是在所难免的，重要的是不懈怠、不自负、不逃避。

有一个女孩在追求目标的过程中遇到了挫折，经常感到痛苦，尽管她想要坚强地走下去，但是她已失去方向，十分茫然。她不停地厌烦、抗拒、挣扎，然而问题却一个接着一个，让她毫无招架之力。

当她的父亲知道她的痛苦后，将她带到了厨房。父亲烧了 3 锅水。当水滚了后，他将一个萝卜放在了第一个锅子里，将一个鸡蛋放进了第二个锅子里，将咖啡放进了第三个锅子里。

女儿望着父亲，不明所以，而父亲只是温柔地握着她的手，并示意她不要说话，静静地看着滚烫的水，以炽热的温度烧滚着锅里的萝卜、鸡蛋和咖啡。

一段时间后，父亲将锅里的萝卜、鸡蛋捞起来各放进碗中，把咖啡滤过倒进杯子，问："你看到了什么？"女儿说："萝卜、鸡蛋和咖啡。"

父亲把女儿拉近，让女儿摸摸经过沸水烧煮的萝卜，萝卜已被煮得软烂；他让女儿拿起鸡蛋，敲碎薄硬的鸡蛋壳，让她细心观察这个水煮鸡蛋；然后，他要让女儿尝尝咖啡，女儿笑起来，喝着咖啡，闻到浓浓的香味。

女儿问："爸爸，这是什么意思？"

父亲说："这 3 样东西面对相同的逆境，也就是滚烫的水，反应却各不相同：萝卜在滚水中却变软了、虚烂了；鸡蛋经过滚水沸腾后，鸡蛋壳内却变硬了；而咖啡却很特别，在滚烫的热水中，它竟然改变了水。"

"你呢？面对沸水，你愿意是什么？"

女儿说："我愿意做咖啡。"

慈爱的父亲摸着虽已长大成人，却一时失去勇气的女儿的头，说："当逆境到来时，你作何反应呢？你是看似坚强但遇到痛苦和逆境就变得软弱失去力量的萝卜，还是一个有着柔顺易变的心的鸡蛋？在经历死亡、分离、困境后，变得僵硬顽固？也许你的外表看来坚硬如旧，但是你的心和灵魂是否变得又苦又倔又固执？或者，你就像咖啡？将那带来痛苦的沸水改变了，当它的温度升高到 80℃～90℃时，水变成了美味的咖啡。"

面对逆境，你愿意是什么？小女孩选择了做咖啡，父亲的话让她重新找到了人生的方向，坚定了自己的目标，在实践中学习和锻炼，最后，她完成了自己当初的理想。

这就是目标带来的力量，当小女孩想变成咖啡时，她就给自己确立了目标，她不再痛苦、感到没有希望，她真的成了她希望成为的那种人。

拥有明确的目标，是十分重要的事情。目标要清晰，这样才能可行；目标模糊，会觉得遥远，看不清方向，让人产生疲惫，使人没有热情，情绪低落。

3. 通过不断积累来完成人生目标

一旦确定了目标，脚步就会轻快很多。

——北大心理学理念

一个懂得给自己的人生设定目标的人，往往都是忠于现实的人。当然，在给自己设定目标时，应树立远大的理想，但是在具体执行时，要一步一步，给自己设定容易执行的步子，通过小步子的完成，巨大的目标才会得到实现。

宰相西萨发明了国际象棋，舍罕王打算重赏他。西萨向国王请求说："陛下，我准备向您借点粮食，然后将它们分给贫困的百姓。"国王高兴地同意了。

"请您派人在这张棋盘的第一个小格内放上一粒麦子，在第二格放两粒，第三格放四粒……以此类推，每一格内的数量比前一格增加一倍。陛下，将摆满棋盘上所有64格的麦粒都赏赐给您的仆人吧！我只要这些就够了。"国王许诺了宰相这个看起来微不足道的请求。

几百年后的今天，我们都知道事情的结局：国王无法实现自己的诺言。这是一个长达20位的天文数字！如此多的麦粒相当于全世界两千年的小麦产量。

但是当时所有在场的人，没有一个人知道这个结果。他们眼看着仅用一小碗麦粒就足够填满棋盘的方格，禁不住笑了起来，连国王也认为西萨太傻了。

随着放置麦粒的方格不断增多，搬运麦粒的工具也由碗换成盆，又由盆换成箩筐。即使这样，大臣们还是笑声不断，甚至有人提议不必这样费事了，干脆装满一马车麦子给西萨算了。

不知从哪一刻起，喧闹的人们忽然安静下来，大臣和国王都惊诧得张大了嘴：因为，即使倾尽全国所有，也填不满一个格子了。

"大目标、小步子"的方法是行为学家提出的，它能有效预防我们做事情半途而废，是坚持做完一件事情的有效方法。

为了能让自己的目标实现，北大心理学提醒我们应该注意以下两点：

一是选择正确合理的目标，若目标不合理，就会半途而废；

二是个人的意志力，意志力薄弱的人，遇到困难会妥协，坚持不下去。

其实我们在生活中，不管做什么事情，都要有始有终，经常做到一半就放弃的人，成功是永远不会青睐他们的。

海豚是出色的马戏演员，在它能表演前，驯兽师主要靠物质刺激，它每完成一个动作，就奖励一条鱼，让它形成条件反射。训练讲究循序渐进，由易到难。比如钻圈这个节目，先让海豚学会钻圈，慢慢换一个冒烟的圈，再换一个有点火苗的圈，最后才换着火的圈。一开始就钻火圈，它肯定不干。

训练海豚跳高也采取相同的方法。驯兽师先在水面下拉上细绳，海豚每次从细绳上方通过就会被奖励一条鱼，从而形成条件反射。驯兽师不断抬高细绳，尝到甜头的海豚也每次都试图从细绳上方通过。细绳一点点抬高，逐渐放到了水面之上，而海豚也就逐渐变成了"跳高高手"。

海豚会表演很多节目：跳高触球、顶球入筐、水中拉车、钻火圈、识谱唱歌、跳迪斯科、水中救人等，这让我们十分惊叹。

海豚是通过一步一步积累，循序渐进才完成任务的。不管我们做什么事，都需要一定程度的积累，人生也是如此，没有积累，就不会那么出色。给自己订立切实可行的目标，分步进行，每完成一个阶段，给自己一定的奖励，这样大的目标就会被我们完成。

4. 知足者常乐

知足常乐的人，才是最幸福的人。

——北大心理学理念

我们并不是一无所有，我们拥有的已经够多了。任何时候都不要将成功归结为一无所有，而是你自己不思考、不行动、没有目标、方向混乱，抓不住机会。在此，北大心理学提醒我们，珍惜自己所拥有的，从生活中去发现美丽、发现创造。

一个年仅20岁的小作家怀揣仅有的100元，从家乡提着行李来到了一个陌生的、风景很不错的小镇。

他经历了无数次的失败，几乎一无所有。因没钱交房租，只好借用一家废弃的库房暂住，每天夜里都会听到老鼠"吱吱"的叫声。

一天，他昏沉沉地抬起头，看见幽暗的灯光下有一双亮晶晶的小眼睛在闪动，他没有捕杀这只小精灵，磨难已使他具有艺术家悲世悯人的情怀。往后的日子里，他与这只小老鼠朝夕相处，经常会在黑暗中你看着我，我看着你。艰难的岁月中，他们仿佛建立了一种默契和友谊。

不久，他离开了这个小镇，去一家影视公司。然而，他的剧本被否决了，他再次品尝了失败的滋味。他穷得身无分文，多少个不眠之夜，他在黑暗中苦苦思索，甚至怀疑起自己的天赋。

突然，他想起了那双亮晶晶的小眼睛！灵感像一道电光在黑夜里闪现了：小老鼠！就写那只可爱的小老鼠！他根据那只小老鼠编出了一个系列的儿童剧，而且这些剧本不但被影视公司老总喜爱，也广受孩子们的喜爱。他也因此一举成名。上苍给他的并不多，只给了他一只小老鼠，然而他"抓"住了。

一只小老鼠让小作家看到了价值，从而创造了财富。一个人的生命辉煌，不是看他拥有多少，而是看他愿意为梦想付出多少、头脑能思考多少、身体能行动多少。

光有行动是远远不够的，还要有永远争第一的精神。一流的公司之所以能做到第一，就是因为他们永不满足，即便他们有自己的主打产品，他们也会推翻自己的产品，再创造出比原来更好的产品。

北大心理学认为，想要走在市场的前面，我们就要敢于否定自己，敢于创新，哪怕这一次失败了，还可以再来一次，没有人能保证自己在市场上是永远成功的。只有敢于否定自己，才能创造出更多的一流产品，如果你总是停留在原地，那么一定会无法前进。做产品是这样，做其他事情也是这样，包括我们原来的自己，只有这样才能进步、才能成长。

5. 学会为自己活着

一个人只有懂得为自己活着，才能找到真正的自己，生活也才会真正变得有意义，才能真正成为自己想要成为的人。

——北大心理学理念

有这样一个故事：上帝创造了 3 个人，他问这 3 个人，到了人间打算怎样度过自己的一生？第一个人说，我要充分利用自己的生命去创造。第二个人说，我要充分利用自己的生命去享受。第三个人说，我既要创造人生又要享受人生。结果上帝给前两个人都打了 50 分，却给第三个人打了 100 分。

他们的分数为什么会是这样呢？其实就是因为前两个人都是为他人而活，只有第三个人是为自己而活。上帝欣赏为自己而活的人，自然会给他高分。

在生活中，有几个人能真正做到为自己而活呢？我们总会因为这样或那样而左右自己的思想，甚至改变自己的行动。很少有人能够洒脱地说，我就为自己而活。因此，北大心理学提醒我们，既要创造自己的人生又要享受自己的人生。

那些真正为自己而活的人，其人生往往都是精彩的、最有意义的。但这种精彩与意义只有他们自己能体会到。

有一个男孩从小在农村长大，父母都是靠种地为生的农民。他的父母还不到 20 岁就结了婚，生下了他，尝尽艰辛的他们不想让自己的孩子将来还像自己这样。

男孩也没有辜负父母，成绩一直都很好，考上了理想中的大学。大学毕业后，被学校推荐进入了一家不错的企业做着与自己专业相关的工作。

但是一直都想自己创业的他并没有将每月的收入拿去报答父母，而是将它们全部存了起来，以备创业用。毕业整整半年了，一分钱也没有给家里寄过。自己的父母依旧过着艰苦朴素的日子，每天都辛勤地劳作着，即便身体不舒服了，也要带病忙碌着。

当然，这个男孩也被不少人唾骂，亲朋好友都认为他不孝敬父母，也不懂得回报父母，父母辛辛苦苦把他送到大学毕业，而自己却住着破得快要倒塌的房子，过着贫苦的生活。可男孩却不这么认为，他认为自己是在为自己活着，人就应该为自己活着，他也认为自己的父母还年轻，也希望自己的父母能从现在开始为他们自己活着，创造并享受着自己的人生。

一年后，打算单干的男孩不顾父母的强烈反对，辞了工作，准备单干。一个月后，男孩的公司开始试营业了，而且各方面都比自己想象中的好很多。

第三个月，公司就开始赢利了。一年后，男孩的公司已发展为一家初具规模的中型公司，而且发展趋势很不错，男孩也给父母买了房子与保险，每个周末都要回去看父母。

为自己而活，做自己想做的事情，这是不少人都很向往的生活，但要自己真正去做就很难了。北大心理学认为，人之所以活得不快乐、活得很痛苦，就是因为不肯为自己而活，不管做什么总是瞻前顾后，在乎他人的一举一动，让自己不知不觉地成了一个为他人而活的人。因此，我们应该懂得为自己活着。

6. 怎样使用自己的资产

财富可以放在家里，但刀却要带在身上。

——北大心理学理念

著名新闻记者沃特·李普曼曾这样说过："不要抱怨自己一无所有，你已经拥有了很多，只是没将它们好好利用，它们在沉睡，没有醒来。"可是怎么才能叫醒它们呢？北大心理学认为，这就需要你学会使用它们，知道怎样使用 100 元，就像知道怎样使用筷子一样，是一个必备的技能。因此，一个人拥有多少资产并不是最重要的，重要的是看他对自己的资产怎样处置。

戴尔在 19 岁时，就靠卖电脑配件赚到了 1000 美元，他在日记中写道：用这 1000 美元可以：

1. 举办一次不为世人所知的酒会；

2. 买一辆二手的福特轿车；

3. 成立一家电脑销售公司。

第二天，戴尔就用这 1000 美元注册了公司，开始代销 IBM 电脑。一年后，他开始组装电脑，并推出了自己的品牌。由于能够采纳世界上各家电脑公司的配件，让各个档次的用户都能满足，戴尔电脑很快成为热销品牌。如今。戴尔电脑销售额为全球第二，利润为全球第一。

同样是 1000 美元，在戴尔的手里创造了十分巨大的财富；而我们却用它去做毫无意义的事情，结果什么也没增加。如果将自己仅有的资产消费掉了，却又抱怨自己一无所有，那对自己有什么益处呢？在羡慕别人时，我们需要经常反省自己，我们这样的行为习惯是否正确。

对自己所拥有的东西不要在乎大小与多少，也不要在乎你是否会使用，不仅 1000 美元能够有这么大的收获，只是 10 美元，如果你会使用，也会得到意想不到的结果。

人生并没有对和错，当你错过了这个，就会收获那个。一个人不必什么都精通，但一定要将属于自己的资产管理好，只有这样才能找到自己的人生位置。

7. 专注是成功的标志

只要专注于某一项事业，就一定会做出使自己感到吃惊的成绩来。

——北大心理课引用名言

当我们专注于一件事情时，我们就会集中精力，控制自己的注意力，尽可能让自己的所有心思都集中在这一件事情上。人的体验和思考往往由你专注于哪一个领域决定。排除一些无关的干扰，当它分散你的注意力时就不要去想，这样才能让大脑在当前的工作上进行。再小的一件事，只要你有专注的精神，就能够把它做得不平凡。

北大心理学曾这样提醒我们，想要快乐就不要消沉，想要专注就不要分心，困难并不可怕，可怕的是失去继续努力的信心或因此改变方向。

多年前，一个青年失业了。一时间找不到工作的他，因为一个偶然的机会在一位军官那儿学会了擦鞋。他很快就迷上了这种工作，只要听说哪里有出色的擦鞋匠，就千方百计地赶去请教，虚心学习。

时间一天天过去了，年轻人的技艺越来越精湛，他的擦鞋方法也变得别具一格：不用鞋刷，而用棉布代替，将棉布绕在右手食指和中指上擦鞋子。那些早已失去光泽的旧皮鞋，经他匠心独具的一番擦拭，无不焕然一新，光可鉴人。

业余时间，他总是到各种有档次的商场鞋柜参观，加深自己对各国不同品牌皮鞋的了解；他还常常到人群聚集的大街上细心观察人们穿着皮鞋走路的不同姿态。就这样，他逐渐形成了高深的职业素养。只要他与人擦肩而过，就能知道对方的皮鞋皮质怎样，就能说出这个人的健康状况和生活习惯。

他的超群技艺，打动了一个四星级饭店经理，经理将他请到饭店，专门为这里的顾客擦鞋。

让人惊讶的是，自从他来到这家酒店后，演艺界、文化界、商界乃至政界的众多名人，一到这个城市，就非这家酒店不住。他们对此处情有独钟的原因十分简单，就是要享受一下擦鞋青年的"五星级服务"。当他们穿着焕然一新的皮鞋翩然而去时，他们就深深记下了他的名字。

他一丝不苟的精神和非同凡响的绝技，为他赢得了众多顾客的青睐。他的客户渐渐地多了起来，开始有全国各地的人找他擦鞋了。在他简朴的工作室内，堆满了发往各地的速寄鞋箱。

如今的他，早已成为这家酒店的一块金字招牌。然而，当初谁也不会想到，一个擦鞋匠竟能拥有今天这样的成功。

一个人的时间有限，想要有所成就，就要专注于一个领域。如果涉足的领域比较宽，尽管可能很多方面都懂一点，但它对你培养自己的一技之长是没有任何好处的。那个年轻人就是因为专注，技术才得以精湛，自然会广受顾客青睐了。

北大心理学提醒我们，想要培养自己的特长，就要将时间和精力用在上面，用了多少，就会收获多少，不要空想，也不要做一些与目标无关的琐事。

8. 用才华改变命运

真正能改变你自己的不是别的，往往是你的才华，是每个人都具有的。

——北大心理学理念

能改变你自己的、改变你命运的是什么？是你的才华，每个人身上都有才华。既然这样，那为什么还有那么多人不能改变自己的命运呢？北大心理学认为，那是因为我们没有发现自己的才华。只有发现了才华，并施展出来，才能改变命运。

如果你想改变自己的命运，那就多学习和实践，尽可能地施展自己的才华。这样，你就不必相信算命先生的占卜，将命运控制在自己的手中。

17世纪西班牙最有名的画家和贵族穆律罗有一名叫作塞伯斯蒂的青年奴仆，这名奴仆似乎与生俱来就喜欢画画。穆律罗给学生上课时，他就在一旁偷偷地看。

一天晚上，塞伯斯蒂一时兴起，竟在主人的画室里画起画来，以致没有发现穆律罗和他的贵族朋友的出现。然而穆律罗并没有惊动塞伯斯蒂，而是静静地看着他笔下优美的线条出神。塞伯斯蒂画完最后一笔，才发现主人就在自己的身后，他慌忙地跪下，在那个等级森严的年代，塞伯斯蒂是完全可以因此而被主人处死的。

这事却成了贵族们津津乐道的话题，就在他们纷纷猜测穆律罗会用怎样的方式严惩他的奴隶时，却传来了一个让人震惊的消息，穆律罗不但给了塞伯斯蒂自由，并且收他做自己的弟子。

这是贵族们绝对不允许的，他们开始纷纷疏远穆律罗，也不再去买他的画，贵族们都说穆律罗是个十足的傻瓜。

穆律罗对此却不以为然，他听了只是一笑：那些傻瓜又怎能明白，塞伯斯蒂将会是我穆律罗最大的骄傲。

300年后，穆律罗的预言得到了验证，一位历史学家在写到这个故事时，补充了两点：

一、事实证明，改变一个人命运的往往是他自身的才华，这一点，塞伯斯蒂已经为我们证实了。

二、一个受后人尊敬的人，不仅是他的传世作品，更重要的是他的人格，穆律罗正是如此。

历史证明穆律罗虽然在当时不被世俗所认可，但是他坚信塞伯斯蒂是一个有着非凡才华的人，打破了世俗的阻挡。而塞伯斯蒂用自己卓越的才华创作了传世精品，改变了自己的命运。

不管什么时候，都不要害怕时间太晚，来不及了。比如一个人想学画画，但他总是犹豫不决，遇事他去问一位心理学家："我已经毕业好些年了，我还能学吗？"心理学家说："你为什么不能学呢？没有什么会限制你对才华的追求呀。"想学什么，就抓紧时间去学吧，拥有了才华就等于拥有了宝藏，它会给你带来你想要的生活。

或许你已经养成了一个坏习惯，但你自己却浑然不知，这就是为什么不能让自己发挥才华的重要原因。北大心理学认为，一些坏的习惯往往会阻碍我们的成功，这样一来，我们的才华就会发挥不出来，没有才华，就不能为社会创造价值，也不会有成功和财富，更不会改变命运。当然，在这个时候，如果你能及时发现，或有人及时拉你一把，给你当头一棒，那么，你就以自己都想不到的方法进行一次巨大转变。除了机遇外，还需要你自己有正确的认识和很强的自制力，否则实现的可能性几乎为零。这个世界上到处都是有才华却感受世界不公的人，为什么不从改变自己着手呢？给自己一个小小的推力，就能培养出让自己展现才华的好习惯。

9. 像鱼一样思考，方可钓到鱼

一个永远不欣赏自己的人，也就是一个永远也不被别人欣赏的人。

——北大心理课引用名言

北大心理学认为只有能够寻找到和对方心灵的契合点，就可以尽快地促成人际关系的建立，在这个过程中，我们的首要任务就是捕捉对方的信息，把握对方的心态。

一只小狗去池塘钓鱼，第一天，它一无所获，第二天，依旧一无所获，第三天，小狗刚刚来到池塘边抛出鱼线，一条鱼就跳出水面说："你要是再拿白菜丝做鱼饵，我就一巴掌扇死你。"

虽然这是一个笑话，却在幽默的同时蕴含着丰富的内涵，钓鱼其实就像我们做人做事一样，想要钓到鱼就要放对鱼饵，可是怎么知道选择什么样的鱼饵呢？自然是要站到鱼的角度上去思考鱼到底想要什么。

一次，戴尔·卡耐基在纽约租下一家酒店的大厅，打算在那里进行为期一个月的短期培训班。可就在他将所有的票都印好送出，所有的通知都下发时，他接到了酒店的通知，由于酒店大厅"租"不应求，若想继续，就必须支付比平常高3倍的价钱。

卡耐基自然不愿意增加费用，于是，他直接找到酒店经理："刚接到你的电话，我很震惊。"他接着说，"但我并不责怪你们，换了我，或许同样会这么做。你是经理，自然要为酒店着想。现在让我们写下这件事对你们的利与弊。"在"利"字下面，卡耐基这样写道：1. 大厅可以空着或另作他用；2. 可租给他人跳舞或开会，收入会更高；3. 我占用的时间较长，你们可能会失去更大的生意。在"弊"字下面，卡耐基写道：1. 你们要求的费用，我付不起，我自然会另选地址，你们将会失去这笔收入；2.

我的培训会吸引不少受过教育的文化人，你们将会失去为自己做广告的绝好机会；3. 你们每次花1万美元在报纸上做广告，并不一定能够引来这么多人参观。"这对你们来说是很不值得的。请你们认真考虑一下，并尽快通知我。"说完，卡耐基将纸条递给经理转身走了。第二天一大早，卡耐基就收到了经理的回信，租金只涨了50％，而不是原来的3倍。

整个过程中，卡耐基丝毫没有提及自己想要什么，而是站在酒店经理的角度上思考问题，而这正是达到自己目的的关键。因此，卡耐基曾说："不管你本人怎么喜欢草莓，鱼也不会理睬它。只有以鱼本身喜爱的蚯蚓为诱饵，它才会上钩。"

想要与人合作，就要让对方得到他想要的，但是怎样才能做到这一点呢？北大心理学认为，为了做到这点，我们必须先进入对方的心扉，知道对方想要什么。每个人都想在合作中得到自己想要的，都希望自己付出的心血与努力能够得到回报。想要成功合作，就要满足对方的这些需求。

那到底怎样才能知道对方想要什么呢？答案很简单，只有两个字，即沟通。对沟通中的信息进行分析和判断，我们就比较容易知道对方想要什么了。如果缺乏沟通，你的目的就很难达到了，而一旦有了沟通，就能为双方的合作打下良好的基础，进而获得最有益于拓展人脉的机会，也就是我们通常所说的双赢。

当然，设身处地地为他人着想、了解他人的态度和观点比一味地争取利益要明智很多，一个善于积累人脉的人，往往会在与人交往之前就先思考对方需要什么。想要成功，最主要的就是要懂得先让自己的合作伙伴取得成功，只顾自己的利益，失去的不仅仅是利益，还有人际关系。

10. 变卑微为高贵

丑小鸭的经历并不能掩盖住天鹅的美丽，相反，它却可以衬托出蜕变的执着。

——北大心理课引用名言

蝴蝶在未破茧而出时是丑陋的毛毛虫，参天大树是由低矮的幼苗长成的，在自然界中，美丽、高大无一不是以最初的丑陋、幼小作为起点的。但只要它们获得了成功，那些丑陋便会瞬间被美丽的翅膀掩盖了，在耸峙的大树下，人们也将忘记它昨日的柔弱。自然是这样的，人也是这样。

人间有尊贵，自然也有卑微，而那些让人瞩目的高贵却无一不是从卑微中来。因此，卑微并不可怕，可怕的是没有战胜卑微，成就高贵的心，一个人只要决心告别卑微，那他一定会做成一番事业，最终，当他变得高贵时，他之前的卑微也就更能显出他努力的美了，就像之前狂风骤雨的洗礼只为衬托彩虹的美丽一样。

北大老教授、国学大师、史学大师钱穆先生就是一个从卑微走向高贵的人。钱先生是江苏无锡人，少年曾读过私塾，但不久就因家穷而辍学了，后来通过自学略有小成，在家乡的中小学任教，成了一名教书先生。

在民国时期，由于对知识分子的重视，中小学教师的待遇是十分优厚的，因此钱先生的生活还算不错，但一心想成大器的钱先生对这样的生活却并不满足，他一边刻苦地继续学习，一边想方设法在报刊上发表一些文章。却由于没有受过良好的教育，他的文章从来都不受他人重视，也从未有人关心过他的学术观点，可钱先生并不气馁，十年如一日，继续为自己的梦想努力。在苦熬了多年后，钱先生终于完成了一步巨著《先秦诸子系年》，并因此引起学术界的重视，先后被聘入北京大学等著名学府，从而

191

登上了中国文化的最高殿堂。

如果我们仔细观察，就可以看到，不管是历史还是现代社会，总有一些人的境遇和钱先生一样，由于先天的条件或者后天的意外，他们没有受过良好的教育，没有一个殷实的家庭，甚至连一个健康的体魄也没有，但他们并不因为自己相对卑微就放弃自己，而是让卑微的现实成为他们前进的动力，最终他们成功地站在了那些并不卑微的人也不一定能够站到的高度。

其实，人的卑微与高度并不体现在外物上，而是体现在人的内心。一个具有高贵内心并相信自己的人，即便上苍给了他一片贫瘠的土地，他也一样能种出美丽的玫瑰。所以，当我们认为自己无比卑微时，一定要在内心里告别卑微，并努力成为自己想要成为的人，只有这样，你才能真正告别卑微走向成功。

11. 学会聆听内心的声音

只有满足了自身需要，才能消除心理负担和压力，从而树立正确的人生观、价值观，以及获得更多前进和奋斗的动力。

——北大心理学理念

我们生活在这个世界上，首先就是要让自己能够生存，满足自己的需求。这似乎有些自私，但是我们必须明白，只有我们自身的能力得到了充分的发挥，我们才能更好地帮助他人，才能更多地为社会做贡献。

不少人口口声声地说"优先服务于他人"，从而罔顾自己的利益，其实是以这种价值观来逃避改变自己生活的责任。他们说应该将他人放在首位，事实上却是自欺欺人。

我们都熟悉这样一句话"你改变不了世界，但你可以改变自己"。想要利于他人、有益于世界，就要首先改变自己的人生，掌握自己的命运。所以，我们应该将所谓的"服务他人"的包袱放下，全力满足自己的需求。北大心理学认为，这是获得灵魂与身体自由的唯一出路。肉体上的束缚不过是对错误的一种惩罚，精神上的禁锢却会让你变成一具无魂的活尸。

需要是一种客观存在，也是人的心理和生理规律的呈现，每个人的合理需求都有权得到正视和满足。对于这种规律，北大心理学认为，我们只能认识、把握和尊重，否则就会受到惩罚。

但是，需要是否能被满足却取决于内外两种因素。动荡或专制的社会会使人受挫，淡漠或武断的家长则会使孩子的需要受挫，很显然，这些都是无法满足个人需要的外因。但是并不是所有被压抑的需要都是受外界因素的压制导致的，有时人会自觉不自觉地以各种方式与自己作对，进而压制自己的需要，这就是我们通常所说的内因。

可是我们怎样衡量自己是否照顾好了自身需要呢？北大心理学给出了下面的方法：当你想给自己买一样完全能够支付得起的东西或出去旅游一次而感到自责时，当你想好好休息而感到不安时，当你想给自己放几天假又感到内疚时，你就应该告诫自己，我对自己的基本需求忽略得太久了，我实在是太需要学习怎样好好满足自身的基本需要了。当你成功却不快乐，有了名利却若有所失，总感到自己得到的不是自己真正想要的，那么很有可能是你忽略了自己的高层次需要，它们正急切地希望得到你的关照与呵护。

聆听自己内心深处发出的声音，并保持对自身信号的敏感，这是维持身心健康应有的行为和能力。

人的生理需求是有限的。关于物质，大家都明白"生不带来，死不带去"。可是不少人却"聪明一世，糊涂一时"，经常因此给自己造成一些不必要的困扰。相对来说，人的精神需要有较大的发展空间，可是人们却经常过度地忽略了无形的心理需要。

需要得不到满足就出现问题，而超过需要的过度满足同样会导致问题的出现。现在人们的很多身体疾病都是过度满足需要造成的，而孩子也会因为父母的过度溺爱导致心理困扰甚至人格缺陷。由此可见，满足需要也需要适度并有一定的针对性。

12. 想让自己优秀些，就选择正向的环境

从一个人结交的朋友，就能看出这个人的层次和品位，人的一生应该多结交可以帮助、提高自己的好友。

——程郁缀

"近朱者赤，近墨者黑。"这句话经常用来比喻和优秀的人在一起交往，自己也会向好的方向发展，反之亦然。的确，在生活中，我们总会在不经意间接受一些来自外界环境的潜移默化的影响。

孔子曾说："小时候培养的品格就像是生来就有的天性，长期形成的习惯就像是完全出自自然。"人的性情本来很近，但因为习染不同而相差很远。因此对自己的习染不可不谨慎。

对于一个小孩子来说，他的性格还未定型，拥有着很大的可塑性，这个时期，周围环境对他的影响很大。而这个孩子将会成为一个什么样的人往往和他所处的环境是成正比的，因此想要让自己变得优秀，就要选择正向的环境，让自己多和优秀的人接触，如此一来，时间久了，自己就会变成一个优秀的人。

但是处于成长阶段的青少年往往眼睛不够明亮，内心也不够成熟，不能很好地明辨是非，因此"近墨"难免会变"黑"，故而何不"近朱"呢？尽量做到不交损友，并在交往中不断地提高自己的修养，让自己逐渐变得

优秀起来。

北宋著名诗人欧阳修，在文学和政治方面都有很高的成就。

他在颍州做官时，一个叫作吕公著的人在他手下当差。吕公著很仰慕欧阳修的才华和见识，经常向他请教一些文学方面的问题。

一次，欧阳修的朋友范仲淹来拜访欧阳修，欧阳修也邀请吕公著一起作陪。范仲淹对吕公著说："你能在欧阳修身边做事，真是太好了，你应该多向他请教一些写诗的技巧。"

吕公著听后，深以为是，此后也更加频繁地向欧阳修请教了。

后来，在欧阳修的言传身教下，吕公著的写作水平得到了很大的提高，成为当时有名的诗人和政客。

人生应该不断学习和进步，正所谓活到老学到老。北大心理学认为，一个人只有不断地和优秀的人接触，才能让自己受到熏陶，逐渐变得优秀起来。

北大心理学专家曾针对各个监狱里的犯人做了一项调查，其结果显示，90％的人有过同样的经历，即他们的父母总是不断地说，无论他们怎么努力，都无法改变自己的恶习，也无法拥有美好的未来。

因此，在这样的环境和言论的影响下，他们最终来到了监狱里。

由此可见，周围的环境对人们的心理和行为会产生怎样大的影响。那些罪犯之所以会走上犯罪的道路，与他们不被肯定的生长环境有着莫大的关系。每个人在很大程度上都受到客观环境的影响，因为事物之间总是相互作用、相互影响的。和什么样的人在一起，你就会变成什么样的人。因此，你是谁并不重要，重要的是你和谁在一起。和不同的人在一起，就会有不同的人生。不管是爱情、婚姻还是家庭、事业都一样。

因此，想让自己变得优秀起来，就选择和优秀的人在一起吧。

13. 困境是超越的契机

经验、环境和遗传造就了你的面目，不管是好是坏，你都得耕耘自己的园地；不管是好是坏，你都得弹起生命中的琴弦。

——北大心理学理念

困境降临时，人们往往会在心理上产生一定的焦虑，怎样才能将这种心理转化为一种力量，并及时清除心理障碍，让自己达到积极的心理平衡呢？不少人就是通过战胜困境，才变成了最终的强者。

北大心理学认为，对于困境，如果你认为那是障碍，就是障碍，如果你认为那是契机，那就是一个超越自我的契机。

每个人都会不可避免地遇到困境，每个困境也都有它存在的价值，因此我们没有必要去抱怨困境，抱怨只会让我们一无所有，甚至让自己陷入无谓的痛苦中。北大心理学认为，面对困境，我们只需要把握住它的正面价值就可以了，因为这样，负面价值自然就会消退。

当我们通过逆境走向更高的台阶，我们就找到了那个超越的契机。这需要你转换思维，不要将困境当成障碍，而是当成一个能够通向成功的台阶。

有一天，农夫的一头驴子不小心掉进一口枯井里，农夫绞尽脑汁也没有想出救出驴子的办法。几个小时过去了，驴子还在井里痛苦地哀嚎着。

最后，农夫决定放弃，他想这头驴子年纪也大了，大费周折地将它救出来有些不值得，不过不管怎么样，这口井还是得填起来。于是，农夫请来左邻右舍帮忙一起将井中的驴子埋了，以免除它的痛苦。

农夫和他请来的这些邻居们人手一把铲子，开始将泥土铲进枯井中。当这头驴子了解到自己的处境时，开始了凄惨的哭泣。但出人意料的是，没过多久，这头驴子就安静了下来，农夫很是好奇地探头往井底一看，出现在眼前的景象让他大吃一惊：当铲进井里的泥土落在驴子的背部时，驴子的反应令人称奇——它将泥土抖落在一旁，然后站到泥土堆上面！

就这样，驴子将大家铲倒在它身上的泥土全数抖落在井底，然后再站上去。很快，这头驴子便得意地上升到井口，然后在众人惊讶的表情中快步地跑开了。

驴子之所以能够从枯井里成功地出来，是因为它抖落了身上的泥沙，而后站在泥沙的上面，这就是一种超越。任何时候，困境都没有想象的可怕，关键看你怎样看待它，如果怨天尤人，就只能接受命运的摆布，如果积极思考，总会想出好的办法。

北大心理学提醒我们，在困境面前，不要惧怕，要把困境看作是超越自己的契机，让自己冷静下来，认真思考，寻找出路。只有这样，方可从困境中走出来。

14. 从逆境中站起来，笑到最后

并非每一个灾难都是祸事，早临的逆境常是幸福。克服的困难不但给了我们教训，并且对我们未来的奋斗有所激励。

——李大钊

我们每个人都不愿意身处逆境，但同时逆境又是我们无法避免的。既然这样，当我们身处逆境，最好的办法就是直面它、战胜它，当一个个的逆境被我们战胜，成功也就在我们面前了。

著名作家张爱玲说过"成名要趁早"，李大钊先生却说"逆境要趁早"。俗话说"穷人的孩了早当家"，越是在成长中遇到逆境的人，就越能学会坚强，越能成就一番伟大的事业，李大钊先生本人就是一个很好的例子。

李大钊先生3岁时，父母双亡，靠祖父抚养长大，其家境的贫寒可想而知。但是，就是这样的逆境让李大钊养成了不屈不挠的性格和精神，他立志勤学，3岁启蒙，7岁正式入学堂，24岁考上官派留学生东渡日本，27岁回国领导新文化运动。

李大钊在28岁时又走上了共产主义的革命道路，领导学生运动、联合国民党、组织工人罢工，将其一生的精力倾注在了救国上。终其一生，尽管李先生没有实现他的梦想，但从小养成的坚韧性格却让他越挫越勇，"五卅"惨案、"三一八"惨案，在任何困难面前，他都没有动摇自己的志向，在他的号召下，中国革命终于翻开了新的篇章。

"逆"是个经过简化了的字，在汉语里，"逆"是没有走字旁的，其意思就是"倒着的人形"，也就是人处在倒运中。这个"逆"字很形象地表示了人处在困难、不顺利中，甚至是在遭遇很恶劣、很不幸的事情。

人这一辈子，谁都会不可避免地遭遇或这样或那样的困难与不幸，关键是看我们怎样去看待、怎样面对这些困难和不幸，当不幸降临时，我们不能一走了之，而应迎难而上、战胜逆境、成就自己。

海水有潮涨潮落，人生也有高低起伏，我们总是幻想自己的人生能够一直处在高峰，却不能如愿以偿，即便我们想始终拥有平凡的生活也未必能够如愿，也许不知在哪一天，我们就跌入了人生的低谷。如，当我们正过着朝九晚五的正常生活时，忽然查出自己患病；当我们正处在事业辉煌时，一场金融危机让我们的事业化为乌有。在这种情况下，我们的生活必然会一片狼藉。

我们不愿意这样，可生活就是这般无奈，有时让我们痛苦不堪。然而，痛苦归痛苦，我们并不能因此而自暴自弃，毕竟生活还要继续。只要我们能够挺起胸膛，就一定能够从生命的低谷慢慢地爬上山峰。而且有时，突然的逆境也并不是绝对的坏事，它能够让我们警醒，让我们因为生活太好而慢慢慵懒的心重新振作起来。

上一步可能一帆风顺，下一步很可能就掉进万丈深渊。我们不能预知未来，但我们可以控制我们自己。一个人如果只能享福而不能吃苦，那么一个小的陷坑就可以让他永远爬不起来。如果他能够坦然面对困境，那么即使真的掉进了万丈深渊，他也能凭借超人的毅力一步一步爬上来。

北大心理学认为，生命中的逆境未必都是上天故意给我们的折磨，很多时候，逆境恰恰是上天在给予我们成功的机会。当我们过惯了平凡的生活时，我们也就失去了前进的动力，这个时候，上天让我们陷入人生的低谷，反而能够激发我们的潜能和动力，迫使我们重新振作起来。逆境中重生，简直就是一次成功的人生救赎。

伟大的诗人陆游有句诗叫"山重水复疑无路，柳暗花明又一村"。当我们身处谷底时，只要我们站起来、向上走，不管方向怎样，我们都是在上升。人生就是这样，只要我们不对自己失去信心，不对生活失去信心，那么不管逆境有多恶劣，我们一定能够开创出崭新的生活。

15. 走自己的路

一个人只有倾听内心的声音，真正走自己的路，才能找到真实的自己，成为自己想要成为的人。

——北大心理学理念

白头翁，放弃走自己的路，向其他鸟类学习，到头来只能学得一头白发，仍一事无成；乌鸦，放弃走自己的路，学习鹰，到头来只能徒劳无获又失去自己的本领……

我们人也一样，为了学习他人而放弃了自己的路，只会走向失败。可是，人生有那么多路，我们该走哪条呢？求学、工作、恋爱、结婚等，究竟哪些是我们自己的选择？是否真正顺从了自己内心的想法，还是我们一直在走他人给我们安排好的路，迷失了自我呢？

有一个男孩，他的爸爸开了一家书店，这位父亲很希望自己的儿子能继承他的书店，便将儿子叫到店里来工作。可是他并不喜欢，但父命难抗，因此他每天都懒懒散散地工作着，不管父亲怎样批评教导依旧这样。为此，父亲很是伤心，认为自己养了一个不求上进的儿子。

他实在不想在父亲的店里浪费时间了，便鼓着勇气将自己的想法对父亲说了。当父亲知道自己的儿子竟然想去做一名建筑工人时大为震惊，也很想不通，因为父亲一直认为建筑队的工作又苦又累。但他却一直坚持，最后父亲妥协了。他在建筑队十分开心，虽然每天都穿着脏兮兮的衣服，比在书店辛苦很多，工作时间也很长，但他竟会在快乐的工作中吹口哨、唱歌。他还自学了建筑工程专业的所有课程。最后，竟然成了一家大型建筑公司的总裁。

培根说过："人的命运掌握在自己手中。"是的，每个人都是自己未来的设计师，我们自己主宰着自己的命运，没有人能够为我们的命运负责，除了我们自己。这就像你必须学会走路，他人最多只能为你指路一样。是否接受他人的安排都是自己的选择，关键是要听从内心的声音。男孩没有听从父亲的安排，而是作出了自己的选择，找到了一条适合自己的路，所以他成功了。北大心理学认为，即便你有了主见，不管有多少人和你的看法相反，你也要相信自己，听从自己内心的声音，不要动摇。环境能够左右我们的意识，因此我们需要拿出坚持做真实的自己的勇气，走一条自己的路。

16. 活着，便是莫大的幸福

并非每个人的每一天都要过得荡气回肠，并非每个人的每件事都会如人所愿，在经历了人生的坎坷之后，你还能够平凡地生活，这未尝不是一种幸福。

——周一良

如今，我们生活在一个平安而平凡的年代，平安是因为我们远离了战火的恐惧、远离了颠沛流离的折磨；平凡是因为我们中的有些人已经失去了为理想奋斗的劲头，他们只是为生计而奔波，进而感到自己被生活操控了，自己的生活索然无味，毫无幸福可言。

其实，幸福并不是真的只有在人实现了自己想要的生活时才会出现。在我们平淡的生活中，恰恰是幸福最集中的地方。幸福并不是和富足的物质以及安逸的生活方式密不可分，真的幸福只存在于人的心里，一个有良好心态的人，即使生活得再艰苦，同样能够感受到幸福的气息。可是，我们周围到处都有抱怨生活无趣的人，他们其实并没有意识到，很多时候，这种无趣只是来自于自己的内心，他们总是把眼睛瞄向生活的阴暗面，殊不知这样，自己的视线中自然就没什么阳光可言。

有个人，他总觉得自己的生活索然无味，他对周围的一切已经厌烦了，整天处在无聊和痛苦中。为解脱这一切，他想给自己的生活找点刺激，于是他参加了挑战极限的活动。这项挑战的规则是：一个人待在黑黑的山洞里，除了每天供应 5 升的矿泉水外，什么也没有，并且不可以中途退出，这项挑战的时间为 5 个昼夜。

活动开始了，年轻人兴高采烈地走进了山洞，他终于能够领略到不一样的生活了。第一天过去了，年轻人颇觉刺激。

第二天，他慢慢感到了饥饿和孤独，由于四周一片漆黑，听不到任何声响，恐惧的心理也渐渐到来了，他开始向往起平日里的无忧无虑来。他想起了家中的老母亲不远千里地赶来，仅仅为了看一下孙子有没有长高；他想起了终日相伴的妻子在掖好被子；他想起了宝贝儿子为自己端的第一杯水；他甚至想起了前天与他发生争执的同事曾经给自己买过的一份工作餐……渐渐地，他开始后悔自己平日里对生活的态度：懒懒散散、敷衍了事、冷漠虚伪、无所作为。

第三天，年轻人几乎要饿昏过去了，但一想到山洞外面生活的种种美好，他便坚持了下来。第四天、第五天，他仍然在饥饿、孤独、极大的恐惧中反思过去，向往着原本他并不在意的幸福生活。

他责骂自己竟然忘记了母亲的生日；他遗憾妻子分娩时未尽照料的义务；他后悔听信流言与好友分道扬镳……他这时才发现需要自己努力弥补的事情竟是那么多。可是，连他自己也不知道是否能挺过最后一关。此时，泪流满面的他发现：洞门开了。

阳光照射进来，白云就在眼前，淡淡的花香、悦耳的鸟鸣——他又迎来了一个美好的人间。他扶着石壁蹒跚着走出山洞，脸上浮现出了一丝难得的笑容。5天来，他一直用心在说一句话，那就是：活着就是幸福。

一件东西只有在我们缺少时，才会意识到它的重要性，就像被扼住喉咙的人，才知道空气的可贵一样。当我们处于不幸之中时，才会意识到：原来能够安安稳稳地生活，还有双手可以劳动、有双脚可以行走、有大脑可以思考、有亲朋好友陪在我们身边，才是人生中最大的幸福。

北大心理学提醒我们，没有必要去追求那些原本就不属于我们的东西，应该将心态放得淡然一些，能闻到花香、听到鸟语，就已经很好了，幸福在哪里，幸福就在我们身边。

第 8 章

挖掘自己的潜在能力

虽然我们每个人从外表看上去都相差不大，但命运却会迥然不同。为什么会这样呢？这是因为人的力量是无穷的，只是有很多都潜藏着，等待着我们去挖掘，而另外一些人则刚好相反，每个人所能挖掘出自身潜力的程度也是不同的。因此，不管道路多么坎坷，也不管兴衰成败，我们一定要充分挖掘并发挥自己的潜能，让自己享受这个过程，体会生命的充实与力量。当然这也需要我们讲究一定的方法，比如，不急躁、集中注意力做一件事等，都有利于我们潜能的充分发挥。

1. 逐步分解大目标，循序渐进地实现成功

巨大的建筑，总是由一木一石叠起来的，我们何不妨做这一木一石呢？我时常做些零碎事，就是为此。

——鲁迅

在我们的生活中，总有那么一些人很容易沮丧。面对一些事情，总是习惯性地认为自己很难完成，于是焦急的心理就这样产生了，想到的往往都是暂时逃避，能不做就尽量不做。其实，这些事情根本就没有我们想的那么难，只要将它们分成简单的小块，一点点地做，任务和难度就会相应的减少很多，想要逃避的态度也会得到延缓，最后往往会很惊喜地发现，自己很轻松地完成了这些事情。

北大心理学专家做过这样一个实验。

实验者安排了 3 队人，要求这些人以队为单位去采购一批水果。

第一队的人清楚地知道去距离 2000M 外的××超市买水果，但不知道买具体哪种水果。刚刚出发，大部分人想知道到底买什么水果呢？一些人回答说：“随便买吧，一样拿点。”过了一会儿，又有人问道：“还有多远才到超市呢？”一些有经验的人回答说：“大概走了一半吧。”于是，他们开始继续往超市走，大概还有 1/3 的距离就到超市时，这队人的情绪开始消沉，感觉疲劳不堪，而前面似乎还有很长一段的路。当其中一些人说：“前边就是了。”人们又重新快步走起来，想要快点到达。

第二队的人不但不知道去哪儿买，更不知道买多少、买什么水果。出发 10 分钟不到，就有人开始喊累；20 分钟后，大部分人十分生气，他们埋怨为什么不告诉他们去哪儿买、买什么、买多少。有的人干脆坐在路边不走了；最后，这队人的心情越来越低落。

第三队人不但清楚地知道在哪个超市买,连超市的具体位置都很清楚,还知道买什么水果、买多少。在这个过程中,他们用唱歌和说笑来缓解劳累,心情一直很好,不知不觉就到了超市,买回了水果。

北大心理学通过这个实验得出了一个结论:一个人如果在做事情时就确立了清楚的目标并能够随时将行动与目标加以参照,本身和目标之间的差距就很容易被他们明确地知道,人们行为的动力也会在这种方式中得到保持和提高,甚至能顽强地面对困难,完成任务,实现自己的目标。

可是,尽管不少人内心有一张非常清晰的目标计划,却因为前面有很长的路要走,而不知道从何下手,甚至望而却步。因此,为了不让自己在盲目中丧失自信,北大心理学认为,我们首先要做的就是将目标逐步分解,通过完成被分解的小目标来不断督促自己,将长路程划分成几段,逐一迈进,这样一来难度就会减少很多,我们也就会比较轻松地获得成功了。

北大心理学提醒我们面对过于庞大的目标不要害怕,要学会运用循序渐进的方法,将当下能够完成的小目标一个个地完成,这就是我们追求成功的开始。不要埋怨每天都要处理这么多小事,成功向来都不可能一蹴而就,只有化整为零,让每天的工作都发挥作用,才能逐渐接近自己的目标和理想。

2. 集中注意力做好当下的事情

我们往往过多地在乎看得着的事物,而忽略了看不着的时间。

——北大心理学理念

一个人如果想要突破自己,就必须认真做好眼前的事情,不要为远方看不清的事情担忧。只有将注意力放在今天,才能收获明天。

苏联著名作家高尔基曾说："世界上最快而又最慢，最长而又最短，最平凡而又最珍贵，最容易忽视而又最令人后悔的就是时间。"对那些看得着的东西，我们往往过多地在乎，却忽略了看不见的时间。对时间视而不见，我们会因此而失去很多东西，而且，这些失去的东西是没有什么可以弥补的。因此，我们要珍惜时间，珍惜现在的光阴。"昨天"已成为回忆，"明天"还未到来，真正把握在我们自己手里的只有今天，做今天最有用的事情，让专注于做今天的事情成为一种习惯。

一位百货超市的老板每天早晨8点总是亲自为自己的超市开门，然后对第一批踏进的顾客问候致意，巡视一番后才进自己的办公室。有人告诉他不必做这些小事。他却认真地说："这的确是小事，但对超市来说，却是每天最有用的事情。"

我们要像超市老板那样，不要小看那些有用的小事，事情不分大小，只要对我们有用，就要认真对待。

当我们活在今天时，这一天就会过得无悔，那么希望也就在不远处。人要始终保持一个信念，相信希望在远方，路在脚下。

哈伦德是肯德基的创始人，然而他的父亲却是印第安纳州的农民，而且在他5岁的时候父亲就去世了。哈伦德14岁就辍学，过起了流浪生活。

哈伦德在农场干过杂活，但干得十分不开心。他当过电车售票员，非常不成功。16岁，哈伦德通过谎报年龄参了军，而军旅生活让他无比厌倦。一年的服役期满后，他去了亚拉巴马州，开了个铁匠铺，不久便倒闭了。

随后，哈伦德在南方铁路公司当了机车司炉工。他非常喜欢这份工作，认为找到了自己的终生职业。18岁时，他娶了妻子，没想到仅过了几个月，就在他得知太太怀孕的那一天，他又不幸被解雇了。

一天，当哈伦德在外忙着找工作时，太太带着他们所有的财产，悄悄出走了。

哈伦德并没有因为屡屡失败而放弃，他不断地失败，也不断地努力着。

大萧条来临了，哈伦德又开始到处寻找工作。他卖过保险、卖过轮胎、经营过渡轮，还开过加油站，结果都无一例外地失败了。

不久，哈伦德到考宾一家餐馆当了主厨。要不是一条新的公路刚好穿过那家餐馆，他会一直干下去。

后来，哈伦德又做过不少事情，但每一件事都是半途而废。

很快哈伦德到了退休的年龄，他仍旧是一个毫无建树的人。

要不是有一天邮递员给哈伦德送来了他的第一份社会保险支票，他根本就不会意识到自己老了。

政府很同情哈伦德。朋友调侃地对他说："轮到你击球时你都没打中，现在不用再打了。"

是该放弃、退休的时候了。但那一天，哈伦德忽然像被什么激怒了，面对那张 105 美元的支票，他忽然有了一个新的念头：开一家快餐店。

当时哈伦德 65 岁，但到他 88 岁高龄时，终于大获成功，不但成功地开创了自己的快餐店，而且到现在依旧欣欣向荣，连锁店遍布全世界，店的名字叫作"肯德基"。

成功有早晚，不要因为他人成功了，就对自己失去信心。不管经历多少次失败，也不管你多大年纪，都有成功的可能性。哈伦德的经历和我们很多人一样，他没有放弃努力，创造了全球领先的快餐店。

3. 不是你没发现能力，而是它没被挖掘

我们每个人身上都潜藏着一定的能量，等待着被我们挖掘。但我们往往都不相信自己潜藏着这样的能量，以致让自己错失一些机会。

——北大心理学理念

"我根本没有什么能力，我也不知道自己到底能不能干好？""我一点能力都没有，连自己要做什么、适合做什么都不知道？"……这样的话，我们经常会听到，或许我们自己也曾说过。不少人都对自己的能力没有明确的概念，很多时候都怀疑自己是否有那样的能力，更有甚者认为自己根本就没有什么能力。

北大心理学认为，我们最不了解的不是别人，而是我们自己，最弄不清楚的也是我们自己。当我们遭遇一些困难时，我们总是习惯性地怀疑自己的能力，认为自己没有能力做好。殊不知，每个人的身上都潜藏着一定的能力，这些能力正等待着我们去发现、去开掘。

一个人，只有大程度地挖掘出自己潜在的能力，才会多一些成功的机会，让自己与成功越来越近。

有一个女孩，上中学时不知怎么突然喜欢上了文学，只要一有空，不是抱着文学书籍看，就是写着自己的绝世佳作。但她的作品每次投出去都是杳无音信，一些同学看了她的文章，也直摇头，表示她根本就没有这个天赋。但她却认为自己每次作文都在进步，也坚信自身潜藏着一定的能力，还没有被挖掘出来。于是，她没命地练着、写着。渐渐地，她开始收到一些退稿信了，她认真地看了退稿理由，仿佛一下子就找到了自己的航线，也逐渐意识到自己的能力在逐渐被挖掘。

看着她几乎将所有的时间都用在了写作上，父母、老师和一些关系不

错的同学忍不住劝了起来，见无效，他们有时就故意打击她。可不论他们怎么劝、怎么打击她，她都依旧忙着自己的事情。她就是相信自己的能力还没有被挖掘，自己在这方面一定存在着可以让自己走向成功的能力。

眼看着中学的日子就要结束了，辛苦努力的她还是一篇文章也没有发表过，收到的只是退稿信。好在她的学习成绩还算可以，上大学应该不成什么问题。可她依然坚信自己在文学上存在着能让自己走向成功的能力，仍在不断地努力着、挖掘着自己的能力。

大学时，她干脆报读了汉语言文学专业，身边的人都反对她报读这个专业，因为他们认为她在文学方面根本就没有任何能力可言，报读这个专业只会让她自己毁了自己。可是她就是相信自己的能力没有发现是因为还没有被挖掘，所以坚持着报读了这个自己不擅长的专业。

到了大学后，她有了大把大把的时间用来研究文学。大一第一学期刚刚过去一半，她的文章就在国内一本知名的文学杂志上发表了，并深受读者喜爱。没多久，就成了杂志的专栏写手。很快，又在最先发表自己文章的那家杂志社的邀请下出版了自己的文集。文集一出，一周就被抢购一空。一个月内加印了十余次，这个女孩一度成为最受欢迎的畅销书作家。

其实，我们每个人身上都潜藏着一些不易被人发现的能力，就连我们自己也很难发现，我们想做一件事情就要大胆地去做，哪怕自己根本就没有能力，因为那些潜藏着的能力会帮助你做成这件事情。

北大心理学提醒我们，任何时候都不要低估自己的能力，也不要认为自己是一个没有能力的人，因为每个人的身上都潜藏着一定的能力，既然是潜藏着，那就一定是不会被我们轻易发现的。

4. 试着将自己的力量充分发挥出来

人类自身还有很多潜能未得到开发，也还有很多领域未得到探索。

——北大心理学理念

一个人的潜能是无尽的，北大心理学鼓励每个北大学子都带着这样的理念去挖掘自身的潜能。一个人到底有多大的潜力，就连他自己也不是很清楚。很多时候，我们都需要有勇气去试一试，才会知道。当一个人处在一个环境里，渐渐地就会适应那个环境，将原来的自己忘记了。

一个猎人在打猎途中捡到了一只幼鹰，他将幼鹰带回家，养在鸡笼里。这只幼鹰和鸡一起啄食、嬉闹和休息。

这只鹰渐渐长大，羽翼丰满了，主人想将它训练成猎鹰，但是因为它和鸡混久了，已经变得几乎和鸡完全一样了，根本就没有飞的愿望了。

主人试了各种办法，都没有一点效果，最后将它带到山顶上，将它扔了出去。这只鹰像块石头一样，直掉下去，慌乱之中，它拼命地扑打翅膀，就这样，它终于飞了起来！

幼鹰和鸡长时间生活在一起，就会慢慢地习惯鸡的生活，对自己拥有的本领从来不使用。而当它需要努力召唤自己原有的力量时，它就能翱翔了。我们人类也是这样的，环境造就人，因此，我们有责任将社会的环境和周围的环境变好一些，而不是视而不见。

北大心理学认为，我们每个人的力量都是巨大的，我们完全能够改变不利的环境，满足自己的生存需要。当我们召唤成功的力量时，自身就会产生无法估计的力量。人类自身有很多潜能还未得到开发，还有很多领域未得到探索，因此我们要充满勇气，相信自己拥有无穷的潜能，将自己的力量充分发挥出来，若一生都不用它们，那简直就是在浪费生命的赠予。

有一个男孩生活在辽阔的大草原上。一次，他和爸爸在草原上迷了路，他又累又怕，到最后都快走不动了。

爸爸就从兜里掏出 5 枚硬币，将一枚硬币埋在草地里，把其余 4 枚放在儿子的手上，说："这 5 枚硬币分别代表着人的童年、少年、青年、中年、老年，儿子，你现在刚刚用了一枚硬币，就是埋在草地里的那一枚，你总不能把 5 枚硬币都扔在草原吧，你得一点点地用，每一次都用出不同来，这样才不枉人生一世。今天我们一定要走出草原，你将来也一定要走出草原。世界很大，人活着，就要多走些地方、多看看，不要让你的金币没有用就扔掉。"

在父亲的鼓励下，男孩走出了草原。长大后，男孩离开了家乡，成了一家公司的董事长。

人生的每一个阶段都是精彩的，也都是我们应该好好珍惜的，怎么才能活出生命的意义？北大心理学认为，这就要求我们把握好人生的每一个阶段，努力挖掘自己拥有的力量，没有什么沼泽地走不出来，自己一定会变得优秀起来。当然，这需要我们对人生的每一个阶段都有一个正确的认识，用什么角度来看，你把它看得聪明，你就聪明；你把它看得坚强，你就坚强。

雨后，一只蜘蛛艰难地向墙上已经支离破碎的网爬去，由于墙壁潮湿，它爬到一定的高度，就会掉下来，它一次次地向上爬，又一次次地掉下来……一个人看到了，他说："这只蜘蛛真愚蠢，为什么不从旁边干燥的地方绕一下爬上去？我可不能像它一样愚蠢。"于是，他变得聪明起来。第二个人看到了，他立刻被蜘蛛屡败屡战的精神感动了。于是，他变得坚强起来。第三个人看到了，他叹了一口气，自言自语："我的一生不正如这只蜘蛛吗？忙忙碌碌却什么也没有得到。"于是，他日渐消沉。

同一件事，因为角度不同、心态不同，得出的结果也就不同。想要让自己救自己，帮助他人，并为世界创造价值，就要让自己拥有成功者的心态，召唤成功的力量。

5. 不低估自己

人应该有一种基本的自信，就是做人的自信，作为人类平等一员的自信。在日常生活中，当一个人在某方面，例如权力、财产、知识、相貌等处于弱势状态时，常常会产生自卑心理。但是，只要你拥有做人的基本自信，你就比较容易克服这类局部的自卑，依然坦荡地站立在世界上。

——周国平

在生活中，不管是哪个行业，总有那么一些人处在"角落"里不被他人关注，他们就真的那么应该被忽视吗？答案自然是否定的。这些人中，有相当一部分人实力原本很强，但为什么他们还这样被人忽视呢？北大心理学认为，这是因为他们没有意识到自己的能力，过于低估自己。

低估自己其实就是一个心理暗示：越是相信自己不行，自己就越是不行，而自己越是不行，就越会低估自己，如此恶性循环下来，一个能力强的人也会受到损害。

有一个在职场打拼了几年就坐上经理位置的女子，她刚到公司时，是从底层的入门级职位干起的，但升职很快。可是几年来，她一直低估自己在工作中的地位，因此一直没有要求加薪，最后才发现资历和她相同或不如她的同事挣的钱比她多一半。

这位女经理为什么会在薪资方面损失这样惨重呢？北大心理学认为，就是因为她低估了自己在工作中的地位，没有主动申请加薪。

我们通常有一种很怪的思想，也就是人应该谦虚，在他人面前应尽量谨慎内敛，不要太过张扬。谦虚的品质本没有错，但太过于内敛就容易让我们失去展现自我的机会了。而一个人的能力如果总是得不到展现，他的自信心就会受到严重的打击，进而开始低估自己，而一个总是低估自己的人不可能得到他人的认可。

任何时候，一个对自己没有信心的人是根本就不可能让他人对你有信心的，而一个想要成功的人，离不开他人的帮助。也就是说，一个低估自己的人，即便机会就摆在自己面前，自己也的确有能力抓住，但会因为他过于"谦虚"而让机会白白溜走。

北大心理学认为，一个人想要获得他人的认可，就要先认可自己，要让他人意识到自己的价值，不能低估自己。人生就是这样，没有价值的人是根本就不存在的，有的只是无视自己价值的人。一个人只要对自己有信心，总能发现自己的价值，而当他人看到你身上的价值后，人脉和支持也就随之而来了。

没有人不喜欢和有价值的人交朋友，想要获得良好的人际关系，就应该在他人面前展现自己的价值，自己看到自己的价值就是让他人看到你的价值的前提。如果你连自己的价值都看不到，那还怎么指望他人看到你的价值呢？那些地位显赫、本领强、财富多的人，其人脉往往都很不错，就是因为在他人眼里，他们更有价值。

6. 人生没有悔和怕

事情一拖延，灵感就可能消失了，也可能被别的事情耽误了，即使计划得再好，收获却甚微。

——北大心理学理念

每个人在前进的过程中都会得到一些他人或自己的鼓励：向前走，不要怕，这样就能走出一条属于自己的人生道路。北大心理学认为，人在最困难的时候，最需要的往往是不害怕的精神。想要充分发挥自己的才能，就不要畏首畏尾，如果因为害怕而不敢前进，那就只能停留在原地，也就不可能将自己的才能最大限度地发挥出来。

20年前，一个年轻人离开故乡，开始创造自己的前途。他动身的第一站，是去拜访本族的族长，请求指点。

老族长正在书房里看书，他听说本族有位后辈开始踏上人生的旅途，今天是特意来拜访自己请求指点的，便写了3个字：不要怕。然后再抬起头来，望着年轻人说："孩子，人生的秘诀只有6个字，我先告诉你3个，足够你享用半生了。"

20年后，这个从前的年轻人已是人到中年，有了一些成就，也多了不少伤心事。归程漫漫，到了家乡，他又去拜访那位族长。他到了族长家里，才知道老人家几年前就去世了，家人取出一个密封的信封对他说："这是族长生前留给你的，他说有一天你会再来。"返乡的游子这才想起来，20年前，他在这里听到人生的一半秘诀，拆开信封，里面赫然又是3个大字：不要悔。

人生的秘诀就只有这6个字：不要怕，不要悔。可是，它却需要你用一生的时间去细细品味。人生的很多事情并不是因为事情本身难，而是你不敢做，所谓的难是因为你不敢做。

人要告别懦弱，走出阴暗，让自己的心渐渐变得坚强；世上没有过不去的难关，只有你不去走，停滞不前，事情才会没有进展。当你将事情想得简单一些时，它就不会那么难了，其实它本身并没有你想的那么难，只是你还不懂，还没有完全认识它，才觉得它难。在一个精通事情本身的人眼里，它是简单的，绝对没有你想象的那么烦琐。

北大心理学认为，一件事情难与不难，在于你自己。人世中的不少事并不需要有钢铁般的意志，不要怕，事情本身并没有我们想的那么难，积极行动，这样才能做到前半生不要怕，后半生不要悔。

有一个很可爱的小姑娘，她有一个不好的习惯，她每做一件事，都将时间花在不必要的准备工作上，而不是马上行动。

和这个小姑娘住在同一个村子里的一个男孩有一家水果店，里面出售一些本地产的水果。一天，男孩对贫穷的姑娘说："你想挣钱吗？"

"当然想，"她回答，"我一直都想有一双新鞋，可是没有钱买。"

"现在你的机会来了。"男孩说，"牧场里有不少长势不错的草莓，你去帮我摘回来，摘 1 公斤我给你 5 元。"

姑娘听到可以挣钱，十分高兴。于是速跑回家，拿上一个篮子，准备马上就去摘草莓。

这时，她不由自主地想到，先算一下采 6 公斤草莓能够挣多少钱比较好。于是她拿出一支笔和一块小木板，计算结果是 30 元。

"要是能采 10 公斤呢？"她计算着，"又能赚多少呢？""上帝呀！"她得出答案，"我能赚到 50 元！"

她接着算下去，要是她采了 20、50、100 公斤，男孩会给她多少钱？她将大部分时间都花在这些计算上，很快就到了中午吃饭时间，她只得下午再去采草莓了。

她吃过午饭后，就急急忙忙地拿起篮子向牧场赶去。而不少男孩在午饭前就到了那儿，好的草莓都被他们摘光了，可怜的小姑娘最终只采到了 1 公斤草莓。

回家的途中，姑娘想起了老师常说的话："办事要尽早下手，干完后再去想。因为 100 个空想家抵不上一个实干家。"

一些人之所以不成功，往往都是因为自己的某些坏习惯，没有立即去行动，一开始是因为害怕，后来又因为没有及时行动而感到后悔。怎样避免这样的事情发生呢？北大心理学认为，有了想法就要马上去行动。事情一拖延，灵感可能会消失，也可能会被其他的事情耽误了，即便计划得再好，收获也甚微。

7. 允许人生出现偶尔的红灯

珍珑未解思已幻，弦管方调意难凭。但得祇园参佛去，修来八风不动心。

——熊十力

北大心理学家通过研究发现，当一个人长时间处于某种状态时，就很容易造成心理疲劳，因此应该时常变化一下外部环境，使其能够在不同状态的转换中得到休息。

人生难免会遇到这样或那样的尴尬处境，自己正向前加油直冲时忽然出现一个红灯叫我们停下，每每这时，我们总会感叹命运多舛或上天的不公，而我们却没有想过，偶尔的红灯是否也能够带给我们一些不同的东西。

有一个高产的女剧作家，几乎每年都能出两本剧本，也先后获过不少奖。这些剧集播出后，颇受观众喜爱。她的创作生涯应该迈向更大的台阶，事情似乎也正在朝着这个方向发展，众多影视公司纷纷向她抛出绿橄榄，希望她加盟；各大媒体也纷纷采访她，忙碌的生活几乎让她忘了睡觉。但是，她累了，她遇到了"瓶颈"，不是事业上的，而是心灵上的。那段时间，她不管怎样也潜不下心来写作，憋出一个字都很难，再也找不到之前那种文思若泉的感觉了，创作生涯向她亮起了红灯。

于是，她决定给自己放个假，她不再写作了，专心调整自我，重回生活轨道。经过一段日子的沉淀、偷闲，活力再次充满了她的身体和心灵，而这番经历也使得她越发有魅力。在几年后，她推出了新作，她将自己的感悟与成长借新作完全地呈现了出来。这一次她完成了一次自我的蜕变，将一个很难把握的人物写得淋漓尽致，而她也凭借这部剧本再次迎来了影视界的青睐，打造出了一片更广阔的属于自己的地盘。

这位女剧作家在创作生涯中遇到的红灯其实是好事，正是这次不得不"刹车"的经历给了她一个难得的休息机会，这个机会让她重新发现了自我，在重新上路时能够走得更快、更远。

我们每个人的人生都是这样，快节奏的生活让我们忙得忘乎所以，丝毫注意不到人生除了"前进"还有更重要的事，所以执着于前进的我们一遇到红灯就会感到紧张不安，担心自己落后、掉队。一个真正懂得生活的人是能够享受红灯的，红灯在他们看来就是一个难得的机会，自己疲劳的身体能够因此得到休息，灵魂也能够追上来。

北大心理学认为，我们走得太快就会忽视了人生的真谛，或许为了生活、为了家庭，我们不得不给自己放假，不得不遇到让我们停下的红灯，其实这正是我们找回人生真谛、享受人生乐趣的机会。一个能够时刻明白人生真谛、人生乐趣的人，往往会在停下来后更好地前行。

人只有会休息才会工作，因为休息是为了明天更有精神。所以，当人生出现红灯时，先不要怨天尤人，应该冷静下来好好地思考一下，看看自己是否能够利用这个难得的红灯机会做些什么，让自己休息一下，给自己的身体和心灵加加油，以便能更好地前行。

8. 成功不可复制

每个成功者都有不同的故事，每个故事都有不同的精彩，我们在看着他们的足迹时，也应该想想自己，怎样才能让自己不虚度人生。

——北大心理学理念

成功是无法复制的，每个成功的人都有着属于自己的故事。而那些成功的人中，有不少人在年少时都经历过贫困，他们都是通过自己的奋斗取得成功的。因此，贫困并不可怕，可怕的是你没有一颗想要成功的心，即便有了这颗心也未曾为此奋斗过。每个成功者都有着自己的故事，这些故事各不相同，每个故事也都有着自己的精彩，我们在看他们的足迹时，也应该想想我们自己，怎样才能让自己不虚度人生，让自己的生命也像他们一样闪光。

有3个孩子，他们从小都十分贫困，但是他们长大后都取得了巨大的成功。他们奋斗的经历完全不同，然而他们奋斗的结果却是相同的。

第一个贫困的孩子出生在匈牙利一个普通小镇，年幼时衣食无忧，可自从父亲去世后，家境就每况愈下。母亲改嫁，他和继父的关系很不好，这让他吃了不少苦头。就在他17岁那年，他从海上偷渡到了美国。刚开始，他想当个军人，没想到屡屡碰壁，几经辗转终于当上了骑兵。可是战事很快就结束了，他留在了纽约。后来到了美国西部，他做过水手、建筑工人、骡夫、码头苦力、餐厅跑堂和马车夫，却没有一样是他感兴趣的。此后，他在图书馆找到了一份差事，每天在图书馆工作两小时，换取到了可以任意借取图书的便利。他就是美国新闻界的旗手、骄兵普利策，以他名字命名的"普利策"新闻奖，至今仍是美国新闻界的最高荣誉。

第二个贫困的孩子家徒四壁，6岁的时候就随家人到了美国。他每天提着小筐去捡一些从拉煤车上掉下的碎煤。为了得到一个填饱肚子的面包，他请求老板让他擦拭面包店的窗户。这个工作做完了，他又开始忙着寻找别的工作。12岁时，他每周周六早晨都要去卖报，周六下午和周日，他向那些坐马车旅行的人兜售一些饮料，到了晚上，还要为报社写一些生日宴会和茶会的新闻。13岁那年，因为交不起学费，他离开学校，去一家公司当起了清洁工，逐渐结识了一些名人，开始有了自信和雄心。这个孩子就是后来在美国新闻史上最成功的杂志编辑博克，创办了《妇女家庭》，这本杂志是世界上发行量最大的妇女杂志。

第三个贫困的孩子出生于苏格兰，父亲以手工纺织亚麻格子布为生，母亲则以缝鞋为业。后来，一家人实在混不下去了，就移居到了美国。在美国，他到纺织厂当过童工、烧过锅炉、在油池里浸过纱管、送过信。送信期间，因为高超的电报技术，他被一家铁路公司聘为职员。在这家公司工作的十多年中，他十分勤奋，得到了晋升，可依然不算富有，第一次参与股票投资时，家里的全部积蓄不超过 60 美元。他与母亲商量，以房屋做抵押来贷款，方才买到了共计 600 美元的股票。他就是后来闻名世界的钢铁大王卡内基。

不少时候，阻碍我们成功的并不是贫穷，也不是所有的外部环境，真正能够阻碍我们成功的往往是我们自己。或许我们一无所有，或许我们找不到办法，或许我们没有好老师；但一些东西是我们永远都不会缺少的，比如时间、双手双脚和智慧，还有亲人的关爱，等等。北大心理学提醒我们，任何时候都不要忘了自己已经拥有的东西，因为这些东西，足够我们起航了。

固然每个成功者都有着属于自己的故事，这些故事也各不相同，但我们要学习他们那种奋斗的精神。

9. 学会做自己的伯乐

每个人的生命中都潜藏着很多自己都不知道的能量，如果不去尝试，那将永远都没有机会让自己大放异彩。伯乐本身就不常有，与其等待被伯乐发现，还不如充当自己的伯乐。

——北大心理学理念

"千里马常有，而伯乐不常有"，我们每个人都是人才，都有自己擅长的领域，但并不是每一个人都会碰到伯乐，因为伯乐注定只是少数人。但伯乐都拥有一定的位置与权力，也有一定的建议权和决策权。

北大心理学认为，既然千里马那么多，而伯乐却如此的少，如果我们一味地被动等待伯乐，我们就会失去一些成功的机会，甚至一直将自己关在成功的门外。北大心理学提醒我们，将成功的希望寄托在他人身上，希望就会变得十分渺茫。因此，我们要学会自己发现自己、挖掘自己，当自己的伯乐。

有一个在偏僻的小山村长大的男孩，上高中时，他去过最繁华的地方是县城，因为他的学校就在县城。尽管这样，在同学们的眼里，他依然是一个"王婆式"的人。

学校里，有一个经常发表一些儿童文学作品的老师，据说还出过几本童话书，一直被大家称为儿童文学作家，学校里的不少学生都是他的粉丝。可是这个男孩听说这位老师的事情后，跑到图书室找到了那位老师的书。翻了几页之后，便觉得没什么意思了。心想，这样的东西自己也能写出来，而且一定会比他写得好。

于是，这个男孩开始自己写起了童话。写着写着，还真觉得自己比那位老师写得好。当再听到有人说那个老师怎么怎么牛时，男孩便大言不惭地说："他有什么牛的，我都比他写得好。"不少人都向男孩投来蔑视的眼光，更有一些大胆的同学直接说："你写给我们看看。""我写了，没写我才不会说这话呢。"男孩傲慢地说道。"在哪儿啊，拿来给大家看看。""人家都出书了，你呢?"……男孩都快被口水淹没了。

"我就是比他写得好，他能出书，我也能，而且比他的书更畅销。不信，你们等着瞧。"被口水淹了一阵的男孩似乎很是气愤，说完就转身走了。

看到男孩离去的背影，同学们相互望望，忍不住笑了。男孩心想："我就是比他写得好，好在我自己发现了，就当我自己是自己最好的伯乐吧，我一定要自己找机会，把自己推销出去。"

于是，男孩开通了博客，将自己写的东西发在了博客上，并通过网络找到了一些儿文杂志的投稿方式将自己的部分稿子投了出去。同时开始抓紧时间写长篇童话。半个月后，男孩收到了退稿信，男孩再次看了看自己的稿子，还是觉得自己写得挺好的，退稿肯定是因为不适合这本杂志，便将这篇稿子又转投给了别的杂志社。此后，只要遇到退稿，男孩就将退回的稿子转投给别的杂志社。

见男孩迟迟没有文章被发表，收到的只是一封又一封的退稿信，一些同学开始嘲笑男孩了。面对同学们的嘲笑，男孩总是笑笑说："我很看好我自己，我就是我自己的伯乐，我相信我这匹千里马一定能驰骋千里的。"男孩这样一说，同学们就更加嘲笑他了。

这天，男孩竟然收到了杂志社的用稿通知，这让男孩大大高兴了一把。这之后，男孩不断地收到用稿通知。男孩身边的那些同学看着他不断有文章发表，也对男孩多了几分佩服。

没多久，男孩的书也出版了，而且很受市场欢迎，短短一个月，首印的 5000 册就被抢购一空了，男孩也因此成了广受欢迎的校园童话作家。

这个世界上从来都没有等来的伯乐，那些坐等自己的伯乐出现的人，往往都会错失一些成功的机会。因此，最好的伯乐就是你自己。文中的男孩如果不是自己做自己的伯乐，根本就不可能成为最受欢迎的校园童话作家。

因此，我们要善于发现自己的优势，善于为自己寻找成功的机会，做自己的伯乐。

10. 别让悲观遮挡了自己的阳光

在实际工作中要知难而进，不要一遇到苦难便低头。

——马寅初

悲观和失败其实就是一对孪生兄弟，失败往往会让人产生悲观的心理，而一个人如果总是处于悲观心理中，那就不可能取得人生的成功。

北大心理学认为，有很多事情并不是我们没有能力去做，很多成功也不是遥不可及，更多时候是我们自己没有勇气将手伸出去，总认为事情比我们想象的难，总让悲观的心态束缚我们的心理和行为。

每个人的成功之路都不可能一帆风顺，挫折和失败是在所难免的，成功者和失败者最大的区别就是在挫折和失败后怎样应对。通常情况下，失败者在面对失败时，记住的是伤痛，他们被失败深深地打击了，因此陷入悲观的情绪中不敢再努力；而成功者则不然，失败对他们来说尽管同样难以忍受，但他们却能够反省自己，他们在失败中看到的是经验，因此在一次又一次失败面前，他们总是对自己说："我们没有失败，只是暂时还没有成功而已。"

著名哲学家尼采曾经说过："受苦的人，没有悲观的权利。"我们已经承受了巨大的痛苦，就不应该人为地给自己增加更大的痛苦，所以不但不能悲观，而且应该比他人更积极。

如果一个暂时失利的人能够鼓起勇气继续努力，打算赢回来，那他今天的失利就不是真正的失败。相反，如果他失去了再战斗的勇气，那就是真的失败了。很显然，前者属于乐观型的人，而后者则是悲观型的人。但一个人能够将悲观变成乐观，那么他就会有截然不同的人生态度，进而看到不同的人生景观。

其实，悲观和乐观本是相互依存的，不同之处就在于我们怎么选择。有这样一个故事。

一架正在飞行的飞机碰到了强气流，机长将消息宣布了出去。这一消息马上引起了所有乘客的恐慌，甚至有人当即落泪。但空姐发现，在人群中有一位老妇人十分淡定。当人们开始慢慢平静下来后，空姐悄悄来到那位老妇人面前，向她询问道："您刚刚怎么一点反应都没有？您不担心飞机会出事吗？"老妇人笑了笑说："我有 3 个女儿，大女儿和二女儿都先后因病去世了，我这次是去看我的小女儿。若飞机没事的话，我就会见到我的小女儿；若飞机出事，那么我就能够看到我的大女儿和二女儿了，不管怎样都可以，我没有什么好担心的。"

生活中，或许我们每个人都不具备这位老妇人的豁达心态，其实只要豁达，即便我们的人生出现让人沮丧的事情，我们的心境也不会为悲伤的情绪所困扰。

很多时候，世界上的事情根本就没有什么好坏之分，全在当事人怎么看。北大心理学提醒我们，面对一件事情，保持乐观豁达的心境能够避免自寻烦恼，是一件非常值得我们去做的事情。

叔本华曾说："人们不受事物影响，却受到对事物看法的影响。"毫无疑问，这是一句至理名言。生活就是一种伟大的艺术，只要你学会生活、学会选择，不让世俗的尘埃蒙蔽了双眼，不让太多的功利给自己的心灵套上沉重的枷锁，便会发现快乐就像星星一样密布在我们身边的每一个角落，几乎随手可拾。

11. 有梦想就坚持

没有梦想的人，日复一日，永远都不会有什么变化；有梦想的人，充满希望，一切皆有可能。

——北大心理学理念

我们每个人都有自己的梦想，但真正能够实现自己梦想的人却很少。再大的梦想，如果不一步步向前走，那实现的可能性几乎为零。只有向前走，离梦想才会越来越近。当然，在追求梦想的过程中，不放弃、不浮躁、不抱怨、不空等，用你的执着和热爱来表达，否则都是很难实现自己梦想的。

一个有梦想的人往往会满怀希望，一切事情在他身上都有可能发生。而一个没有梦想的人，日复一日，永远都不会有什么变化。当然，一个没有梦想的人，其生活必然索然无味，长此下去，也会逐渐对生活失去希望，甚至走向绝望。北大心理学认为，一个人只有有梦想，让自己生活在希望中，生活才会变得有滋有味。

在美国，有一个年轻人，他十分穷困，他的所有财产加起来连一件像样的西服都买不起，但他仍旧坚持着自己的梦想，丝毫不肯放弃。他梦想着有朝一日能够成为一名明星演员。当时好莱坞有500家电影公司，他非常清楚。

他根据自己认真划定的路线与排列好的名单顺序，带着自己量身定做的剧本前去一一拜访。可第一遍下来，竟然没有一家公司愿意聘用他。

面对100%的拒绝，这个年轻人并没有灰心，从最后一家被拒绝的电影公司出来后，他又从第一家开始，继续他的第二轮拜访与自我推荐。

在第二轮的拜访中，遭遇和第一次几乎一模一样，依然是500家公司全拒绝了他。

第三轮的拜访结果仍与第二轮相同。

这位年轻人咬牙开始他的第四轮拜访，当拜访完第 349 家后，第 350 家电影公司的老板破天荒地答应让他留下剧本先看一看。

几天后，年轻人获得通知，请他前去详细商谈。就在这次商谈中，这家公司决定投资开拍这部电影，并请这位年轻人担任自己所写剧本中的男主角。这部电影名叫《洛奇》。

这位年轻人就是红遍全世界的巨星西尔维斯特·史泰龙。

或许刚一开始，你微不足道，但因为你有执着的梦想，你会因梦想而变得强大。一个人的潜能，往往都是在自己的不断追寻中充分发挥出来的。北大心理学提醒我们，在追寻梦想的路途中，永远也不要停下来。只有这样，梦想才会实现，成功是属于有梦想的、敢于追求梦想的人的。一个人只有梦想，而不懂得追寻梦想，那和没有是一样的，不存在任何本质的区别。

努力不一定能取得成功，但如果不努力，那连成功的机会都失去了。因此，我们应该尽最大的努力挖掘自己的潜力，去实现自己的梦想。任何时候都不要偏离轨道，做一些与梦想无关的事情，只有这样才能成就自己的梦想。

12. 成功也是有方法的

任何一件事情，只要方法对了，不但成功的可能性会更大一些，还会缩短不少时间。

——北大心理学理念

人人都渴望成功，但成功需要讲究一定的方法，不少人之所以失败，就是因为不注重方法。或许我们每个人都知道自身存在着一定的潜能，但只有找对方法才能将这些潜能挖掘出来，进而让它帮助到我们。

当然，只要我们细心观察一下生活就会发现：在失败面前，人们的表现往往是不同的，部分人在找借口，还有一部分人则在找方法。很显然，前者是愚蠢的，后者是聪明的，真正能够走向成功的自然只有后者。

甲和乙是同班同学，两人不管是学习成绩还是平时，在学校的表现都差不多。毕业后，两人先后去了同一家公司面试。甲被对方通知面试后，不但没有做任何准备工作，还迟到了十几分钟。回答面试官问题时，语气也比较生硬，面试官觉得态度不是很好，让他回去等通知了，结果一等就是好几天，一周过去了，也没有见对方打电话。

而乙接到面试通知后，在面试的前一天就开始到公司踩点，与门卫搞好关系，并从门卫那儿了解到了有关老板的一些情况，尤其是知道老板非常喜欢收藏一些古玩，回去后，甲就在网上查阅了一些关于古玩的知识。第二天，面试不但没迟到，还提前10分钟到了。在面试的时候，他和老板很自然地谈到了古玩。老板十分高兴，滔滔不绝地跟他讲了古玩的了解与喜爱，大半天的时间也没有叫人进来面试。结果，当然是乙不但被录用了，还和老板成了好朋友。

甲之所以面试失败，就是因为他不懂得恰当的方法，从而败给了方法。而乙能够面试成功，靠的也是方法，他善于利用外界资源，试想，如果他得不到门卫的帮助，他可能会这么成功吗？不一定吧。

任何一件事情，只要我们善于运用方法，就一定能够做好。一个做事不注重方法的人，是很难让自己的潜力得到真正发挥的，也就不可能取得成功。

虽然我们每个人都是独立的，但我们要学会利用外界资源，努力为自己的成功找方法，不要让自己一旦脱离相应的条件就失去某种能力。我们只有找到方法，才能挖掘出自己的潜能，才能事半功倍。

13. 成功的秘籍：勤奋

勤于所业，须知光阴时日机会之不复更来。须勤思，而加须勤思，而加条理。

——严复

我们每个人都希望自己是天才，可是有几个人的才能是天生的呢？即便有，大多也会在还没有真正成功时就毁于一片赞扬声中，能够真正最终飞上金字塔顶端的凤毛麟角。可"蜗牛"就不一样，因为执着，因为勤奋，本来无比漫长的路就这样一步步落在它们后边了，最终取得了成就。

其实，每个人的才能都不是天生的，而是在后天的努力中得来的。成功来自勤奋，勤奋熔铸未来，未来始于脚下。我们只有踏着勤奋、坚实、前进的步伐，才能走上平坦的大道，送走晚霞迎日出。只有让勤奋扬起远航的帆，才会长风破浪会有时，直挂云帆济沧海；只有让勤奋伸展梦想的翅膀，才能大鹏一日同风起，扶摇直上九万里；只有让勤奋挥舞搏击的拳头，才能高举奋进的旗帜，开创美好的明天。

我国著名生物学家童第周出生在一个偏僻的山村里，因为家里穷，他一边帮家里干活，一边跟父亲念点书。

童第周 17 岁才上中学，他的文化基础非常差，学习也很吃力，第一学期期末考试平均成绩才 45 分，校长让他退学，经再三请求，才勉强同意让他跟班试读一个学期。

此后，童第周更加发愤学习，每天天不亮就悄悄起床，在校园的路灯下读外语。夜里，同学们都睡了，他又到路灯下去看书。被值班老师发现了，老师关上路灯，要求他进去睡觉。可他趁老师不注意，又偷偷溜到厕所外边的路灯下去学习。经过半年的努力，他终于赶上来了，各科成绩都不错，数学还考了 100 分。童第周看着成绩单，心想："一定要争气。我并不比他人笨。他人能办到的事情，我通过努力，也一样能办到。"

童第周 28 岁时，得到亲友的资助，到比利时留学，跟一位很有名的生物学教授学习。一起学习的还有不少别的国家的学生。当时，中国贫穷落后，在世界没有什么地位，中国学生在国外也一直被别国同学瞧不起。童第周暗暗下定决心，一定要为中国人争气。

那位教授在做一项实验，需要将青蛙的卵的外膜去掉。这种手术十分难做，不但要有熟练的技巧，还要耐心和细心。教授自己做了几年，没有成功；同学们谁也不敢尝试。童第周却不声不响地刻苦钻研，不怕失败，做了一遍又一遍，终于成功了。教授很兴奋地说："童第周，你真行。"

其实，成功没有秘诀，如果有，那就是勤奋和执着。在我们的生活中，有哪一位成功者是不通过勤奋和执着就取得成功的？童第周之所以能取得成功，靠的就是勤奋和执着。人只有不断勤奋努力地工作和学习，从中领悟勤奋激发出的灵感，成功的契机才会慢慢向你靠拢。

曾经有人问牛顿说："您获得成功的秘诀是什么？"牛顿回答说："假如我有一点微小成就的话，没有其他秘诀，唯有勤奋而已。"纵览古今中外的历史，无数的事实都向我们证明：那些在事业上取得辉煌成就的人，并不一定是天资最佳的人，而是肯下苦功夫的人。这些人的成功都在验证着同一个道理：成功与勤奋有着密不可分的关系，成功是勤奋的结果，而勤奋则是成功的必备条件。

如果说理想是驶向成功的船，那么勤奋就是为它鼓风的帆，没有帆，船是永远也到不了彼岸的。

14. 将危机变成转机

强者将危机变成转机，弱者却把危机变成万丈深渊。

——北大心理学理念

生活中处处都存在着危机，也随时都可能降临。当然有不少人在危机面前不知所措，犹豫着、彷徨着，似乎满是无奈，但有一些人能巧妙地将危机变成转机，"危机往往是转机"似乎早已成为他们的口头禅。

北大心理学认为，危机和转机是并存的，危机往往都能变成转机。其实，生活中有不少事情是可以相互变化的，坏事可能变好事，好事也可能变成坏事。因此，他们在遭遇困难、挫折、灾难时依旧保持着冷静，他们坚信这或许就是生命中的转机。

有一个男孩给他人的印象一直都是一个很固执而且胆大妄为的人，只要是自己喜欢的事情，便不达目的不罢休，不管他人怎么劝阻，也不管遇到多少艰难困苦，都始终固执地坚持着。

他的父亲是一名律师，在他很小的时候，父亲就希望他将来也能成为一名律师，便经常将自己的成功案例当成故事讲给儿子听。可能是受父亲的影响，他认为自己对法律还是蛮有兴趣的，因为除了法律，他暂时找不到比之更有兴趣的。大学时，他按着父亲的意愿报读了法律系。

4 年大学生活，他的思想发生了很大变化，他对文学的兴趣与日俱增，临毕业时，他发现自己对文学的兴趣远远高于法律，以致毕业后依然放弃了自己的专业，在学校的旁边租着房子，搞起了文学创作。父亲知道后异常愤怒，斥责他不听话、不务正业，要他立即回家听从自己的安排，否则就从此一分钱也不给他。父亲的话，他根本就听不进去，依旧待在自己的房间里，没完没了地写着。

半个月后，父亲见怎么劝都无济于事，便让妈妈打电话试着劝劝他。没想到的是，在电话里，妈妈都哭了，儿子除了安慰她几句外，还让妈妈一定要支持他、相信他，他一定会取得成功的。

"随他吧，看他能在外边撑多久，混不下去了，总要回来的。"妈妈刚放下电话，父亲就这样说道。

"老爸果然是说到做到，还真不给我钱花了。"没有收到父亲生活费的他在心里这样说道，"看来我真的会成为一名著名作家的，不用想，也不用去找，素材就有了。哈哈……"想到这里，他高兴地笑了起来。

"幸好下个月的房租还留着。就拿稿费当生活费吧。"他很高兴地这样想着。但一切都没有想象的那么顺利，他的文学之路也注定不是坦途。退稿接二连三，有的退回来让改，但改了还是被退了，无一采用的。这让他的生活很快就陷入了困境，没有了父亲的经济支持，稿费也落空了，他的生活几乎变得连肚子都填不饱。他只能向朋友借钱，每天的食物不是泡面就是白开水和干面包。

就这样，他欠朋友的钱越来越多了，自己也有些不好意思再借了。于是，他在酒吧找了一份夜里上班的工作，下班后回去睡上两小时继续写作。在他的心里，这一切都是上天赐给他的写作素材。

一年后，春天终于降临了，他的作品不断出版，受到了广大读者的喜爱，每一部作品都成为畅销书。

每个人都希望自己的生命航线是一帆风顺的，谁都不愿意受到命运的愚弄，但在人生道路上，顺境和逆境总是彼此交替出现。但二者往往都蕴含着机会，关键是你怎么对待、怎样把握好顺境的优势和逆境的契机。一些看似是危机的东西往往都隐藏着转机，若你一度将其当作危机，那就自然看不到转机，也不会取得成功。

15. 改变自己的心态

改变心态才能改变命运，阻碍我们能力发挥的不是别的，而是心中的顽石。

——北大心理学理念

人只有有一个好的心态才能驾驭生活，而人与人之间最大的差异也在于心态。一位哲人曾说过，有什么样的心态就有什么样的未来。的确，每个人都有喜怒哀乐、七情六欲、悲欢离合，控制自己的心态，改变自己的心态，才能拥有幸福的生活。北大心理学认为，一个拥有良好心态的人，往往更容易取得成功，而阻碍我们能力发挥的不是别的，正是我们心中的顽石。

很久以前，有一户人家，家门口摆着一颗大大的石头。这颗石头约有40厘米宽、10厘米高，每次进出都很容易被石头碰到。

这户人家有一个八九岁大的小男孩。这天，小男孩出门时，又被石头撞着了，男孩忍不住问爸爸："爸爸，我每天都要被那颗石头撞着，撞伤好几次，为什么不将它搬走呢？"

爸爸看了看儿子，笑着说："那颗石头，在我们家门口已经很多年了。我小时候也经常被撞，我也要求你爷爷将它搬走，但你爷爷说他小的时候，这颗石头就在那里。不但它的体积很大，而且不知道地下还埋了多深，也不知道要挖到什么时候，谁没事无聊到挖石头？再说了，就算挖出来了，谁有那么大的力量搬走它？还不如自己走路小心点，还能锻炼自己的反应能力。"儿子听了父亲的话，虽然有些不高兴，但还是觉得爸爸说的有一定的道理。

几年过去了，这颗大石头留到下一代，当时的儿子娶了媳妇。一天，媳妇气愤地说："门口这颗大石头，我怎么看怎么觉得不顺眼，改天请人搬走吧。要不，以后有小孩了还不知道要被石头碰伤多少回呢？"

231

他慢吞吞地回答说："算了吧！那颗大石头很重的，能搬走的话，在我小时候就搬走了，哪会让它留到现在啊。我小的时候也被碰伤过很多次，后来我形成了条件反射，每次都很小心地进出门。"

媳妇心底十分不是滋味，那颗大石头不知道让她跌倒多少次了。这天，刚好媳妇一个人在家，她想来想去，还是觉得自己试试看能否搬走石头。于是找来了锄头和一桶水，将整桶水倒在大石头的四周。十几分钟后，媳妇用锄头把大石头四周的泥土挖松。媳妇早有心理准备，可能要挖一天吧，谁都没想到几分钟就把石头挖起来了，看看大小，这颗石头根本就没有想象的那么大，都是被那个巨大的外表蒙骗了。

我们总是对自己固有的观念保持不变，只要是自己认定的东西，就认为是一成不变的，也不会想着去改变。北大心理学认为，保持固有的观念不变，不易改变世界，而想要改变世界，就得先改变自己，尤其是自己的心态。心态得不到转变，就不会有行动，只有改变心态才能改变命运。

生活中，我们每个人都希望拥有财富，但是对于财富，我们同样需要有一个正确的心态。北大心理学认为，事物的价值是借助金钱来体现的，但因为金钱拥有流通和支付的功能，因此它会影响我们的心态，左右我们的行为。因此，我们应该转变自己的思维方式，学会如何赚钱、如何花钱，只有这样才能有所作为，否则就会被其他东西所困扰，跳不出原来的圈子，也就不可能创造出新的财富和价值。

16. 学会激发自己的创造力

人的创造力是无穷的，但不激发，你就不会发现。

——北大心理学理念

人的创造力往往都是无限的，就连一生发明两千多种东西的爱迪生也没有完全挖掘出自己的创造力。可是，很多时候，我们似乎习惯对一些事情说"不可能"，殊不知，每个人的生命中都潜藏着很多可能性，正是自己的那句"不可能"让"可能性"悄悄地隐藏了起来。似乎除了盲目地回应"是"或"不是"，就不能往前考虑一步了。我们的创造力就这样被扼杀了，金矿也自然地被沉到了最底层。

北大心理学认为，一个人只要意识到自己是一个有所作为的、伟大的人，就会积极地行动起来，进而激发自己的创造力，一步步接近成功，享有快乐的人生。

因此，我们应该学会激发自己的创造力，可是怎样激发自己的创造力呢？北大心理学通过研究提出了以下几点建议：

1. 1 分钟训练法

利用一分钟时间想出一个新点子。比如，思考最近发生在自己身上的一件事情，将这件事情的意义及发生原因等记录下来。

2. 利用直觉创造机会

对于一些事物，我们往往会产生预先感觉，这就是我们通常所说的直觉，可以说它是人的一种先天能力。直觉对创造性是非常重要的，面对一些主次的矛盾问题，我们都是凭直觉下结论的。

可是我们怎样抓住直觉从而给自己创造机会呢？

（1）你是否相信有感应这回事？

（2）通常情况下，你是靠直觉做事情吗？

（3）你有心灵感应的经历吗？

（4）你靠直觉捕捉到的他人的第一印象是否与他的本质相符？

（5）你是否曾在梦中找到解决问题的方法？

（6）你是否能坚持不随波逐流？

（7）他人发现问题前，你是否有同感？

（8）你是否曾成功地预测到将要发生什么事情？

（9）遇到重大的问题，你的内心是否会有强烈的触动？

（10）你是否曾做成过看似不可能的事情？

以上 10 个问题，每个问题 1 分。肯定性答案超过 5 分，直觉性比较强；5 分以下，2 分以上者，往往不能抓住直觉；2 分以下者，即便有直觉，也只能荒废。

3. 多问为什么

任何事情都存在一定的合理性，但这个合理性不是唯一的，其他的可能性是存在的。对于一件事情，多问几个为什么，创造力就会被激发。

4. 改变一下自己的习惯用语

语言是我们表达自己思想的一种工具，什么样的思维就会决定什么样的语言，然而这种语言体现的是你对事物的态度。北大心理学认为，有些创造力就被扼杀在不经意的语言习惯中。尤其是消极的语言习惯，往往会对他人、对自己的创造力给予否定。

看看自己有没有类似以下的语言习惯，有的话就需要改变，否则你的创造力就会被扼杀掉了。

（1）这不是我们的做事风格。

（2）怎么可能？

（3）我之前试过，根本就不行。

（4）代价太高了，万一失败了呢？

……

5. 适当运用自己的右脑

在一个想法刚刚产生的时候，右脑是十分有用的。不少时候，百思不得其解的问题往往会在不经意间顿悟，至于原因，自然是过度劳累的左脑需要得到放松，右脑的功能得到释放。因此，不少人发现就在自己不专注问题时，却找到了答案。

第9章

做一个内心平静而有爱的人

心静则神宁，神宁则思聚，思聚就会让一些奇迹诞生。一个人也只有保持内心的平静，才能集中精力去做一些事情，也就更容易取得成功；相反，一个人如果内心浮躁，则什么事都做不成。因此，我们应该做一个内心平静的人。但是光有这些还是不够，还要有爱才行。一个人的内心如果没有爱，那是十分可怕的。我们每个人都在追求幸福，也都希望自己能够幸福。可是幸福是什么呢？幸福就在于我们用怎样的视角、心态来感受个人的成功。爱，在我们的生活中能够战胜一切。

1. 心静，路自然直

这些年来，我的座右铭一直是：纵浪大风中，不喜亦不惧，应尽便须尽，无复独多虑。处之泰然，随遇而安，则是唯一正确的态度。

——季羡林

生活在这个浮躁的世界里，我们时常会感到莫名的心烦意乱，既找不到原因，又无法消除。这种心烦意乱不但于事无补，而且会让事情越来越糟糕。不少人在做错事情之后总是习惯性地说："当时我很烦，哪里能顾上那么多啊。""脑子乱成一锅粥，我根本就不知道自己在做什么。"……如此可见，心烦意乱时，人往往会失去方向，因此在这种状态下如果能够保持静默，拭去心灵上的浮躁，或许出路就在眼前。

这天，一群刚刚来到北京的青年人由于对北大充满了无限的向往，便决定晚上一起去北大校园逛逛。他们都住在离北大很远的地方，所以下午刚吃完饭就溜了出来。由于地铁末班是11点，所以他们准备逛到10点多就回去。

这群年轻人一路欢呼着，仿佛又回到了在学校的那些日子，他们已经很久没有这样的感觉了。每个人的脸上都洋溢着笑容，写满青春的字样。他们认真地听着地铁的报站，生怕坐过了。或许人在快乐中是感受不到时间的流逝的，他们很快就到站了。这群年轻人似乎早就急不可耐了，一个个地飞奔着出了地铁站。

终于找到了这个向往已久的北大，刚到校门口，这群人就乐得跟疯了似的，一个个你呼我叫，抢着拍照，一路上都是欢声笑语。

他们在北大校园里尽情地逛着，不知不觉就到了10点20。对这里一点都不熟悉的他们，开始顺着来路寻找出校门的路。可是，走了很久也没有找到出去的路，反而觉得越走越远了。大概是因为当时是冬季，天气冷的原因，校园里很少有人来往。"怎么办呢？眼看着就要错过末班车了？"大家开始变得烦躁不安了。你建议这么走，他说那么走……大家嚷成一片，意见各不相同。

"我们能不能静下来，好好想想怎么走出去。"一个青年大声地建议道。听完他的话，大家静了下来，有些莫名其妙地看着他。

随之，一片死寂。突然，一个青年向前走了去，大家都莫名其妙地看着他，就在一块展板面前，他停了下来。

"快过来，这儿有地图。"他转身招呼着朋友们。

原来他发现路边的展板上有一张地图，大家都被惊呆了。"你怎么不早说，这里有地图。"同行的朋友埋怨着。"大家都嚷成那样，我也是刚刚静下来才发现的。"那个发现地图的青年有些无奈地说道。"是啊，那么乱哄哄的，怎么可能发现什么地图呢？只要静下来，认真思考，出路才可能出现。"

最终在地图的帮助下，他们顺利地走出了校园。

佛家讲人生静如禅，讲无尘心。北大心理学家认为这里的"尘"就是我们现实生活中的痛苦、焦虑、麻烦等，我们只有用平静的心态拭去这些"尘"，才会更加敏锐地感受到生活中的美好与快乐。

2. 快乐来自内心

一个心灵不快乐的人，是根本就不可能幸福地对待生活的。

——北大心理学理念

每个人都希望自己的未来能够更好，我们也经常习惯性地说未来会更好，但事实并不是这样。部分人的未来会变得更好，还有部分人则可能更差。为什么会这样呢？北大心理学认为，这是由心态决定的。一个拥有积极态度的人，往往都会有乐观的想法，有了这种想法，也就有了变好的趋势，再通过一番努力，自然会收获幸福和成功，而且会因此使大脑兴奋、压力减少、淡定从容。

每个人都想拥有快乐，但还是有不少人生活在痛苦中。因为只有摒弃烦恼、抱怨以及仇恨、获得幸福的人，才能感受到快乐。既然每个人都想快乐，为什么不去寻找呢？

上帝将一把快乐的种子交给幸福之神，让她去人间撒播。

临行前，上帝不放心地问："你准备将它们撒在什么地方呢？"

幸福之神胸有成竹地回答说："我已经想好了，我准备把这些种子放在最深的海底，那些寻找快乐的人，只有经过惊涛骇浪的考验后，才能找到。"

上帝听了，微笑着摇了摇头。

幸福之神思考了一会儿，继续说："那我就把它们藏在高山上吧，让寻找快乐的人，通过艰难跋涉才能发现它们的存在。"

上帝听了之后，还是摇了摇头。

幸福之神茫然无措了。

上帝意味深长地说："你选择的这两个地方都很容易找到，你应该将快乐的种子撒在每个人的心里，因为自己的心灵才是最难到达的地方。"

快乐就在我们的心里，可是很多人却不知道，他们也快乐不起来，只要我们找到了内心那粒快乐的种子，想要不快乐都难，然而也只有内心的快乐才是真的快乐。我们可以坚持每天做一件好事，在自己得到快乐的同时，也能让他人快乐。

秋天快要过去了，狐狸一家忙着收藏食物，准备过冬，只有一只灰色的狐狸例外。

"你怎么不干活呀？"其他狐狸问道。

"没有呀，我干着呢。"

"你都忙着收藏什么呢？"

"阳光、颜色还有单词。"

"什么？"其他狐狸吃了一惊，互相看了看，便笑了起来。

那只灰色的狐狸却没有理会，而是继续工作。

冬季来了，天气越来越冷了。

其他狐狸想起了那只灰色的狐狸，跑去问它："你怎么过冬呢？你收藏的东西呢？"

"你们先闭上眼睛。"

狐狸们有点奇怪，但还是闭上了眼睛。那只狐狸拿出第一件收藏品，说："这是我收藏的阳光。"

昏暗的洞穴顿时变得晴朗，狐狸们感到很温暖。

它们又问："还有颜色呢？"

那只狐狸开始描述绿叶、红花还有金黄的稻谷，说得十分生动，狐狸们仿佛真的看到了夏季田野的美丽景象。

它们又问："那么，你的那些单词呢？"

于是那只狐狸讲起了一个故事，狐狸们听得入了迷。

最后，它们变得兴高采烈、欢呼雀跃："你真是一个诗人！"

狐狸们储备了不少物资准备过冬，唯独那只灰色的狐狸收藏了阳光、颜色和单词，在冬天来临后，它把温暖、美丽和爱带给了其他狐狸。我们人也一样，不管自己拥有什么，追求什么，也不管自己在哪里，都不要忘了给自己收藏一点快乐。因为，不管冬天多么漫长和严寒，它都会帮我们度过心灵的冬天。

3. 不愤世，也不嫉俗

有些人天资颇高而成就则平凡，他们好比有大本钱而没有做出大生意，也有些人天资并不特异而成就斐然可观，他们好比拿小本钱而做大生意。这中间的差别就在努力与不努力了。

——朱光潜

一般来讲，有正义感的人，往往会对现实中的一些黑暗以及不合理的习俗表示愤恨和憎恶。愤世嫉俗的人固然有正义感，但过于愤世嫉俗反而会有危害了。北大心理学通过多次实验研究表明，悲观且愤世嫉俗的人，其神经系统会让他们总是使用负思考的神经，如此一来，他们就越来越悲观，而神经系统则会不断地分泌出让细胞凋亡的神经化物质，所以一个长期处于悲观而愤怒状态的人无异于是在慢性自杀。

愤世嫉俗往往能够让人自觉排斥可能会给他人带来伤害的事情，进而对这件事情采取否定的态度，尽管很多事情可能并不会给他带来伤害。在心态不平衡时，我们往往很容易作出不理智的决定，不但不利于自己工作的进展，还会危害到他人。因此，一味地愤慨抱怨是毫无用处的，一个愤世嫉俗的人根本就不可能取得什么大成就，因为他忽略了自己真正该做的事情。北大心理学认为，与其无能为力地愤怒，还不如将精力用来做自己该做的事情。无法改变现状，就让自己去适应。

一家公司因为资金周转问题，不少员工面临失业，公司关门的可能性也比较大。而公司的董事长却认为，这也是自己发现人才、挑选真正合作伙伴的机会。

于是，他不但不隐藏资金不足的消息，还尽量将消息外传，同时也注意观察自己的员工，晚上经常去员工宿舍转转。第一天，他就发现部分员工虽然还在自己公司忙碌着，但心已经不在工作上了，显得心烦气躁。少数员工开始和一些招聘公司联系了。当然也有少数人像平常一样，仿佛自己根本就不知道这件事情一样。

3 天后，有员工开始辞职了。他没有劝告，微笑着批准了。一周后，他发现只有 3 个人始终和之前一样，既不沮丧也不愤怒，甚至连悲伤都没有，公司面临破产的事几乎与他们一点关系都没有，认真地工作着，休息时也高兴地说说笑笑，或看一些娱乐新闻。

他想，这 3 个人比较符合自己的期望，也只有这 3 个人有着能够成就一番事业的能力，只是还没有遇到适合的机遇。于是，他卖掉了自己的房子，解除了资金不足问题，只留下了那 3 个员工，别的员工即便自己不辞职，他也以各种借口解聘了。

后来的事情正如他所想，留下的 3 个人都成了自己的得力助手。在他们的帮助下，公司越来越好，仅仅一年时间，公司规模就比原来大了 3 倍多，赢利也远超之前，其中有一个月的净赢利额比之前一年的赢利还高。

年轻人在初入社会时，往往都会看不惯社会存在的种种不公平现象，愤世嫉俗的心理也就由此产生了。这时，我们应该学会调节自己，正视社会中的各种现象，用平常心去看待。这个世界的确不公平，一些人一无所有，一些人却得到太多。我们无法改变这种现状，但我们可以改变自己的心情和态度，让自己去适应这个社会。当然，适应社会并不代表我们要认同某些行为，甚至同流合污，我们应该保持积极的心态。微笑着面对生活，我们就能拥有快乐的心情，改变能够改变的，让生活过得更好。

北大心理学提醒我们，任何时候都不要任由愤怒蔓延，尽量让自己的心情变得平静，将精力用在该用的地方，这样不但不耽误正事，还能磨炼自己的意志力，让自己变得更成熟。

不公平是时时都存在的，也是时时都会发生的，因此我们应该既不愤世也不嫉俗，保持内心的平静。

4. 懂得分享

分享是一种博爱的心境，一个人只有懂得分享，才会生活。

——北大心理学理念

一个人的力量是有限的，一个人所能承担的也是有限的。一个人如果不懂得分享，那他迟早会撑不住，即便那些事情都是好的、积极的，因为没有人分享，你就感觉不到其价值所在，长此下去，就会愈加感觉到自己做的这一切毫无意义，不但会因此而郁闷，还会失去斗志。当然，那些不幸的事情更要懂得分享，因为它更容易让我们变得郁闷、不快乐。分享不幸，会避免痛苦；分享幸福，会更幸福。北大心理学认为，一个懂得分享的人，往往很会处世，也不会让自己待在自我封闭的世界里。

懂得分享也是一种幸福。比如，你有一件快乐的事情，你将它分享给自己的朋友，你的朋友也因此得到了快乐，你自己也会更快乐。或许，你在与人分享时根本就没想过自己能得到什么，但你还是要将自己的事情分享给他人。因为他人分享了你的快乐，他有了快乐的事情也会同样分享给你的。这样，你就多了一份快乐。

北大心理学认为，与人相处，学会分享是一种胸怀，而懂得分享却是一种品质，更是一种幸福和快乐。当然，学会分享首先就要摒弃贪婪。任何贪婪都只能让人的心理处于封闭状态，不但得不到想要的，反而会失去更多。

有一个比较聪明的年轻人，他的邻居很富裕但很爱贪便宜，他想故意捉弄自己的邻居一回。于是，这个年轻人来到了邻居的家里，诚恳地要求借一枚金戒指，说自己出席一个重要活动需要用，富人答应了。几天后，年轻人把这枚金戒指连同另一枚小金戒指一起还了回来。

"你这是？"富人满脸的惊讶，"我只借给了你一枚戒指啊。"年轻人回答说："你的戒指生下了小戒指，因此我把母子俩都带来，因为它们理应都属于你。"富人愣了一下，但贪婪的本性还是让他笑眯眯地把两枚戒指都收下了。

过了几天，年轻人又来向富人借金碗。过后，他又拿着一大一小两只碗来到富人家。"恭喜你，你的碗又生了个碗。"富人心花怒放，他想，这人真是傻到家了！

又过了一段时间，年轻人第三次来找富人："你可以借我一条金项链吗？"富人爽快地答应了。他想，这下又能多一条小金项链了！

日子一天一天地过去，但年轻人始终没有出现。富人等得不耐烦了，来到年轻人家里。"我的金项链呢？"他问道。

年轻人长叹一口气，悲伤地说："我告诉你一件不幸的事情吧，你的金项链不幸去世了。"

"去世了？怎么可能呢？"富人生气地说，"金项链怎么会去世呢？"

年轻人摊开手反问道："如果你相信戒指能生小戒指，碗能生小碗，有什么理由怀疑金项链不能去世呢？"

人往往会因为贪婪而变得愚蠢，将幸福变成不幸，将快乐转为痛苦。因此，我们不要贪婪，要学会分享和付出。北大心理学在此提醒我们，要注意度，学会有节制地生活和处世。

5. 学会宽恕他人，善待自己

怨恨对于事件的本身是一点用处都没有的，虽然这样让我们自己觉得平衡了一点，其实反而加剧了我们的心理负担。

——北大心理学理念

在生活中，我们难免会与他人发生或这样或那样的不愉快，尤其是当你感受到委屈时，你是怨恨他人还是宽恕他人呢？如果这只是一个选择题，我相信每个人都会选择后者。可是在实际生活中，想要真正做到后者，往往就不是那么简单了。

一本叫作《学会宽恕他人》的书中有这样一句话："不懂得宽恕的人，拆掉了他自己也得通过的桥梁；因为，每一个人都需要获得宽恕。"我们每个人都需要获得他人的宽恕，因为生活中有太多的身不由己，很多时候我们都是被迫的，这个世界上是没有人愿意伤害他人的。北大心理学认为宽恕他人就是宽恕自己，有的时候，还能让我们收获更多。

战国七雄之一的赵国受到了秦国的威胁。地位低下的蔺相如被赵王提拔了，蔺相如与秦王几次交涉，巧妙地挫败了秦王，维护了赵王的尊严。此后，蔺相如又被提拔几次，位在廉颇之右，这让廉颇心中极为不快，他扬言要让蔺相如难堪。而蔺相如不但不怨恨，还主动躲避，用宽容之心来对待廉颇。后来廉颇听说蔺相如是为了国家利益而躲避自己，便感到羞愧难当，对蔺相如也顿生敬意，便负荆请罪，最后两人握手言欢，亲密无间，成就了"将相和"的千古佳话。

正是蔺相如的这种宽容之心让赵国在短时间内没有受到秦国威胁。如果蔺相如小肚鸡肠，与廉颇斤斤计较，丝毫也不宽恕他，恐怕会两败俱伤，并且会给赵国带来一定的安全隐患。可见，宽恕别人不但善待了自己，还维护了他人的利益。

曾国藩说："善莫大于恕。"其意十分明显，也就是说，宽恕他人等于善待自己。这种处世原则不但适用于古代的君臣关系，而且适用于现代社会中人与人之间的关系，也适用于民族与民族、国家与国家之间。

北大心理学提醒我们，应该懂得宽恕他人，而不是怨恨他人，因为怨恨不但起不了任何作用，反而会给自己的心理增加一些负担。怨愤态度往往会让人产生消极情绪，消极情绪对我们的健康和性情都会产生很大的负面效应，从而对我们造成伤害。更为严重的是，我们总是想着自己受到了不公正的待遇，并因此而极不愉快，这样一来便会招致更多的不愉快。

当然，宽恕本身也是一种力量，这种力量能够让我们打败生长在自己体内的怨愤，阻止怨愤妨碍我们享受人生的乐趣。宽恕也是帮助我们控制自我情绪的最有力的工具之一，一个人要是不懂得宽恕，就是在毁掉自己必经的一座桥梁。因为在将来的某一天，我们也同样需要他人的宽恕。

6. 爱对方就要积极关心对方

只有健全的爱情心理，才会得到甜蜜的爱情。

——北大心理学理念

我们每个人都希望得到甜蜜的爱情，但并不是每个人都可以拥有。想要得到甜蜜的爱情，就需要健全的爱情心理。但是怎样才能具有一个健全的爱情心理呢？北大心理学提出了以下几点建议：

1. 学会关心对方

要在意自己所爱的人的心灵感受及需要，并愿意随时为对方付出。这在不少生活细节上可以完全地体现出来，比如给对方一个小礼物、为对方洗一次脚等。爱情是需要这种无微不至的关心的，但要注意掌握度，不要关心过头，让对方厌烦。

2. 主动给予

爱情是无私的、不计回报的，爱不应消极等待。真正懂得爱情真谛的人，不会做作，只会真诚地向爱慕的人示爱，并愿意为所爱的人奉献所有，这样自然会得到一份真挚的感情。

3. 相互尊重

真正的爱情需要互相尊重，尊重对方的人格、职业、爱好，不要强加干涉。

4. 专一对待

想要爱情甜蜜就必须专一。如不专一就很容易出现裂痕，甚至分道扬镳。

5. 相互信任

任何猜疑对感情的稳固都是十分不利的。若对方想要告诉你，自然会说；对方不愿意说，也不要强求和胡乱猜测。爱需要给对方自由的空间。要学着信任对方，对方才会信任你。

有一个女孩和男朋友分手后，情绪一直十分低落。她认为自己整个人都崩溃了，开始吃不下、睡不着，工作时注意力也根本无法集中，人一下消瘦了不少，一些人甚至认不出她来。一个月后，她还是不能接受分手这一事实。

这天，她坐在公园里的椅子上胡乱想着。突然，有人向她打招呼。她扭头一看，才发现是一位正在喂鸽子的老先生，不少鸽子都围着老先生呢。老先生见女孩微笑着，便问女孩是否喜欢鸽子，女孩耸耸肩说："不是很喜欢。"老先生微笑着说："在我很小的时候，村子里有一个饲养鸽子的男人，他为自己拥有很多鸽子而骄傲。可我实在不懂，如果他真爱鸽子，为什么要将它们关在笼子里，不让它们展翅飞翔？但他说：'如果不将它们关进笼子里，它们就会飞走，离开我。'但我还是想不通，他怎么可能一边爱鸽子，一边将它们关在笼子里，阻止它们想飞的愿望呢？"

她有一种强烈的感觉，老先生想通过讲故事让她明白一个道理。尽管老先生并不知道自己当时的状态，但他讲的故事和自己的情况太相似了。自己曾经强迫男朋友回到自己身边，认为只要他回到自己身边，一切就都会好起来。但那也许不是爱，只是害怕寂寞罢了。

老先生转过身去继续喂鸽子。她默默地想了一会儿，然后伤心地对老先生说："有时，放弃自己心爱的人是很难的。"老先生点了点头，说："如果你不能给你所爱的人自由，你并不是真的爱他。"

女孩如果将对方强行绑在自己的身边，那他也会像关在笼子里的鸽子，失去自由，他不会快乐。如果你心爱的人不快乐，你又怎么能快乐呢？尊重对方的选择，因为那是他的快乐。北大心理学认为，当你深爱一个人时，是十分愿意为对方着想的，希望他（她）快乐，而不是自己。因此，爱对方就尊重对方，让对方寻找属于他（她）自己的快乐吧。

7. 相遇不是为了生气的

任何人与他人的相遇都是缘，并不是为了生气，生气在任何时候都不能真正解决问题，并且只能让矛盾更加尖锐，更加伤害彼此的感情。相遇是缘，要时时珍惜。

——北大心理学理念

在生活中，一些男女不管是相恋多久，也不管是感情多深，总会时不时地因为这样或那样的事情发生一些争执。有时一句无关的话，或一个表情就会引发争执，也有一些人会因为一句话就吵架。可是，每次吵完之后就后悔了，当然有的也会主动向对方表示歉意。可是，同样的事情仍旧会发生。女孩子怕伤害感情，却又不知道该怎么办。明明很相爱，为什么还会因为一些鸡毛蒜皮的小事而争执呢？

北大心理学认为，这是因为我们太爱对方了，以至于习惯性地用自己的思维来要求对方，只要对方的做法稍微让自己有些不满意就会心生不满，进而发生争执。其实，细想想，这些所谓的争执都是无所谓的，有时还会给双方的感情造成一定的裂痕。很多时候，只要我们让自己的心态平和一点，多理解一下对方，包容一下对方，这些不必要的争吵就能完全避免。北大心理学在此提醒我们，男女之间只有相互包容、理解，才能使感情更加融洽，细水长流。

有这样一对男女，他们在一家公司上班，每天一起挤公交上下班。

这天下班后，两人还是像以往一样挤着公交往家赶着，男孩也像以往一样用手围挡着女孩的腰，怕后边的人挤到女孩，也像之前一样轻声问女孩："你应该很累了吧？待会想吃点什么呢？"不知道是什么原因，听了男孩的话，女孩突然意识到男孩很没主见，便很不耐烦地说："别烦我了，每次都问我，你有点主见好不好？"男孩一脸无辜地低下头说，"让你决定是因为希望能够陪你吃你喜欢吃的东西，然后看着你满脸笑容的样子。我能力有限，你工作上所受的委屈我无法帮你，我所能做的也只有这样。"女孩听后，满怀愧疚地说了声对不起。男孩似乎重新燃起了信心，坚定地说："没关系，只要你开心就好，相遇不是用来生气的。"说完，亲吻了女孩的头发。

生活中的我们也经常像公交车上的这个女孩一样将自己的不满与委屈带给自己最亲近的人，殊不知，这样很可能会给双方的情感造成一定的伤害。我们真正应该做的就是像男孩一样包容对方、体贴对方，不要将工作中的情绪发泄在心爱的人身上，破坏亲密关系，应该主动给自己一个微笑。"相遇不是用来生气的。"这话说得真好。当自己控制不住情绪时，想想这句话吧，烦恼的生活就会增加一些快乐的因子。

有一位禅师很喜欢养兰花，总是在自己弘法讲经之余花上不少时间栽种心爱的兰花。一天，他需要外出云游一段时间，临行前，他交代弟子要好好照顾寺里的兰花。

在这段时间，弟子们总是十分细心地照顾兰花。但有一天，浇水时却不小心将兰花架碰倒了，兰花盆全都摔碎了，兰花散得满地都是。弟子们十分恐慌，准备等师父回来了向师父赔罪。

禅师回来了，得知此事不但没有责怪他们，反而说："我种兰花，一是希望用来供佛；二是为了美化寺庙环境，我并不是为了生气才种兰花的。"

兰花需要用心呵护，人的感情需要悉心照顾，只有这样才能保证茁壮成长。相恋的两个人，最需要做的是珍惜，没有必要用生气来抹杀幸福。即便爱情遇到一些阻险，也要心平气和地对待对方，用爱和勇敢去化解，而不是用生气或吵架等方式对待。

北大心理学认为，生气在任何时候不能真正解决问题，而且只能让矛盾更加尖锐，更伤害彼此的感情。因此，我们应该时刻告诉自己，不是为了生气才相遇的，而是为了一场美丽的相约。

8. 试着给自己换种心情

没有任何外界的力量能把一个人或者一个机构打败，能把一个人打败的是自己的内心世界，把一个机构打败的是内部的管理。

——俞敏洪

我们总是因为这样或那样的事情心情不好，其实真正决定我们心情的并不是事情本身，而是我们内心的想法，换种想法就能换种心情。

有一个老太太整天坐在屋前哭泣。一天，一位年轻人自门前路过，看到老太太在那儿哭泣，便上前问其缘由。老太太告诉年轻人，自己有两个女儿，大女儿嫁给了洗衣店的老板，二女儿嫁给了卖雨伞的老板。晴天，她担心二女儿的伞卖不出去；下雨，她又担心大女儿的衣服洗了没地方晒。于是，只能整天哭。

年轻人听后对她说："同样一件事情，想的方式不一样，结局就会不一样。下雨时，你二女儿家的伞可以卖出去；而天晴时，你大女儿家可以洗衣服。这样一来，不管是天晴还是下雨都有钱赚，不是一件好事吗？"听了年轻人的话，老太太顿悟了，不再哭泣了。

维克托·弗兰克尔是第二次世界大战中德国某集中营的唯一幸存者，他曾说过这样一句话："在任何特定的环境中，人们还有一种最后的自由，就是选择自己的态度。"如果我们不能改变环境或现状，就转变一下自己的思考方式吧。看问题的心态改变了，结局自然会大不相同。北大心理学认为，不管遇到什么事情，只要我们的心里充满阳光，就始终能够拥有一个平和的心态、快乐的心情。

不管他人是打你还是骂你、侮辱你，是否将其视为侮辱的都是你自己。他人激怒你，真正激怒你的是你自己的反应。北大心理学提醒我们，不要被表象所迷惑，不管在什么样的场合都首先要问问自己"当下要做的事情是什么"，并由此获得内心的平静。

有一个年轻人是一家私营企业的技工，而他的上司却是那种不但要求很多，还经常将批评挂在嘴边，总是时不时唠叨几句的人。

刚来到这个公司时，这个年轻人几乎每天都要被上司批评很多次。只要有一丁点的小错出现，上司就会毫不客气地训斥他一番。年轻人听后，自尊很受伤，但还是看在工作和工资的份上忍了，然后按照上司的建议去改。

改了几次之后，年轻人渐渐地发现尽管上司训斥自己时比较严厉，但是一些比较重要的工作每次还是会安排自己去做，对他的信任也丝毫没有减弱。而且，在训斥自己时，也向他灌输了不少专业方面的知识和方法。发现了这些，年轻人也不再愤慨了，反而因为上司对自己的苛刻而高兴。他的技术也越来越精湛，一段时间后，就被提拔为技术部副总了。

在职场上，我们都不敢保证自己一定能不遇到苛刻的上司，其实遇到苛刻的上司也许是一件值得庆幸的好事情，就如文中的那个年轻人，虽然他的上司粗言粗语或行事方式不按常理，但他会告诉年轻人什么是对、什么是错。你可能会因为非常细微的错误被他责骂，但这何尝不是一种锻炼和学习呢？

9. 赐予心灵一服良药

想要收获幸福，就要练就这样一个心理：不要为小事抓狂，着眼大事、关键的事、重要的事、紧急的事。

——北大心理学理念

在生活中，我们总会产生各种不良的情绪。这些不良的情绪，我们要努力克制，应该怎么做呢？北大心理学认为，首先要对痛苦的现实进行适当的否认，并自我暗示。如对自己说：一切都会好的，眼前的事很快就会过去。将那些影响身心健康的事情给予选择性遗忘，否则你的正常生活就会被它们干扰。与其想着失败，还不如努力想怎样改变现状。

我们应该经常面对自己的心灵，给它一个宁静的空间。生活在俗事中的我们有时感到压力，有时感到痛苦，有时感到绝望，这时，我们就需要放松自己。人要学会劳逸结合，过分疲惫的心灵只会让一切越来越糟糕。坦然地去面对它、抖落它，便会留下美好和轻松。

20世纪最伟大的实验物理学家卢瑟福曾说："我认为，再没有比那些只顾自己鼻尖底下一点事情的人更可悲了。"琐事也是心灵的毒刺，为什么要为琐事伤透脑筋呢？与其为琐事伤透脑筋，还不如朝着自己的目标前行，为小事耽误自己的前途是非常可惜的。为小事纠结是在消耗生命，根本就不会有丝毫收获，也不会有什么幸福可言。

有一种吸血蝙蝠，它们生活在非洲草原上。这些蝙蝠的身体十分小，却是野马的克星，这种蝙蝠靠吸动物的血生存。它们常常依附在野马的腿上，用锋利的牙齿快速地刺入野马腿，然后吸食野马体内的血液。无论野马怎样狂奔、暴跳，都无法摆脱掉这种蝙蝠，它们轻松地吸附在野马身上，直到吸饱才抽身离开，而野马经常会在狂奔、暴怒、流血中愤然死去。

这让动物学家们百思不得其解，不起眼的吸血蝙蝠怎么会让壮硕的野马毙命呢？所以，动物学家们进行了一次实验，观察野马死亡的整个过程。结果发现，吸血蝙蝠所吸的血是微不足道的，根本就不可能让野马毙命。他们在分析这一问题时，最终一致认为野马并不是因为蝙蝠的吸血而死，而是因为野马本身的暴躁习性和狂奔导致的。

我们一定不要像野马那样，为了小事抓狂而丢失生命。在这里，北大心理学提醒我们要控制自己的情绪和行为，时时审视自己，尤其是受到刺激时，不要做出过激的行为。

蒙瑞斯曾说过："我们常常纵容自己为一些不值一提的小事沮丧不已。事实上，想想人生几何，我们何必介意那些可能 1 年后就没有人会再介意的小事呢？何不让我们把这些一去不回头的宝贵光阴用在可贵的感情、重大的思想、真诚的爱意以及恒久的事业上？毕竟'生命易逝，不容轻掷'呀。"想要收获幸福就要练就这样一个心理：不为小事抓狂，着眼大事、关键的事、重要的事、紧急的事。

10. 失望是因为期望太高

在失望面前，我们总是习惯性地伤感或抱怨，当然也没有谁愿意让自己生活在失望中。其实期望不高，失望又从何而来呢？

——北大心理学理念

失望于我们每个人都是不可避免的，也是随时都可能降临的。但是，我们为什么会失望呢？9/10 以上的人都会将原因归于外界因素的影响，即便有人能够从自身去考虑，也只会认为是自己不努力，进而让自己陷入一种烦劳与痛苦中，殊不知，这一切都是自己一手造成的。

俗话说，失望失望，没有希望哪来的失望。为什么会失望？北大心理学认为，很多时候并不是我们不努力，更不是时不待人，而是我们自己没有清楚地认识自己，弄不清自己的实力究竟如何，因此产生一些过高的期望，当这些期望无法实现或让我们不是很满意时，我们便会失望。那些能够认为失望是因为自己期望过高的人，往往都能看清自己，也往往更容易取得成功。

有一个中学时就喜欢文学的男孩，他几乎将所有的课余时间都利用起来或看或写，甚至连课堂也舍不得放过。他也一直留意着一些征稿信息，经常将一些自己认为与要求相差不大的稿子寄出去，但很少收到回音，且无一被采用。这样的结局，这个男孩很失望。但失望中的他还是告诉自己，是因为自己期望太高了，自己应该降低期望多多努力。

这天，这个男孩看到了一则征文大赛的消息，被奖项诱惑了。他先选出了自己认为比较合适的几篇文章，又让自己的同学帮他选选。但选来选去，同学们认为最好的，他却根本不看好。最后，他还是选了一篇自己认为不错的发了出去。

一个月后，男孩收到了大赛组委会的退稿信，也就是说他的这篇小说连入围的机会都没有。得知此消息后，同学们大多向他投来嘲笑的目光，也有一些同学直接说："不听我的，活该。"当然，男孩心里也很难受。一些好心的同学劝他重新挑一篇再试试，反正离截稿时间还有半个多月。男孩却笑着说："是我期望太高了，否则就不会有这样的失望了。"

虽然收到退稿信后，男孩的心里隐隐有些难受，但他还是打开了厚厚的退稿信，稿子上有很多红色的标记，仔细一看才知道是大赛组委会老师们的一些批改建议。男孩认真地看了起来，看着看着，他的心情好了起来，还露出了笑容，因为这些红色笔标明的建议对他来说太有用了，让自己有一种茅塞顿开的感觉。他将老师们的这些建议对照原文认真地读了好几次，觉得自己收获了不少。他心想："自己能写完那个小说还不错，如果能利用这次的经验再修改一下就更好了。自己上次期望太高了，改后入围应该不成什么问题吧。"这样想着，他不禁有些扬扬自得了。

男孩说干就干。一周后，男孩将自己改好的稿子寄了出去，这下终于感到松了口气。

没想到的是，男孩的那篇小说竟然获得了一等奖。

我们总是认为自己很行，尤其是在自己擅长的方面。总是习惯性地对自己期望很高，可是这个世界上没有任何事物会随着我们的意识而改变，所以很多时候，这些事情是朝着相反的方向发展的，这样一来，自然会让我们感到失望。失望往往都是我们不想要的，失望也是消沉人意志的东西，一个人没有经常生活在失望中，他就会对生活失去希望，变成一个意志消沉、整天生活在痛苦中的人。

因此，北大心理学提醒我们，凡事都不要期望太高，只要自己尽力就好。哪怕最终的结果很坏，自己也不会太失望；结果比较好时，自己还会收获意外的惊喜。

11. 让幽默为你打开希望之门

一个满是幽默细胞的人，往往能够长命。

——北大心理学理念

生活需要幽默，幽默往往能够给我们带来快乐。如果没有幽默，我们会失去很多快乐，幽默就是生活中的一味调剂品，少了就会变味，我们就会不习惯。

北大心理学认为生活是严肃的，我们需要给自己放松心情，也需要给自己减压，让生活多一点乐趣，少一点平淡，试着幽默一些。我们完全能够通过开玩笑来化解无奈、尴尬，制造轻松、快乐的氛围。

一个懂得幽默的人，往往都能够建立一个良好的心态，并让幽默为自己缓解疲劳、摆脱困境等。北大心理学认为，一个人如果以幽默的方式生活，就能够提升幸福感，享受生活。

有一对夫妻带着6岁的儿子从一座城市来到了另一座城市，并打算在这个城市居住一段时间，因此他们不得不四处找房子。他们跑了很多地方，直到黄昏时，才找到一家勉强合适的公寓。

公寓的位置和四周的环境出乎意料的好，他们便前去敲门询问。房东走出来，对这家人从大到小打量了一番。

丈夫鼓起勇气问道："听说这房子打算出租，我们可以进去看看吗？"

房东又看看他们后遗憾地说："实在对不起，这个公寓无法租给带孩子的房客。"

丈夫和妻子听了，不知道该怎么办，便很失望地转身走了。

那个6岁的儿子将事情从头到尾都看在眼里，他想：真的只能这样吗？难道没有别的办法了吗？

突然，他让父母停在远处等着，自己跑回去，用他红叶般的小手又去敲房东的大门。门开了，房东又出来了。

这个孩子信心百倍地对房东讲了一番话，房东听了后，高声笑了起来，决定将房子租给他们。

父母知道后，十分惊讶，问儿子到底是怎样说服房东的。

这个孩子也没有什么别的高招，他说："老爷爷，这个房子可以租给我吗？我没有孩子，只带两个大人。"

6岁的孩子能够想出什么好办法呢？其实他只是用幽默的方式告诉房东，他会像大人一样，不会影响到其他的邻居，这种方式，房东当然能够接受。谁会不喜欢这么懂事幽默的孩子呢？

我们可以通过幽默来适应环境，多一些幽默感，就会多一些快乐，多一些幸福。北大心理学认为，幽默能够帮助我们克服沮丧、无奈、痛苦等不良情绪，获得更高的生活体验。一个具有幽默感的人，往往都是机智的、自信的、快乐的。

那么怎样才能培养幽默感呢？北大心理学认为，首先要有良好的心态，乐观豁达，不计较得失；要有丰富的知识，这样才能融会贯通、妙语连珠、生动有趣；要有较高的洞察力，看到事物的表面与本质；还要机智敏捷、不落俗套。

其实，幽默是一把很好的钥匙，它能够打开快乐幸福的大门。我们应该用这把钥匙给自己的心灵打开一个幽默的世界。

12. 学会自我心理调节

如果能从恋爱中发现自己的不足，今后一定能够找到属于自己的幸福。

——北大心理学理念

对于爱情，每个人都有自己的见解，但不少北大心理学工作人员却认为爱就是在磕磕碰碰中修补。这就告诉我们，爱情是美好的，但也难免有失恋的时候。毫无疑问，失恋是一件很痛苦的事情，但失恋总是不可避免的，随时都会降临的。恋爱失败了，我们该怎么办呢？北大心理学认为，这首先需要我们建立一个新的心理平衡，让自己的心理承受能力增强一些，进行自我心理调节。千万不要走极端，做出过激的行为。恋爱是双方的，同时也是自由平等的。

一个女孩因为种种原因觉得交往了 3 年的男友并不适合自己，便提出了分手。但男孩失恋后就一直想不开。为此，他几次想约女孩出来再谈谈，却一一被女孩拒绝了。这天，男孩实在找不到像样的理由，便突发奇想，找同事帮忙给女孩打电话，说捡到一些她的私人物品，并约定时间和地点送还。

在电话旁听到女孩答应后，男孩欣喜若狂。女孩放下电话后便心生疑虑，担心男孩做出过激的行为，女孩就到派出所说明了情况，要求随同保护。在约定地点，男孩一看到女孩就一把将她抱住，任凭女孩怎样挣扎丝毫也不放手。尾随其后的民警见此，赶紧上前劝阻，没想到男孩忽然掏出一把小刀，抵着女孩的脖子威胁说，不恢复恋爱关系，便同归于尽。民警冲上去，将男孩按倒在地，制止了他的过激行为，并将他押到派出所。

同样是因为失恋，刚大学毕业的女孩小赵的行为更让人担忧。因为相恋 4 年的男朋友要到外地工作而导致两人不得不分手，一时想不开的小赵居然几次要寻短见，割腕不成就吃安眠药，甚至跑到楼顶想跳楼自杀。幸好每次都被人及时发现，才避免了惨剧的发生。

我们往往会因为一个简单的原因喜欢上对方，但想要恋爱取得成功，却需要很多方面的匹配。如性格、爱好、人生观、价值观，等等。其中的某一方面发生矛盾，恋爱就很难进展下去。但反过来想想"塞翁失马，焉知非福"，我们应该相信还有一个更适合自己的人在等着自己。失恋也并不是耻辱，不要自卑，不少人都有过失恋的经历，要从中学会成长。

北大心理学提醒我们，谈恋爱要有这样的心理准备：可能会失恋，但失恋并不可怕，如果能从恋爱中发现自己的不足，今后一定能够找到属于自己的幸福。

失恋的人也一定不要将曾经的爱化为恨，因为那样不但会让自己活得很累，甚至还会做出一些后悔的事情。失恋的人应该怎样排解自己的情绪呢？北大心理学认为最好的方式就是分散注意力，情感压抑就要及时宣泄。如，找个安静的地方独自哭一场；去旅游一次，将自己的精力用来欣赏沿途的风景等。

13. 你的幸福指数由看事物的方式决定

任何事物都具有多面性，乐观的人往往能看到好的一面，而悲观的人看到的往往是坏的一面。

——北大心理学理念

任何事物都具有多面性，不同的人看到不同的一面，同一个人从不同的角度也可以看到不同的一面。北大心理学经过调查发现，乐观的人往往看到好的一面，而悲观的人往往看到坏的一面。不同的心境也就由此产生了，进而造就不同的人生态度，形成不同的幸福指数。

有一位父亲，他有两个儿子，但这两个儿子性格相差十分大，一个十分乐观，一个却很悲观。这个父亲很希望乐观的儿子能够不要太乐观了，悲观的孩子不要太悲观了，于是打算对这两个孩子进行一次性格改造。

这天，这位父亲终于想出了一个不错的改造方法。父亲买回了一些新的玩具，将这些玩具给了悲观的孩子，却将乐观的孩子关在了堆满马粪的马棚。没过多久，父亲就听到悲观的孩子在哭泣，父亲走进去问道："为什么不玩玩具呢？""玩了就会坏的。"孩子仍在哭泣。

父亲叹了口气，走进马棚，却惊奇地发现乐观的孩子正高兴地在马粪里掏着什么。"爸爸，"见父亲来了，那个孩子得意扬扬地说，"我想马粪堆里一定还藏着一匹小马。"

即使在一个很差的环境里，乐观的孩子也会充满幻想和希望；而悲观的孩子即使将他放在好的环境里，他也觉得伤心。作为父母，一定要注意培养孩子积极的心态，只有这样，孩子长大后，才能适应纷繁复杂的世界。孩子的先天条件并没有太大的差别，他们看待世界的方式在一定程度上受教育方式的影响。我们每个人的最终目的都是幸福和快乐，而不是痛苦与抑郁。

若我们不区分，什么事情都乐观，也有不利的一面，这样很容易忽视事实本来的面目，从而产生问题。

爱德华·墨菲是美国著名的工程师，他提出了墨菲定律，其定律的主要内容是：一件事情如果有变好的可能，无论这种可能性是大是小，它总会发生。

1949 年，墨菲和他的上司斯塔普少校在一次火箭减速超重试验中，因仪器失灵发生了事故。墨菲发现，测量仪表被装反了。由此，他得出的教训是：如果做某项工作有多种方法，而其中的一种方法将导致事故，那么一定会有人按照这种方法去做。换种说法：一片干面包掉在地毯上，这片面包的两面均可能着地。但将面包的一面涂有一层果酱，再掉到地毯上，往往是带有果酱的一面落在地毯上。在事后的一次记者招待会上，斯塔普将其称为"墨菲法则"，并以极为简洁的方式作了重新表述：凡事可能出岔子，就一定会出岔子。墨菲法则在技术界不胫而走，因为它道出了一个铁的事实：技术风险能够由可能性变为突发性的事实。

它的适用性十分广泛，揭示了一种独特的社会及自然现象。

根据"墨菲定律"，人们得出：

1. 任何事都没有表面看起来那么简单；

2. 所有的事都会比你预计的时间长；

3. 会出错的事总会出错；

4. 如果你担心某种情况发生，那么它发生的可能性就会大很多。

它说明，不管什么事都不是表面看起来那么简单，它有复杂性和长期性，人会不小心犯错，而且越是害怕就越容易发生。因此，我们没有必要对不良的那一面太苛刻，也不要掩盖事实，应该微笑着面对。

墨菲定律强调事物发生的一种必然性，也说明解决问题的方法很高明，一些问题都可能发生。一次事故之后，要积极地寻找事故的原因，以防下次事故。

　　任何事情的发生都是有概率的，只是概率的大小不一样罢了，完全不可能发生的事情是不存在的。很多事情都比我们想象的复杂一些，也可能会简单一些，越担心就越容易出现错误。我们应该尊重事物的本来面目，对它存在的可能性不要否定，只有这样才能积极寻找办法，不断向正确的方向前进。

14. 专注于"一棵树"的力量

　　我在茫茫人海中寻找自己灵魂之唯一伴侣，得之，我幸；不得，我命。

——徐志摩

　　爱情具有排他性，真正的爱情只属于两个人。因此，人们往往会为了自己独爱的树放弃整片森林，他们往往能够收获到真挚而长久的爱。但是，大多数人不会"单恋一枝花"，认为拥有的越多就越快乐。直到受了颠簸才知道：其实自己根本无法拥有一切，只能选择其中的一个去好好经营。因此，将精力和时间花在森林里，还不如用来守护一棵自己独爱的树。很多时候，朝三暮四只能让自己一无所获。这一点在工作中同样适用。

　　职场跳蚤族正在逐渐壮大，有的人写上好几页简历，做过的工作也涉及很多毫不相关的行业。实际上，他们并不是什么都能做，他们会的只是这个行业的很小一部分。正是因为什么都不精通、什么都不深入，他们才只好做不需要专业知识的初级工作。反复折腾，结果却一无所获。

　　有一个中文专业毕业的男孩，毕业后就到一家出版社做起了编辑。不少人都因为忍受不了这一行的枯燥离开了，但这个男孩却坚持了 8 年。

此后，他开始担任部门主编。他边学边干，最终对图书出版的各个环节了如指掌。各个环节可能会出现的问题，都难逃他的法眼。他出色的工作也获得了领导和同事的肯定。

几年后，他就被提拔为副总编。但他还是认真地干着，在工作中不断地完善着自己。如今，他已经成了社里不可替代的人。十几年的坚守，让他成了职场不可多得的赢家。

贪心是人的本能，尤其是年轻的时候。因为那时我们往往会有很多的选择，面对这样或那样的诱惑，我们都想试试，结果却往往是泛而不精。北大心理学提醒我们，选择一件事，用心、专注地做下去，这样更容易取得成功。

其实，只要真正入行，你就会发现各个行业都是博大精深的，甚至足够你花一辈子去钻研和奋斗。并且，任何一个大师级别的名人都只是在自己专长的领域内是大师。没有一个人能够成为多个领域里的大师。因此，我们应该专注于"一棵树"的力量。

有一个年轻的女子开了一家杂货店。但是她渐渐地发现，不少企业家都是一根筋，包括一些世界500强的企业，它们自始至终都只做一行，别的行业赚钱再多，它们也不去做。

这个女子想："既然这些大企业都这么做，自然有一定的道理。"于是，她在下次进货时，不再像之前一样什么都进，只进了相对而言销量最好的一样东西。刚开始营业额下降了，但很快大家都知道了这里是专营一样东西的。后来，因为不管什么样式的这种东西都能在这个店里找到，大家都喜欢上了这个小店，这个女子的生意也越来越好。

为一棵树而放弃整片森林就意味着集中目标，不轻易为其他诱惑所动摇，只要我们肯坚持下去，就一定能走向美好的未来。

北大心理学提醒我们，不要认为自己什么事都能做好，一个人的精力和时间都是有限的，贪多心躁，往往是做不好事情的，我们应该凭着兴趣做好一件事情。当你将所有的时间和精力都用在一棵树上时，你便会发现，这才是最好的，才是自己真正想要的。也只有这样，我们才能够有所成就。

15. 幸福的人生，就是让自己喜爱的人爱你

虽然我们不能做到让每个人都喜欢自己，但我们可以做到让自己喜爱的人爱自己。

——北大心理学理念

生活中，不管你多优秀，在你所认识的人当中，都会有部分人喜欢你，部分人认为你很普通，还有一部分人讨厌你。不管你怎么改变，都无法改变这样的结果，因为这才是生活。北大心理学告诉我们，有的人讨厌你并不是因为你有多坏或你有很多不足，而是他们和你在性格和价值观上存在着差异。显然这些是我们无法改变的，但是我们可以得到自己喜爱的人的爱。

徐艳峰在生活中可以说是一个只知道自己付出，却不奢望他人回报的人。只要他人有什么需要帮助的，他都会鼎力相助，从来都没有想过他人怎么回报自己，也没有人听到过他抱怨他人不懂回报一类的话。当然，他也不会刻意讨好一个人，更不在乎他人对自己的评价，似乎只知道做自己的事情。

并不是生活中就没有不喜欢他的人，有的人不但不喜欢他，甚至会恩将仇报，只是他一直不去计较罢了。因为他坚信，人都是相互的，你怎样对他，他也将怎样对你，但这个世界上并不排除有坏人存在，所以不要太在意他人怎样对你。

林彦峰可谓是没少得到过徐艳峰的帮助，不管遇到什么事情，只要徐

艳峰知道，定会鼎力相助。但林彦峰不但从来没有说过半句感谢的话，还经常在背后指责徐艳峰这不对、那不对，这些风言风语，徐艳峰都装作自己根本就不知道一样，在林彦峰遇到事情的时候，依旧像以往一样热忱地帮助着。不承想，林彦峰做了一件更过分的事情。这天，林彦峰要坐 3 个小时公车才到的市里找马所长办事，办完事后，马所长再三交代林彦峰转告徐艳峰明天再去找他，因为他临时有事要处理。没想到的是，林彦峰回去看到徐艳峰却故意不说，心想到时候问及，就说自己忘了。

过了几天，再次见到了徐艳峰，林彦峰以为徐艳峰要问上次的事，但徐艳峰却迟迟不问。"上次马所长交代的事情，我忘记告诉你了，真是不好意思。"见徐艳峰不说，林彦峰反倒有些不好意思了，便自己先说了。"哦，没关系，我早就忘了。"徐艳峰淡淡地说道。

当然，喜欢徐艳峰的人也很多，只要徐艳峰遇到什么事情都会有很多朋友主动相助。平时，徐艳峰也都开开心心的，貌似生活中一点烦恼都没有。

和朋友谈到自己的生活哲学时，徐艳峰总是乐呵呵地说："生活中的我很幸福，虽然我没有得到所有人的喜欢，但我得到了自己喜爱的人的爱。人生最大的幸福，莫过于得到自己喜爱的人的爱。"

北大心理学认为，当一个人不再试图讨好所有人时，大家便会认为他是一个坦诚的人，会因此而欢迎他，愿意和他成为朋友。的确，这个世界上没有一个人不愿意和坦诚的人交朋友。

既然我们做不到让每个人都喜欢自己，那就试着去让喜爱你的人爱你吧。

16. 如何有效地获得幸福

尽享世间的美好事物，你会感到幸福感在不断增加。

——北大心理学理念

幸福似乎是一个永恒的话题，不同的人有不同的解读。我们时时刻刻都在寻找着幸福，也一直想着幸福是什么。北大心理学经过多年的研究发现，金钱、地位、健康、态度、记忆、文化等，都是影响人们幸福感的重要因素。幸福从何而来？幸福往往都从这些因素中来。

可是，那么多人在寻找幸福，又有几个能真正找到幸福、感受幸福呢？当然，这需要我们有一双发现的眼睛，还有一颗感受幸福的心灵。

一个二十几岁的年轻人急匆匆地走在路上，似乎是有要紧的事在赶路，路边的景色以及来往的行人根本就无暇顾及。突然，一个迎面走来的人拦住了他，问道："年轻人，你行色匆匆，有什么着急的事吗？"

年轻人头也不回，侧过身，飞快地向前跑着，只泛泛地甩了一句："不要拦我，我忙着寻找幸福。"

转眼 15 年过去了，当年的年轻人已变成了中年人，他依然在路上疾驰。

然而他又被人拦住了："你在忙什么呢？"

"不要拦我，我忙着寻找幸福。"

又过了 15 年，这个中年人已成了一个面色憔悴、老眼昏花的老头，还在路上挣扎着向前挪。

一个人拦住他："老头子，你还在忙着寻找幸福吗？"

"是的。"

老头回答完问题后却猛地惊醒，眼泪也掉了下来，原来刚问他问题的那个人就是幸福之神，他苦苦寻找了一辈子，而幸福之神就在他的身旁。

年轻人找了 45 年，3 次遇到幸福，却匆匆而过，真让人惋惜。但是，我们往往都会和这个年轻人一样，犯同样的错误，以为幸福在远方，可幸福就在身边。

如果我们对眼前的一切总是视而不见，当我们走到远方时，就会发现，其实远方的景色和眼前的景色没有什么差别，甚至根本就没有眼前的景色美丽，我们还要去寻找远方吗？人的一生，有很多事情值得我们去做，也有不少人值得珍惜，不少景色值得我们欣赏，北大心理学提醒我们要学会珍惜、用心体会，这样才能把握住幸福。

怎样才能获得幸福呢？北大心理学认为，以下几种方法比较有效：

1. 别太看重钱财

我们很容易因为金钱而出现抑郁、焦虑、自尊下降的症状。据调查，金钱至上的人，生命力与自我实现的测试水平往往都比其他人低。

2. 关注自己，不和他人比较

不要总是拿自己和他人进行比较，应该懂得关注自己的内心与成就，这样就很容易产生大的满足感，幸福感也会随之降临。

3. 学会享受生活中的美好事物

让自己停下来看看风景、闻闻花香、听听流水、和小孩子玩耍等。尽情地享受这些，用心灵去感受。

3. 积极主动地工作

积极主动地工作往往会让我们在工作中表现出创造力，常常帮助他人，会使自己感到更有价值，对他人更有影响力，我们更容易感到幸福。

4. 相互理解与关怀

除了家庭和工作，更需要人与人之间的理解与关怀。家庭和睦、拥有亲密的朋友，会获得更多的幸福。

5. 积极的心态

不管是机会还是成功等，我们都要积极地看待，做一个乐观的人，因为积极的人生观会变成你的习惯。

6. 做一个利他者

将自己的部分馈赠他人，做一个利他主义者，是非常有益的，这样你会感觉到你所得到的幸福感远远高于将这些花在自己身上所得到的幸福感。此外，聆听他人、赞美他人、宽容他人都能有效增加幸福感。

7. 进行一定程度的体育锻炼

体育锻炼除了对健康有益外，还能获得成就感，提供影响他人的机会，分泌更多让心情愉悦的荷尔蒙，提高自尊心。

第 10 章

让自己成为生活的智者

　　人活的就是一种心境，因此我们要成为生活的智者，让自己生活得更好，让自己的生活充满快乐和阳光。看淡得失，我们就能够赫然开朗；累了就让自己靠岸休息一会儿再上路；只有痛了我们才懂得幸福；选择了就不要后悔，后悔是不能扭转事实的……给心灵一个温暖的家，让自己成为生活的智者。其实，我们的人生就是一张单程票，没有彩排，每一天都是现场直播，我们在享受的同时，要用我们的智慧让这场直播变得更精彩。

1. 屈辱也是动力

屈辱并不可怕，在一定程度上，屈辱是一种动力，只要我们有一颗不服输、不接受屈辱的心。所以，不要因为他人的轻视与屈辱就放弃心中的那片蓝天。

——北大心理学理念

我们每个人都不可避免地会遇到他人的轻视与屈辱，受屈辱显然是一件不好的事情，我们应该怎样对待呢？北大心理学认为，智者能够将屈辱当作一种动力，因为只要心态正确、思想端正，太阳就一定会出现，屈辱是一种精神上和心灵上的压迫与驱动，它就像鞭子一样，鞭策着你鼓足勇气，奋力前进。

如果一个人连他人的一次嘲笑都接受不了，那他只会受到他人更多的挑剔和攻击，这样的人怎么可能取得大的成就呢？北大心理学认为，人生中如果连一时之痛都忍受不了，那痛苦就将是长久的，即便自己感受不到，痛苦也同样潜伏着。因此，我们要懂得将屈辱转化为前进的动力，从中获得一种积极进取的精神！而这种精神是靠理想和信念支撑起来的。一个生活的智者不但懂得暂时忍受屈辱，而且懂得将屈辱化成一种动力，加速自己成功。

马丁·库帕大学毕业时因找不到工作，在万般无奈的情况下，爱好无线电又从小就很崇拜无线电界的资深人士乔治的库帕决定去乔治的公司试试。可当他轻轻地敲开乔治的房门时，乔治正在专心研究无线电话，也就是我们现在常用的手机。

库帕进去后，将自己在心里想了很久的话小心翼翼地说了出来："尊敬的乔治先生，我一直都梦想着能够成为贵公司的一员，如果我能荣幸地留在您的身边，当您的助手，那便是对我最大的鼓励。当然，我不求待遇……"还没等库帕说完，乔治便粗暴野蛮地将他的话打断了："你是哪一年毕业的？干无线电多长时间了？"乔治用不屑的眼神看着库帕说。

最终，库帕因为刚毕业没有经验以及太年轻被乔治坚决地拒绝了。在临走时，库帕说了这样一句话："乔治先生，总有一天，我会让你另眼相看的。"没过多久，库帕就在摩托罗拉公司找到了一份工作。

1973 年的一天，一名男子站在纽约街头，掏出一个约有两块砖头大的无线电话给乔治打起了电话，"乔治先生，我现在正在用一部便携式无线电话跟您通话。"过路的人都纷纷驻足注目。乔治怎么也想不到，那个当年被自己拒之门外的年轻人竟然真的在自己之前研制出了无线移动电话——手机。

一次，记者采访马丁·库帕时问："如果当时您被乔治收留，您肯定会协助乔治完成手机的研制，而这一功劳也肯定会是乔治的？"马丁·库帕回答说："不，如果当时乔治收留了我，我成了乔治的助手，也许我们永远都研制不出现在的手机，正因为他拒绝了我，掐断了让我想向他学习的念头，我才重新开辟出了一条研制手机的道路，并且成功了。那条道路的名字就叫屈辱，我将乔治对我的屈辱化成了前进的动力。如果没有这种动力，就是我跟乔治联手也不一定能完成这项研制工作。"

其实，屈辱正是上帝赐予我们翅膀而飞向天空的最好诠释！因此，屈辱是我们前进的动力，是带领我们远航的帆船！文中的库帕如果没有那次屈辱，如果不能将屈辱化成动力，就不可能研制出手机，取得如此的成绩。

北大心理学提醒我们，要善于从屈辱中学习，因为它是成就事业的一个重要因素。当然，要将屈辱变成成功的动力并不是一件简单的事情。无论什么时候，都要高举着理想的明灯，树立起坚强的精神支柱，抢起行动的巨斧，只有这样才能步入成功之旅。好的运气让人羡慕，而战胜厄运则更让人惊叹。这是塞涅卡得之于斯多葛派哲学的名言。

2. 用希望滋润心灵

只要心中有希望，活着就不累。

——北大心理学理念

北大心理学认为，希望让我们有巨大的能量去实现自我价值。因此，我们不要让自己的希望受到任何束缚，也不要过一天算一天，要让自己生活在希望中，让自己的心灵时刻被希望滋润着。

北大心理学认为，只要我们充满希望地生活着，只要我们的心灵被希望滋润着，我们不但感受不到苦，内心反而会充满力量，拥有更多的快乐。即便眼前有点苦，但我们的内心是甘甜的。

只要心中有希望，活着就比较不累。因此，我们要相信美好的东西，始终抱着希望。

一个心中有希望的人就是快乐和幸福的，这样的人也往往是热爱自己生命的人。

一个拥有希望的人能够保持着乐观的心态。希望可以是小事，也可以是大事，它让我们充满着想象力，平凡的希望中往往都藏着巨大的力量。

在生活中，我们应该学会发现快乐、寻找快乐，不要总是被烦恼纠缠着。可是到哪里去寻找呢？北大心理学认为，快乐的种子就在我们的内心里，只要我们用心去寻找就一定能够发现，只要我们给它阳光和雨露，它就会茁壮成长。如果我们能把快乐找出来，那所有的不如意就会自然消失。

有一个男孩，他的爷爷在乡下经营一片农场。他每年夏天都要随着父母去看望爷爷。

农场的一草一木都让这个男孩感到新奇而愉悦。宽阔的原野、高高的草垛、哞哞的牛叫、清脆的鸟鸣……一切都让他流连忘返。

"爷爷，等我长大了也来农场和你一起种庄稼！"一天早晨，男孩兴致勃勃地对爷爷说。

"你想种什么呢？"爷爷微笑着问道。

"我想种葡萄，一串串的，又甜又酸！"男孩很高兴地对爷爷说着。

"好！"爷爷眨了眨眼睛，然后拉着男孩的手说，"那么，我们现在就开始行动吧！"

男孩从邻居阿姨家要来了葡萄种子，还借来了锄头，在一棵大树旁将葡萄种子种了下去。忙完这一切，爷爷笑着说："工作完成了，让我们一起来等待吧。"

当时男孩还不懂得"等待"是怎么回事。那天下午，他一直朝葡萄地里跑，不知跑了多少次，也不知为它浇了多少次水，简直把葡萄地变成了一片泥浆。谁知，直到晚上，却连葡萄苗的影子也没有看见。

晚餐上，男孩问爷爷："我都等了整整一个下午，还浇了那么多水，可是葡萄还没长出来。我们还要等多久啊？"

爷爷听了，忍不住哈哈大笑起来："你这么专心地等待，也许葡萄会早一点长出来的。不管什么事，只要你有信心，就一定会实现的。"

第二天早晨，男孩一觉醒来就往葡萄地里跑。咦，一串串又大又紫的葡萄正挂在长长的长着绿叶的藤上呢。男孩兴奋极了，忍不住摘了一颗放在嘴里："嗨！我种出世界上最大最好吃的葡萄了！"

那几天，别提男孩有多高兴了，他逢人便说："告诉你，我种出了世界上最大最好吃的葡萄了。"长大以后，男孩才知道，那些葡萄是爷爷把远处葡萄移到树旁的。尽管这样，他并不认为那是一种游戏，也不认为是慈爱的爷爷哄骗孙子的把戏，而是一个智慧的老人在一个不懂事的孩子心中适时地播下了一粒希望的种子。

如今，那个男孩有了自己的孩子，事业上也有所成就。但他始终认为，自己乐天派的性格与成功的生活都是爷爷在那树旁播撒的种子长成的——是爷爷让他在少不更事时真实地体验了"希望"与"成功"的滋味。

播种什么就将收获什么，播种快乐将收获快乐，播种成功将收获成功，播种希望将收获希望。人生就是这样的，那个男孩的成功体验给他以后的岁月造成了深远的影响。因此，北大心理学建议我们经常勉励自己，为自己的心灵播下希望的种子，让自己的心灵始终被希望滋润着。

3. 用好习惯获得大学问

如果在中学之前不能够养成一个很好的习惯，上大学以后就很难再继续了。小的时候家里面应该给孩子一个读书的滋养，带有点强制性的，慢慢经过一段时间，就熟能生巧养成习惯了，逐渐会发现读书这个事情是有乐趣、有价值的，就被吸引了。

——张颐武

如果我们的学习习惯不良，必然会导致不会学习，而一个会学习的人往往都有着优良的学习习惯。北大心理学认为，丰厚的知识积累是需要良好的学习习惯做基础的。北大心理学教授也一直反复地强调学习习惯的作用。那什么样的习惯才是优良的学习习惯呢？北大心理学提出以下几种方法，并认为这些方法是一环扣一环的，只要认真并严格要求自己，养成一个好的学习习惯自然不难。

1. 预习；2. 听讲时要认真，并对所提出的问题进行分析；3. 认真思考，尽量让自己独立找到答案；4. 及时复习；5. 学会阅读。

这几种方法看似很简单，但真正要做到就并不是那么简单了，很多人都未能真正做到。关于怎样做到，北大心理学认为具体可以从以下几个方面着手：

（1）做足准备工作

不管我们做什么事情，都得提前准备一下，这是做成事情的基础，同样，做好学习前的准备工作也是养成良好学习习惯的基础。北大心理学认为，只有这样我们才能集中精神，全力投入，也只有认真才是做好一切事情的基础。

（2）勤于思考

思考往往能够产生智慧，智慧则可促使人反省，反省让人进步，任何进步都将是以思考为核心的。因此，我们要养成勤于思考、善于思考的习惯。

（3）养成复习的习惯

孔子曾说："温故而知新，可以为师矣。"表达了对复习这一习惯的由衷赞叹，甚至认为但凡做到这两点的人，就能够作为他人的老师，真可谓推崇备至。然而到了今天，复习也同样重要，北大心理学和孔子一样看重复习。只有不断地温习旧的知识，我们才能够更好地接纳新的知识，并融会贯通，从而产生自己独特的见解。

（4）养成阅读的习惯

阅读往往能够丰富我们的视野，有助于提升我们的说话和阅读能力。但怎样养成良好的阅读习惯呢？北大心理学认为，应该做到以下几点：

一，让学习与工作、生活相结合，创造良好的环境，并留意和阅读各种好书；二，阅读习惯一定要正确；三，多参加一些有益的社会活动。

优秀往往都来自于习惯，任何成功都是凭借平时点点滴滴的积累得到的，只有量变的积累才会引起质变。所以，我们应该养成良好的习惯，只有这样我们才能取得最后的成功。

4. 为爱好而不断努力

好奇的目光常常可以看到比他所希望看到的东西更多。

——心理课引用名言

我们在选择自己从事的事业的时候，应该选择自己热爱的事情，并不是看哪个专业火热、哪个专业赚钱多，就选哪个专业。事实上，不管哪个专业，都有着自身的价值。

北大心理学专家曾对部分学生进行过一项调查，询问他们选择自己的专业是出于爱好还是因为赚钱，结果 83% 左右的学生回答是因为赚钱，只有不到 17% 的学生表示是出于爱好。这项调查连续做了 8 年，其目的就是了解为了金钱和因为爱好而努力奋斗的两种人，最后到底有多少人成了富翁。结果显示，8 年后，选择爱好的学生，40% 的人成了富翁；而为了金钱工作的人只有 0.1% 的人成了富翁。

心理学往往是为了一个假定得到较准确的答案而进行大量的样本调查，长时间跟踪，得出的结果往往具有较高的信度和效度。因此，我们有理由相信出于爱好而奋斗的人要比出于赚钱而奋斗的人更易创造财富。

北大心理学也在此提醒我们要学会并经常挖掘自己的爱好，只有这样，我们才能让自己生活得更好，为自己、为社会带来更多的财富。

一天，一个小孩去森林里散步，最后这个小孩来到了一块大空地旁的小屋里。

这个小屋的两侧有两个很大的花园，花园里各有一位园丁。一座花园杂草丛生，那个园丁脾气暴躁。另一座花园则恰恰相反，到处开满花朵，景色宜人。这座花园里的园丁做起事来好像很轻松，背靠在树上，吹着口哨，哼着歌。

小孩想了想，决定去拜访那位轻松自在的园丁，问问园丁为什么这么轻松就能够将花园打理得这么有条有理，而另一位园丁不但要不停地工作，可花园还是一团糟呢？

"你知道吗？有一段时间，我也和对面的园丁一样忙着拔杂草，但后来我发现根本就无法战胜这些杂草，因为尽管拔了，但它们的根还是留在土壤里，过不了多久，它们就会重新长出来的。后来我改变策略，找了一些比杂草长得还快的花和植物，没多久，这些花和植物就完全占据了杂草的生活空间，有它们的地方就没有杂草。这样一来，我的花园当然又干净又漂亮了。"

如果一个人能够将工作当成兴趣爱好来做，那该是一件多么愉悦的事情。就像幸福的园丁一样，不用费多大力气，就能创造出温馨的环境。而如果我们每天做事都感到痛苦不已，那就说明我们并不热爱它，这时就需要努力挖掘自己的爱好了。

如果一个人的心灵都被爱好占据着，那就没有什么困难克服不了。不要用心中的不满去抵制一些东西，越是这样，它越会固着在你的心里；你要静下心来，追寻自己的内心，用自己的爱好之花打败心中的杂草。

北大心理学认为，人有本能，也有爱好。本能是天生的，而爱好是培养出来的。当你对一件事情感兴趣时，就能通过钻研和学习，从中取得成就感，你就会更加热爱它，它就变成了你的爱好。

5. 有选择地保留记忆

如果不能忘，或者没有忘这个本能，那么痛苦就会时时刻刻都新鲜生动，时时刻刻像初产生时那样剧烈残酷地折磨着你。这是任何人都无法忍受下去的。然而，人能忘，渐渐地从剧烈到淡漠，再淡漠，再淡漠，终于只剩下一点残痕；有人，特别是诗人，甚至爱抚这一点残痕，写出了动人心魄的诗篇，这样的例子，文学史上还少吗？

——季羡林

"能够忘记的人是幸福的"，我们每个人都有属于自己的过往，记忆和我们所经历的事情往往是成正比的，经历的事情越多，记忆也就越多。当然在这份属于自己的记忆中，不乏美好、快乐的场景，也会有悲伤的、不堪回首的往事。

我们应该将那些美好的记忆珍藏起来，并时常拿出来翻阅，对于那些痛苦、不堪回首的记忆，则应让它随着时间一起流逝，化之于无形。但在现实生活中，我们看到的和经历的却并不是这样的，回忆总是被痛苦和遗憾占据，那些美好记忆留下的也只有沧桑，为什么会这样呢？北大心理学认为，就是因为我们太执着于完美了，总是有着弥补遗憾的情结，因此该忘的忘不掉，该记的记不住。

其实，不管是对于情感还是别的什么，真正放不下的往往都是人的内心。当我们发现自己总是因为一件事而纠结甚至不可自拔时，我们就应该多问问自己，这样做有必要吗？有时，只要放宽一些，烦恼就自然没有了。

每个人的人生都是一场旅程，沿途，我们会遇到很多别样的风景，也会遇到一些坎坷。若我们一路走来，总是将自己曾经的遗憾和伤害都记住，那么我们所背负的东西就会越来越重，未来的路也就越来越难走。伤痛的记忆太多了，美好的记忆便会承载不下。因此一路走来，我们只有忘记伤痛，才可能让生活变得更美好、更轻松。

一天，杂技团来了两个新弟子。教练给他们上的第一堂课，就是教他们练习走钢丝。可是，两个弟子都没有走几步就掉了下来。教练鼓励他们反复联系，结果还是这样，没走几步就掉下来了，最后两人都非常沮丧地站在地上，不知所措。

教练以为他们累了，想要休息一会。但过了十多分钟，丝毫看不出他们有任何想要继续练习的意愿。教练走了过去，拍了拍两人的肩膀说："走，不停地走，直到忘记那条钢丝的存在。如果你忘了这件事，你就算真正学会，就可以正式登台演出了。"

听完教练的话，两人继续练了起来，在练习的过程中两人努力地忘掉钢丝。果然，没过多久，两人就能走过这条钢丝了。

人的一生，总要经历这样或那样的事情，那些曾经令我们感动的、开心的事情往往很容易淡忘，而那些曾经让我们愤怒的事情却很容易深深地刻在脑海中，这些回忆正是造成我们人生痛苦的根源。

印度著名诗人泰戈尔说过："如果你为失去太阳而哭泣，你也将失去星星。"如果我们总是纠结于那些痛苦的往事，不但过去的美好记忆会慢慢消散，就连我们现在正经历的美好时光也会被我们忽视。因此，北大心理学在此提醒我们，学会忘记吧！只有学会忘记，将那些曾经的哀伤和遗憾都忘记，让那些快乐和幸福保存在我们的记忆里，我们才能够以积极的、坦然的心态去面对现在、面对未来。

6. 不计较原来的自己

过去的事情无论我们怎么去做都不能改变，因为它已经成为事实，并且已经过去。我们应该学会接受，而不是去计较，计较过去的事情只能自寻烦恼。

——北大心理学理念

生活中，不少人都习惯性地跟过去的自己过意不去，总是很计较原来的自己，认为过去的自己这也不好，那也不好，甚至有人因此开始憎恨自己，甚至虐待自己。北大心理学认为，不管是过去的自己还是现在的自己以及未来的自己，都是你自己，你应该爱护自己，而不是计较某个时候的自己，计较某个时候的自己不但是一件毫无意义的事情，还会给自己带来一些不必要的烦恼。想想，过去的事情都成为历史了，还去计较它们又有什么意思呢？

有两个女孩高考落榜后，来到北京做起了电话销售的工作。每天的工作内容就是给客户打电话，推销自己的产品。虽然工资不高，但很轻松，两人也都很努力地干着。每个月都省吃俭用着，将省下来的钱寄给家里。

这天，女孩甲突然对女孩乙说："隔壁的那个女孩子也是干电话销售的，但工资要比我们高不少，而且他们公司现在正招人，要不我们去他们公司试试，被录用了，我们就辞了原来的工作。"没想到两人一拍即合，第二天就请假，在隔壁女孩的带领下去面试了，面试异常顺利。

没想到的是，上班还不到一个月就被莫名其妙地抓进了派出所。到了派出所才知道，自己所在的这家公司是一家诈骗公司，以招商加盟的形式通过电话对他人进行诈骗，所有的员工都涉嫌诈骗。好在甲和乙去的时间不长，所以在看守所待了一个多月就被放出来了。

但出来后，两人就完全不一样了，女孩甲坚持着继续找工作，并且汲取了上次的教训，对工作不再像之前那样只看收入不看其他。而女孩乙则认为自己待过看守所，没有哪家公司肯要自己而整天待在屋子里，生着闷气。女孩甲多次劝她："人要懂得活在当下，过去的事情就让它过去，过去的自己是什么样的，是我们每个人都无法改变的。既然知道过去的自己不好，就要努力让自己变好，而不是计较原来的自己，让现在的自己痛苦着。"但女孩乙就是听不进去。女孩甲想，就让她这样吧，过段时间肯定会好起来的。

可是，女孩乙的心情却一天比一天糟糕，有时想着自己待过看守所竟然大声哭了起来，整个人跟疯了没有什么区别。"你可不可以不要这样虐待自己，自己把自己废了。跟自己过意不去是一件多么愚蠢的事情。难道我就没有和你一样的过去？你看，我现在有了新的工作，每天都好好地上班，有你这么痛苦吗？……"女孩甲毫不客气地这样训斥着。

"真没想到你会做这么愚蠢的事情。从今天开始，我不再管你了，也不会再给你生活费了，除非你现在就振作起来，开始找工作。我就不相信你要这样折磨自己一辈子。"

……

最终，女孩乙在女孩甲的劝说下开始找工作了，整个人也在女孩甲的引导下不再去想过去的事情了。

人生中总有很多事情是我们无法预料的，也是我们没法改变的。也有很多事情是我们后悔的，但这个世界上从来都不会有后悔药，日子却始终是要过的。北大心理学在此提醒我们，不要计较原来的自己，那些计较原来的自己的人，完全是自寻烦恼，自己跟自己过不去。

7. 学会做命运的主人

做自己命运的主人，不要被他人所左右，他们不能代替我们的生活。

——北大心理学理念

一个能做自己命运的主人的人，往往对自己和人生有着正确的认识，也都很相信自己，并且有着宽阔的胸怀，而且懂得给他人带来快乐的同时，让自己收获一份喜悦。

著名作家莎士比亚曾说："人类是一件多么了不起的杰作！多么高贵的理性！多么伟大的力量！多么优美的仪表！多么文雅的举动！在行为上多么像一个天使！在智慧上多么像一个天神！宇宙的精华！万物的灵长！"这是对人类高贵和尊严的肯定，人类是这样的了不起。我们人类自己，一边看到伟大，一边又看到渺小，因此，我们总是矛盾的。北大心理学提醒我们，克服种种恐惧和担心，追随自己的内心，做一个真正能实现自我的人，不要让自己天天都活在郁闷、抱怨、迷茫中。

我们每个人都希望做自己命运的主人，也都渴望自由，但不管我们做什么事情，都会受到来自各方面的议论，甚至会让你对已经作出的决定产生怀疑，但事实又是怎样的呢？

女孩艾丽特准备和男友到古巴度假，出发前，她到经常去的一家美发店找经常给自己做头发的那位师傅给自己做发型。发型师听说她要去古巴，马上反应道："古巴？怎么每个人都想去这个地方呢？那里不但十分拥挤，而且很是肮脏。去古巴，你真是疯了！如果真想去，你打算怎么去？"

"我们准备乘坐华夏航空公司的飞机，"艾丽特答道，"速度很快！"

"华夏航空公司？"发型师惊叫道，"这家公司太糟糕了，不但乘务员长得丑，飞机还很破旧，并且他们总是晚点。既然你已经决定了，我说再多也没用。到了古巴，你们打算住哪儿？"

"我们准备住在靴子中心花园酒店，听说那家酒店很有特色……"

"不要住那个酒店。我了解它。几乎每个人都认为它很好，其实它是一个垃圾场，古巴城最差劲的酒店。房间小、服务态度差，收费还很高。你可别怪我没提醒你。哦，对了，到古巴后，你们准备去哪儿玩？"

"我们准备去哈瓦那。"

"真是无聊，"发型师大笑道，"你和其他人一样，殊不知，那个城市很垃圾，尽管是古巴的首都。大小姐，祝你这次糟糕之旅好运。"

一个月后，女孩从古巴回来再次来到她经常做头发的美发店，发型师问起了她的古巴之旅。

"好极了！"女孩兴奋地说道，"我们不但赶上了华夏航空公司全新的飞机，而且被安排在了头等舱。食物也很好，更让人兴奋的是，为我服务的是一个年轻英俊的男乘务员。酒店也很不错。他们刚耗资 1000 万美元重新装修了酒店，虽然他们的客房早就被预订满了，但他们还是为我们安排了一个蜜月套房。"

"哇，"发型师低声嘀咕道，"听起来，还很不错的，看来玩得很开心了。"

"并不全是这样的，我们在巴拉德罗遇到了度假的国王，他对我说了一句话。"

"哦，真的？他说了什么？"

"他说：'你在哪里做了这么一个糟糕的发型？'"

事实上，女孩和男友到古巴度假十分愉快，他们遇到了所有让他们兴奋的事情，并不像发型师所说的那样，简直就是和发型师说的完全相反。

北大心理学在此提醒我们，如果你经常喜欢批评他人，就应该好好地反省一下自己，你对事物了解多少？你有什么依据做那样一个判定？你能够对你自己说过的话负责到底吗？

我们要做自己命运的主人，不要被他人左右，他们不能代替我们生活。如果我们被他人左右，我们就失去了自己，失去了自由，失去了一切。

8. 当面批评，背后赞美

长舌妇是很普遍的一个类型，专好谈论人家的私事，嫉人有、笑人无，对于有名望、有财富、有幸福生活的人们，便格外喜欢飞短流长，总要"横挑鼻子竖挑眼"地找出一点点可以訾议的事情来加以诽谤嘲笑，非如此则不快意，有时候根本是空穴来风，出于捏造。

——林语堂

"小王，这个人真不怎么样……"类似的话，我们并不陌生，在他人背后诋毁他人、抬高自己，这样的人自然不会有什么好人缘。

北大心理学家曾做过这样一项调查，在世界各地区随机抽取了几千名对象，对他们进行问卷调查，其内容是："你们是否曾在朋友的背后说过他们的坏话？"最终的结果显示，80％以上的人都在背后说过朋友坏话，而且在人与人交往越紧密、社会关系越复杂的社会中，这个比例就越高。

当然，有些人并不承认自己说他人坏话是为了抬高自己，也不是空穴来风，而是对方确实有做得不妥当的地方。北大心理学认为，即便这样，也不应该在背后说人家的不是。北大心理学建议我们，最好当面指出对方的过失，若做不到"面斥其非"，那就闭口不谈。北大心理学还提醒我们，当面批评对方应注意场合和语言，最好选在私底下，绝对不能在公共场合进行，言辞也不能太尖刻，要考虑到对方的秉性及承受能力，提出有效的批评，只有这样对方才能明白你的良苦用心。

当面批评也不是一上来就发牢骚、列举对方的不是，而是应该先营造一个尽可能和谐的氛围。先让对方放松下来，再接受你的批评建议。同时不要忘了给批评加糖衣，这样才能达到比较好的效果。在此，北大心理学提醒我们，做错了事情，并不代表这个人怎么怎么样，错的只是行为本身，批评时一定要做到对事不对人，批评结束后，不要忘了将正确的做法告诉对方。

与当面批评相比，背后赞美更能让人开心，能让我们获得很多人的喜欢。熟悉《红楼梦》的人，一定会想起这样一个情节：史湘云、薛宝钗劝贾宝玉读书当官，贾宝玉很是反感，说："林姑娘从来没有说过这些混账话！要是她说这些混账话，我早和她生分了。"恰巧这时黛玉正来到窗外，无意中听到贾宝玉说自己的好话，不觉又惊又喜、又悲又叹，结果宝黛二人感情大增。

在第三者面前说对方的好话，不但能获得对方的好感，还能让我们给在场的第三者一个宽容、豁达、待人友善的印象。这样一来，我们也就赢得了第三方的好感。

北大心理学告诉我们，想要获得良好的人际关系，就不要在他人背后说对他不利的话，即使真的对他有意见，也应该私下里说；而对人的赞美，则最好选择背后去说，这样更能让我们获得对方的喜欢。

9. 学会沉淀自己

想要心灵达到最高境界，就要找到那份宁静，沉淀自己。

——北大心理学理念

生活中的我们总是时不时地处在一种骚乱不安中，北大心理学认为，一个人如果经常处在躁动不安中就会产生很多心理问题。怎样给心理减压，是现代人迫切需要解决的问题。北大心理学认为，只有沉淀自己、管理自己、完善自己，才能让心情不浮躁。

一名男孩失业后，心情糟透了。为了排解心中的苦闷，他找到了自己的朋友，想向这位朋友倾诉一下，他以为这样就能让自己轻松一些。

那个朋友听完了他的诉说，将他带进一个古旧的小屋，屋子里唯一的一张桌上放着一杯水。

朋友微笑着说："你看这只杯子，它已经放在这里很久了，几乎每天都有灰尘落在里面，但它依然澄清透明。你知道为什么会这样吗？"

他认真思索，像是要看穿这杯子。他忽然说："我懂了，所有的灰尘都沉淀到杯子底了。"

朋友赞同地点点头："生活中烦心的事很多，有些你越想忘掉越不易忘掉，那就记住它好了。就像这杯水，如果你厌恶地振荡自己，会使整杯水都不得安宁，混浊一片，这是多么愚蠢的行为。如果你愿意慢慢地、静静地让它们沉淀下来，用宽广的胸怀去容纳它们，这样，心灵并未因此受到污染，反而更加纯净了。"

当然，我们在管理自己时应该讲究方法，不要破坏整杯水，要学会让烦躁、困扰沉淀，让自己的心灵得到那份宁静。

管理自己也需要智慧，要有计划性。一生的目标，每年、每月、每天、每小时做些什么，都需要具体量化。只有目标明确，才能有顽强的毅力去执行。北大心理学提醒我们，对自我进行有效管理，一定要养成好习惯。培根说："习惯是一种顽强而巨大的力量，它可以主宰人生。"

如，我们有以下的坏习惯：

1. 不文明用语

语言是我们与人沟通和交流的工具，它具有极其重要的作用。我们在使用语言时，一定要考虑到对方的感受，不要养成不良的语言习惯。

2. 暴饮暴食

由于生活较随意，有些人养成了暴饮暴食的不健康习惯，它能让人体引起诸多疾病，会给我们的正常生活带来很多困扰。

3. 烟酒

莎士比亚说："酒激起了愿望，但也会使行动化为泡影。"它们会影响人体的健康和干扰，延误其他事情。

4. 拖延

拖延是坏习惯，但是它在生活中很常见。任何时候都不要给自己找原因，若将事情计划好了，就要立即去行动，这个坏习惯是完全可以改变的。

5. 无规律

生活中，不少人的生活都是毫无规律的，人们常说，日出而作，日落而息。一些人却正好相反，这样做会随意打乱生物钟，影响生活质量和工作效率。

在这里只列举了部分，当然，每个人面对的具体情况也会不同，为了成为更好的自己，一定要克服不良的生活习惯。习惯不是一天养成的，也不是一天就能改掉的，它需要恒心和毅力。北大心理学提醒我们，培养好的习惯，将坏的习惯都沉淀下去，这样心灵才会更加明澈，我们才可以铸就自己的美好人生。

10. 看淡名利

到了今天，名利对我都没有什么用处了，我之所以仍然怕，是出于惯性，其他冠冕堂皇的话，我说不出。"爬格子不知老已至，名利于我如浮云"，或可道出我现在的心情。

——季羡林

名与利，几乎是每个人都关心的东西，纵然不关心也无法漠视。追名逐利，很多人的一生几乎就可以被这4个字概括了。但正如季羡林先生所言，名与利真的是必要的吗？

诸葛亮说过："非淡泊无以明志，非宁静无以致远。"世人却总是脱不开"名利"二字，才有了庸庸碌碌的一生，而那些看淡名利、宁静致远的人最终却能够成就他人无法企及的事业。这个道理或许我们每个人都懂，但到了名利面前，我们却又开始变得不甘心，最后纷纷奔走到拥挤的名利路上来。为什么会出现这样的现象呢？北大心理学认为，其实还是因为人内心的欲望，欲望越大，名利对我们形成的吸引力就越大，欲望往往会促使我们采取行动去占有名利。人的欲望是无止境的，永远都满足不了，但人又时时要去满足自己的这些欲望。

名利与欲望也总是遥相呼应的，名利所能给人们带来种种快感，正是欲望所需求的。当我们贪图享乐时，我们就会不断地去累积财富；当我们向往雷鸣般的掌声和鲜花的簇拥时，我们就会动用一切力量去为自己争取名誉；当我们对财富有极强的欲望时，就会想尽一切办法去求利。北大心理学认为，只要我们的欲望不息，那么我们对于名利的渴望就不会灭。

商朝殷纣王是有名的暴君，他刚刚即位不久，就命人为他琢一把象牙筷子。他的大臣同时也是他叔父箕子听到这件事后，进谏说："象牙筷子不能配瓦器，要配犀角之碗、白玉之杯。玉杯不能盛野菜粗粮，只能盛山珍海味。吃了山珍海味就不肯再穿粗葛短衣、住茅草陋屋，而要衣锦绣、乘华车、住高楼。国内满足不了，就要到境外去搜求奇珍异宝。我不禁为您担心。"纣王听后不以为然，箕子见劝谏无效便带着族人奔辽东去了。后来，事情的发展果和箕子说的没什么两样，纣王荒淫无度，造肉林酒池、鹿台炮烙，终于激起国人的怒火，终死于不义。

老子曾说："知足之足，恒足矣。"生活中能够诱惑我们的东西太多了，这些东西往往都会激发我们的欲望。因此，我们必须能够克制自己的欲望。一个真正有智慧的人，也是懂得克制自己的欲望的。当感到欲望在不断膨胀时，应该及时收敛，将欲望限制在一定的范围之内，不要让名利和它背后的欲望遮挡我们成功的路。北大心理学告诉我们，想要成功地战胜它们，就要提高自己的境界，并始终保持一颗超然、淡定的心。

11. 有梦想就能找到答案

梦想不管怎么模糊，它总潜伏在我们心底，让我们的心境永远得不到宁静，直到梦想成为事实。

——北大心理学理念

我们总是习惯在头脑中形成一个固定的思维模式，认为只要是问题，就一定会有答案，其实并不是所有的问题都有答案，也不是所有问题的答案都是唯一的。

在北大的一堂数学课上，一位教师给学生们出了这样一个题目：一条大船航行在大海上，船里有 96 只羊、43 匹马。请问这条船的船长多大年龄？

教育研究者分别用这个题目测试了不少学生，结果只有极少数人表示无法得出正确结论，其他学生都自信地认为，船长的年龄一定是：96－43＝53 岁。

经历过无数考试的学子们从未见过没有答案的题目。他们说：既然有"96 只羊、43 匹马"这样的已知条件，那么答案只可能是两个，要么是93－43＝53，要么是 96＋43＝139。从逻辑上推论，后者排除。

可是，"96 只羊－43 匹马羊＝船长的年龄"就符合逻辑吗？

不久，又有人出了这样一个题目考学生：一位探险家向南走了 3.2 千米，然后向东走了一段路，又向北走了 3.2 千米，结果当他回到原来的出发地时，他遇到了一只熊。请问，他遇到的熊是什么颜色？面对这道题，大多数学生束手无策。因为它既不像地理题，也不像数学题，况且，因受平面几何的深刻影响，他们认定这道题出错了：如此两次 90 度转折，怎么能回到原地呢？然而，根据地理知识综合考虑一下，就能推出正确的结论：这个探险家身处的地点肯定是极点。在白雪皑皑的北极，我们见到的熊会是什么颜色？这道题不仅有答案，而且答案唯一。

习惯往往会对思维造成障碍，答了太多有答案的题目，就会对没有答案的题目不确信，就像船长的年龄；并不是所有的答案都是通过数字计算的，比如熊的颜色。一些是通过常识得出答案的，一些是通过推理得出答案的，还有一些证据不足，暂时无法得出准确的答案。

有一个小男孩，他的父亲是一位马术师，他必须跟着父亲走南闯北东奔西跑。由于四处奔波，求学并不顺利，成绩也不理想。

一天，老师要全班同学写作文，题目是《我有一个梦想》。男孩洋洋洒洒写了 6 页纸，详细地描述了他的梦想：我希望将来我能够拥有一个大大的属于自己的农场，在农场的中央建造一栋占地 6000 平方英尺的住宅，拥有非常多的牛羊和马匹。

第二天，男孩很高兴地将作文交了上去。没想到的是，老师却给他打了一个又大又红的×，还让男孩下课后去见他。

"老师，为什么我没有及格？"男孩不解地问道。

"我认为，你的愿望不切实际。你敢肯定你长大后买得起农场吗？你怎么建造6000平方英尺的住宅？若你肯重新写，写得实际点，我会考虑重新给你打分。"老师回答说。

回到家后，男孩反复地思考了几遍，最后忍不住询问父亲。父亲见他犹豫不决，便语重心长地说："儿子，这是个十分重要的决定。我认为，拿个大红的×没什么关系，但不能放弃自己的梦想。"

儿子听后，将父亲的这句话牢牢地记在了心里。他没有重新写那篇文章，也没有更改自己的梦想。

20年后，这个男孩果然拥有了一大片农场，在这个农场的中央真的建造了一栋舒适而漂亮的豪宅。

这个男孩就是美国著名的马术师杰克·亚当斯。

任何时候都不要对梦想产生怀疑，人是带着梦想前进的，没有梦想，我们就失去了前进的动力。北大心理学认为，对梦想的怀疑就是对生命的误解，无论它在别人眼里多么不切合实际，实现的可能性都是存在的。没有人能够通过简单的推论来判断，一个人的梦想是否能实现完全在于我们自己。因此，我们对自己的梦想应该忠诚，遵从内心，不放弃，只有这样我们才有可能实现自己的梦想。

12. 受伤才有免疫力

在人生的道路上，谁都会遇到困难和挫折，就看你能不能战胜它。战胜了，你就是英雄，就是生活的强者。

——北大心理课引用名言

著名作家冰心在《繁星》中这样写道："成功的花，人们只惊慕她现时的明艳！然而当初她的芽儿浸透了奋斗的泪泉，洒遍了牺牲的血雨。"一朵花的绽放需要经历风雨的历练，人也一样，一个人只有经历无数的挫折和磨难才能逐渐变得成熟。一朵花，如果不经历风雨就会是脆弱的，而一个人不经历挫折和磨难也就不可能获得最后的成功。

但是我们总是习惯性地看到成功者光鲜的一面，其实他们的背后往往隐藏着无数的艰难困苦。这些人正是经历了不为常人所了解的痛苦，也正是这些促使了他们的成功。

为什么成功者都要经历磨难呢？北大心理学认为，在成功的道路上都会不可避免地遇到或这样或那样的问题，而每一次的磨难和伤害其实都是教会我们怎样面对人生的问题。这就好比一个水手，在他还未出海时，老水手总是在靠近海或河口里让他吃尽苦头，只有这样才能保证他经得起更大的风浪的洗礼。

素有"中国保尔""当代雷锋"之称的著名作家张海迪，1955年出生于山东半岛文登县（今威海市文登区）的一个知识分子家庭里。5岁时因患脊血管瘤，胸部以下完全失去知觉，生活无法自理，只能依靠轮椅走路。她因此没有进过学校，但身残志坚的张海迪并没有放弃生命，更没有放弃生活，她一边以坚强的毅力与决心同病魔作斗争，一边勤奋地学习和工作，延续生命。她不但自学完了小学、中学全部课程，还自学了大学英语，并坚持学习了德语、日语等 ，翻译了 16 万字的外文著作和资料。1983 年，张海迪开始从事文学创作，并出版了长篇小说《轮椅上的梦》《绝顶》，散文集《生命的追问》《向天空敞开的窗口》《鸿雁快快飞》。长篇小说《轮椅上的梦》在日本和韩国出版，《生命的追问》出版不到半年，就重印 4 次，获得了"五个一工程"图书奖，此前这个奖项从未颁发给散文作品。

就在张海迪 15 岁那年，随父母下放到了一个贫穷的小村子，但她并没有惧怕艰苦的生活，而是以乐观向上的精神奉献自己的青春，并在村里的小学当起了一名老师，而且克服种种困难学习医学知识，热心地为乡亲们针灸治病。在这期间，她无偿地为人们治病一万多人次，受到人们的热情赞誉。她还学过无线电技术、音乐、绘画和书法等多门类知识与学科，以此作为为人民服务的本领。

1991 年，张海迪做过癌症手术后，继续以不屈的精神与命运抗争，她开始发愤学习哲学专业研究生课程。通过不懈的努力，她顺利地拿到了哲学硕士学位。张海迪以自身的勇气证实着生命的力量，正如她所说："像所有矢志奋斗的人一样，我把艰苦的探寻本身当作真正的幸福。"

一个孩子如果从小就生活在育婴室里，不经历任何风雨，那他就不可能在现实生活中生存下去。同样，一个人如果完全不经历伤害，他也就无法面对生活中的坎坷波折。北大心理学认为，受伤并不可怕，很多时候，受伤反而能够促使我们成长，让我们更有抵御风波的能力，让我们更加坚强。

生活总是公平的，它在给予你伤害的同时也给予了你抵御伤害的免疫力。但伤害并不是好事，因为一些人会被击倒。在伤害面前，如果我们选择爬起来而不是被击倒，那么在我们站起来的同时也就在自己体内灌注了能够抵御更大伤害的免疫力，这样不就是变坏事为好事了吗？

13. 学会放弃

决定你是什么的不是你拥有的能力，而是你的选择。

——北大心理课引用名言

我们总会时不时地面临这样或那样的选择，但选择往往都易出现在人生的关键时刻或危难时，这时我们往往没有过多的时间去思考，我们该怎么办呢？北大心理学认为，我们必须先抓住最重要的东西作出选择。一个人只有懂得选择、学会放弃，才是有智慧的人。

一个商人和他的儿子一起出海远行，他们随身带了满满一箱珠宝。

一天，商人偶然听到水手们交头接耳。原来，他的珠宝被这些水手发现了，这些水手正在策划怎么谋害他们父子。

听到这些，商人很害怕，他在船舱里踱来踱去，试图找出一个摆脱险境的办法。儿子见状，有些惊奇，很关心地问他发生了什么事情，他将自己听到的全部告诉了儿子。

"跟他们拼了！"儿子气愤地说道。

"不！"商人回答说，"他们人太多，我们人单力薄，抵不过的！"

"那就将珠宝交给他们嘛？"

"这样也不行，他们还是会杀人灭口的。"

"那怎么办？"儿子很是不解地问道。

父子俩都沉默着。过了一会儿，商人突然怒气冲冲地奔上甲板："你这个混蛋！"他冲着儿子大声叫道，"你从来都不听我的忠告。"

"你疯了，老头子，我怎么惹你啦？"儿子不解地回答着，"你到底怎么了？"

当父子俩开始互相谩骂时，水手们出于好奇都聚了上来。

商人愤怒地冲向船舱，将他的珠宝箱拖了出来。

"真是个忘恩负义的家伙！"商人尖叫道，"我宁愿死于贫困，也不会让你继承我的财富。"说完这些，他就打开了珠宝箱。

水手们看到这么多的珠宝都倒吸了一口气，就在大家猝不及防时，商人一个箭步跨向栏杆，将箱子里的珠宝全部倒入了大海。

父子俩瘫倒在甲板上，目不转睛地盯着那只空箱子，为他们所干的事哭泣着。众人一边惋惜，一边规劝他们和好，然后都一一散去了。

当父子俩先后回到船舱时，父亲对儿子说："我们只能这样做，孩子，除此之外，我们再也没有别的办法了。"

"是的，"儿子欣慰地答道，"这是个最好的法子。"

轮船驶进码头后，商人同他的儿子急匆匆地赶去见地方法官，他们控告水手们犯了企图谋杀罪。法官通过调查，将与此事有关的水手逮捕了。

结果商人的全部损失都得到了赔偿。

人生总是有舍有得，若想得到更多，不断索取，后果就很严重，或许幸运会降临到我们的身上，但绝不可能一直这样。

人生是什么？北大心理学认为人生就是一场选择，而且这场选择是无法重复的，因此在一开始，我们就要作好选择，不要给自己留下遗憾。若你开始没有选择好，也不要气馁，选择对的方向，继续往前走。

那么，怎样选择自己的人生道路呢？北大心理学认为，首先要有梦想，不仅仅是为了赚钱，不要将金钱作为唯一的标准，而是要去做自己内心真正想做的事情。其实，要思考自己的价值在哪儿，能为他人和社会创造的价值在哪儿。不要害怕失败，即便失败了，能从中找到原因，也是一种收获。还要做好自己的人生规划，不管是短期还是长期都要有一个规划，当短期利益与长期利益发生冲突时，要考虑长期利益；当局部利益与整体利益发生冲突时，要考虑整体利益。

14. 善解人意是成功的关键

善解人意就是"该说不该说"的功夫。

——北大心理课引用名言

善解人意的人往往能赢得他人的好感，不管是在日常生活还是工作中，关注他人都能赢得他人的好感，有的人甚至会因此而取得成功。

有这样一个故事，讲的是英国女王伊丽莎白是如何在菲利普亲王和另一位追求者中二选一的。关于菲利普，伊丽莎白的评价是："每次当我和他说话时，我都会觉得我是这个世界上最有趣的人。"而关于另外一名追求者，伊丽莎白的结论是："每次当我面对他时，我都会认为他是这个世界上最有趣的人。"最终善解人意的菲利普赢得了女王的芳心。

关于善解人意，有一本书解释得很好，是这么定义的：了解与我们共同的人的性格、观念、目标和价值观，有深刻的、有价值的关系，用合适的方式回答他人。

当一个人在不熟悉的环境中工作时，善解人意就显得尤其重要，因为这时你不但需要倾听他人的倾诉，还要了解他们的想法。此外，还需要考虑到对方身处的环境。如他们身上承受的压力，或他工作得是否开心等。

我们总是会带着预设的目的来和人聊天，但是我们经常犯的一个错就是太过专注于我们要传达的信息，以致将要表达的感情忽视了，而这些细节恰恰能够帮助我们最好地传达需要传达的信息，让我们想要表达的信息不仅被对方听到，还能达到预定的效果。

可是怎样才能做到善解人意呢？北大心理学提出了以下 4 点建议：

1. 真心实意地对其他人感兴趣

英国的一位心理学家曾这样说过："和那些抽象的东西相比，我对人类更感兴趣。人对我来说不仅仅更有趣，而且更有价值，因为他们是不断进步、变化而逐渐形成的。如果你仔细观察身边的人，你就会发现他们都非常有意思。和不少孩子一样，我小时十分喜欢动物。我去哈佛大学上学就是冲着它出众的海洋生物专业去的。当我进入哈佛大学后，我学了不少文学、宗教、历史的课程，我才发现原来人类才是这个世界上最有意思的动物。现在我很喜欢猎头这个职业，因为我对人总是充满了强烈的好奇。这个职业能够让我认识很多人，我从每个人身上都能学到一些东西，并通过这些人更好地了解这个世界。"

2. 学会谦虚

人们的谦虚程度往往与自身的职位和收入成反比，职位和收入在不断升高，谦虚程度则随之递减，这种趋势很可能会十分危险。当他们的职位越来越高，他们会越来越自傲，直到有一天忽然意识到整个公司的人都已经远离了他们，下属也不再听他们呼来唤去了。北大心理学提醒我们任何时候都不要让这样的情况发生在自己身上，善解人意往往需要谦虚的态度。

3. 学会认识自己并控制情绪

想要做到善解人意，首先就要清楚地认识自己，这是一个非常重要的前提。控制情绪则是自我认知的重要组成部分，因此，可以说保持冷静是做到善解人意的必要条件。

4. 用心倾听

北大心理学家经过研究，归纳出了3种层次的倾听：

第一层：用心倾听，并积极观察，注意非语言的信息，并感知弦外之音。

第二层：听到了所有的东西，但不一定理解全部意思。非语言的内容并未注意到，如肢体语言和语调等。

第三层：只听到部分内容，不知道其他信息。

我们总是处在忙碌的工作中，以致大部分人只能达到倾听的第二层和第三层。北大心理学在此提醒我们，花点时间，学着将生活中的谈话注意力尽可能地放到第一层，并要求自己每次都尽力做到。

15. 简单的生活就是一种幸福

自古以来，一切贤哲都主张过一种简朴的生活，以便不为物役，保持精神的自由。事实上，一个人为维持生存和健康所需要的物品并不多，超乎此的属于奢侈品。它们固然提供享受，但强求服务反而成了一种奴役。现代人活得愈来愈复杂了，结果得到许多享受，却并不幸福，拥有许多方便，却并不自由。

——周国平

什么样的生活才是幸福的？关于这个问题，不同的人有着不同的答案，因此答案是五花八门的。为什么会这样呢？北大心理学认为，还是因为幸福的定义实在是太复杂了，根本就没有统一的标准，也就不可能会有统一的满足条件。但如果想要真正获得幸福，其基调都是一致的，那就是尽量让自己的生活过得简单，不管是谁都一样。

近现代文坛人才济济、百家争鸣。在名家辈出的文坛，似乎每个文人都有自己独特的历程与生活方式，但如果谈到到底哪个人的生活方式是最让人羡慕的，无疑是梁实秋。

梁实秋是近代著名的作家和翻译家，他翻译的《莎士比亚全集》至今是汉英翻译教学中的典范。和同时期的文人大多参与政治不同，梁先生对政治的态度是规避三舍，他一再强调文学和文人应保持独立的思想和生活，并尽量阶级性。

在北大教书时，同事朋友或多或少都卷入了政治争端，但梁先生却两耳不闻窗外事，一心过他简单质朴的生活，上课、听戏、下馆子、游园子，自身从来不和政治挂钩，不管是身边的哪位同事又高升进政务院了，或是自己的哪位知己又收到某政府机构的邀请了，梁先生都装作不知道，观其一生，梁先生从未改变过这种简单的生活志趣。也正是因为这样，梁先生才在旁人忙于世俗杂务时能够潜心于书斋，将精力全放在提高文化修养上，他先后发表了《雅舍小品》等散文著作，并开创了一股清新的文风，成为后世争相效仿的对象。

生活在这个复杂的社会中，我们总不能让自己的生活也变得复杂，事业、家庭、人际等，每一件事都让我们的身心时刻处于高运行的状态，以致过度疲劳。但只要我们仔细思考一下便会发觉，其实很多时候，复杂的生活都是我们自己造成的，而复杂所带来的疲劳和不幸福的根源也来自于我们自己。

我们每个人都渴望能生活得更好，因此我们总是迫使自己处于一个忙碌的状态。我们这也要，那也要，生活会因此而变得复杂，渐渐地，人生的本质就被复杂和忙碌掩盖了。

但怎样的生活才是简单的生活呢？北大心理学认为，简单的生活就是换个活法，换个思维方式，既然忙碌的生活很难让我们体会到简单生活的乐趣，那就换个思维方式，不要将工作看得那么重要，如偶尔偷个懒、开个小差，都是一种让工作变轻松的方式。

生命总是有它自己的运行规律。那些"日出而作，日落而息"的祖先并没有我们这么多的物质享受，可他们的生活却未必没有我们幸福，很多时候，我们的幸福就是毁在了太多的物质、太复杂的生活上面。

过得简单一些，抛弃掉那些没有用的繁杂事务，尽量把有用的时间花在有限的人和事上，这也是对自己人生的负责。

16. 正确处理社交问题

问题并不可怕，可怕的是我们找不到解决问题的方法。

——北大心理学理念

我们在生活中经常遇到各种各样的问题，它们时常困扰着我们，仿佛被捆绑其中。特别是在社交中，要做到几个"不要"：

1. 不要自卑，缺乏自信，人云亦云，没有主见，没有自己独特的个性。

2. 不要怯懦、害怕说话、不敢表达自己的想法，要与别人进行交流和沟通。

3. 不要猜疑，对于朋友要信任，莫名猜疑会影响朋友间的相处。

4. 不要逆反，与人抬杠，要对事情分清是非曲直。

5. 不要逢场作戏、见异思迁、应付对方、夸大事实，只做表面文章，不会有深厚的友谊。

6. 不要贪财，朋友不是互相利用，而是互相帮助。

7. 不要冷漠，与己无关就置之不理，态度孤傲也会使别人不敢接近自己。

急事，慢慢地说；

大事，清楚地说；

小事，幽默地说；

没把握的事，谨慎地说；

没发生的事，不要胡说；

做不到的事，别乱说；

伤害人的事，不能说；

讨厌的事，对事不对人地说；

开心的事，看场合说；

伤心的事，不要见人就说；

别人的事，小心地说；

自己的事，听听自己怎么说；

现在的事，做了再说；

未来的事，未来再说；

如果对我有不满的地方，请您一定明说。

社交的沟通方法可以让我们更有效地解决问题，也可以缓解我们的焦虑和紧张。这要求我们在社交中做到以下 4 点：

1. 自信

一个人在举手投足间要保持自信，包括笑容、步伐、声音、服饰等，由内而外地表现出来，会提高个人的社交能力。

2. 建立友谊

与朋友建立深厚的友谊，谈一些你们共同感兴趣的话题，你们就会互相理解和赞赏。

3. 帮助他人

朋友之间需要互相帮助，分享出你们各自的知识与资源、帮助别人，也是在帮助自己。尽可能多地提供价值，不要保留，别人也会这样对你。

4. 不计较

在社交中，不要计较个人得失，要经常换位思考，为对方考虑。

一位老人在一个小村庄里休养，附近住着一些十分顽皮的孩子，他们天天互相追逐打闹，喧哗的吵闹声使老人无法好好休息。在屡禁不止的情况下，老人想出了一个办法，他把孩子们都叫到一起，告诉他们谁叫的声音越大，谁得到的报酬就越多，他每次都根据孩子们吵闹的情况给予不同的奖励。到孩子们已经习惯于获取奖励的时候，老人开始逐渐减少所给的奖励，最后无论孩子们怎么吵，老人一分钱也不给。结果，孩子们认为受到的待遇越来越不公正，认为"不给钱了谁还给你叫"，再也不到老人所住的房子附近大声吵闹了。

为什么这些孩子停止了吵闹？因为老人给他们的外在刺激停止了，孩子们的这种顽皮行为也就自动停止了。老人用这个聪明的心理学方法有效解决了困扰。一开始，对这个行为进行外在的奖励，让这个行为和奖励联系在一起，然后减少对这个行为的奖励，也就削减了这类行为的发生。

不仅如此，心理学在很多方面都是可以帮助我们的，关键是我们要懂得积极进行自我心理调节。要知道过去不会从来，所以要面对现实生活，不要老是回忆过去，人生无重复，没有"如果，只要。"把握好现在，多参加实践，接受新事物；多学习，储备新知识。

只有将一件事情处理得当了，你才能从中取得进步，进而取得成功。人生就是这样，在成功中看到失败，在失败中看到成功。解决问题的过程就是从失败走向成功的过程。

17. 变复杂为简单

只要你有一件合理的事去做，你的生活就会显得特别美好。

—— 北大心理课引用名言

在生活中，我们总是抱怨一些事情太复杂，也因此被很多烦恼困扰。其实，复杂的事情完全是可以简单化的。但是怎样将复杂简单化呢？北大心理学认为，想要将复杂的事情简单化，就需要认清事物的本质，不被表面现象所迷惑。你要知道做一件事情的关键是什么，就像钓鱼一样，并不是你拿到钓鱼竿就能钓到鱼。

一天，一个小孩看到一个老人在河边钓鱼。老人的技术很熟练，不一会儿就钓上了满篓的鱼。小孩很好奇便跑到老人身边，想要看看究竟。

老人发现了小孩，觉得小孩很可爱，便将整篓的鱼送给他，小孩摇摇头，老人惊异地问道："你怎么不要呢？"

小孩回答："我想要你手中的钓竿。"

老人问："你要钓竿做什么？"

小孩说："这篓鱼没多久就吃完了，如果我有钓竿，我就可以自己钓，一辈子也吃不完。"

如果你认为这是个聪明的主意，那就错了。老人经验丰富，因此他只要有钓竿，就能钓到鱼。可小孩不懂钓鱼的技巧，即便有鱼竿也钓不上鱼。钓鱼不在"钓竿"，而在于是否能钓上鱼。因此，当你拥有了钓竿，仍旧是不够的，它并不能保证你的未来。

任何一件事情都会有不同，我们不能千篇一律地对待各种不同的事情。想要将复杂的事情变简单，就要掌握精通它的诀窍。掌握了诀窍，在他人看来难，自己却能看得简单。

圣约瑟的一个小镇上有一片广场，在广场旁边有一家教堂，教堂的墙壁上有一座年代久远的大笨钟。

一天，一个日本游客来到这个广场上，他忘记了戴手表，刚好又没看到大笨钟，因此不知道当时是几点钟。这时，他看到一个戴大帽子、留着八字胡须的圣约瑟人正躺在广场边的地上睡觉，在他的身边，还站着一头驴子。

"请问现在几点了？"日本游客走过去问。

圣约瑟人坐起身擦擦眼睛，将驴子的尾巴抬起来，若有所思考地凝视一会儿，然后对日本游客说："现在是下午五点整。"

日本人以为是圣约瑟人在开玩笑，便随手打开了自己的收音机。收音机正在报时，果然是下午3点。

日本游客独自在各处转悠了很长时间后，再次走到圣约瑟人跟前："请问，现在几点了？"

睡眼惺忪的圣约瑟人再次坐起身，再次将驴子的尾巴抬起来看了看，告诉他说："现在是下午5点半。"经过验证，果然分秒不差。

日本人很是惊奇，便决定将那头会报时的驴子买下来。

"麻烦您，先生，"付过驴钱的日本游客恭敬地问圣约瑟人，"怎样才能让驴子告诉我准确的时间呢？"

圣约瑟人懒洋洋地回答："很简单，只要你坐起身，将驴子的尾巴抬起来，从驴子屁股和尾巴间的缝隙看过去，便能看到教堂墙壁上的大笨钟，你就知道准确时间了。"

任何事情，如果我们只看事物的表象，那就不可能找到答案。任何事物都有它的本质，为什么会这样呢？只是我们每个人现在处理问题时都必须认真考虑和面对的问题。现象不但不能告诉我们答案，还可能误导我们做出正确的判断。能把复杂的事情变得简单，需要我们不断地完善自己，不断实践，找到适合自己的方法。

一个人，如果不会将复杂的事情变简单，就有可能将原本简单的事情变复杂，这样一定会给自己增加烦恼。

迪娜想在客厅里挂一幅画，便请朋友来帮忙。已经在墙上摆好了画，正准备钉钉子，朋友却说："这样不好，最好先钉上两块木板，将画挂在木板上。"迪娜遵从他的意见，让他帮忙去找一块木板。

朋友很快就找来了木板，迪娜正要钉上去。朋友又说："等一下，木板有些大，锯掉一点就更好了。"于是他们便四处找锯子。找来锯子，还没锯两下，他说："不行，这锯子太钝了，得锉一锉。"

还好，迪娜家有一把锉刀。可当迪娜将锉刀拿来后，那个朋友又发现锉刀没有柄。为了给锉刀安把柄，朋友又去一个灌木丛里寻找小树。要砍下小树时，他发现迪娜那把生满铁锈的斧头实在不能用。他又找来磨刀石，为了固定住磨刀石，必须制作一个固定木架。为此，他又要去找一位木匠。

这一走，上午就再也没见他回来。当然，那幅画，迪娜还是一边一个钉子将它钉在了墙上。

下午再见到他时，是在街上，他正在帮木匠从商店里往外拖一台笨重的电锯——为了做磨刀的石架，他们得将一棵大树锯开……

生活本来就没有那么麻烦，因为人为处理它们的方法不同，便导致了有的人做起来容易，有的人做起来难。我们在做事情时，一定不要忘了最初的目标是什么，不要被一些小事情所束缚，不要将简单的事情复杂化，要学会将复杂的事情简单化。